畜禽养殖与疾病防治丛书

图说奶牛养殖新技术

杨效民 主编

中国农业科学技术出版社

图书在版编目（CIP）数据

图说奶牛养殖新技术 / 杨效民主编．—北京：中国农业科学技术出版社，2012.9

ISBN 978-7-5116-0801-7

Ⅰ.①图…　Ⅱ.①杨…　Ⅲ.①乳牛-饲养管理-图解
Ⅳ.①S823.9-64

中国版本图书馆CIP数据核字(2012)第006398号

责任编辑　张孝安
责任校对　贾晓红　范　潇

出 版 者　中国农业科学技术出版社
　　　　　北京市中关村南大街12号　　邮编：100081
电　　话　(010)82109708（编辑室）　(010)82109704（发行部）
　　　　　(010)82109709（读者服务部）
传　　真　(010)82109708
网　　址　http://www.castp.cn
经 销 者　各地新华书店
印 刷 者　北京富泰印刷有限责任公司
开　　本　787 mm ×1 092 mm　1/16
印　　张　17.375
字　　数　255千字
版　　次　2012年9月第1版　2014年3月第3次印刷
定　　价　36.00元

图说奶牛养殖新技术

编写人员

主　　编：杨效民

副 主 编：曹振声

编写人员：李　军　张　华　孙锐锋
李迎光　杨　忠　刘晓妮

前 言

——畜禽养殖与疾病防治丛书

近十几年，我国畜禽养殖业迅猛发展，畜禽养殖业已成为我国农业的支柱产业之一。其产值占农业总产值的比例也在逐年攀升，连续20年平均年递增9.9%，产值增长近5倍，达到4 000亿元，占到农业总产值的1/3之多。同时，人们的生活水平不断提高，饮食结构也在不断改善。随着现代畜牧业的发展，畜禽养殖已逐步走上规模化、产业化的道路，业已成为农、牧业从业者增加收入的重要来源之一。但目前在畜禽养殖中还存在良种普及率低、养殖方法不科学、疫病防治相对滞后等问题，这在一定程度上制约了畜牧业的发展。与世界许多发达国家相比，我国的饲养管理、疫病防治水平还存在着一定的差距。存在差距，就意味着我国的整体饲养管理水平和疾病防控水平还需进一步提高。

针对目前养殖生产中常见的一些饲养管理和疫病防控问题，中国农业科学技术出版社组织了一批该领域的专家学者，结合当今世界在畜禽养殖方面的技术突破，集中编写了全套13册的“畜禽养殖与疾病防治”丛书，其中，养殖技术类8册，疫病防控类5册，分别为《图说家兔养殖新技术》《图说养猪新技术》《图说肉牛养殖新技术》《图说奶牛养殖新技术》《图说绒山羊养殖新技术》《图说肉羊养殖新技术》《图说肉鸡养殖新技术》《图说蛋鸡养殖新技术》《图说猪病防治新技术》《图说羊病防治新技术》《图说兔病防治新技术》《图说牛病防治新技术》和《图说鸡病防治新技术》，分类翔实地介绍了不同畜禽在饲养管理各方面最新技术的应用，帮助大家把因疾病造成的损失降低到最低限度。

本丛书从现代畜禽养殖实际需要出发，按照各种畜禽生产环节和生产规律逐一编写。参与编撰的人员皆是专业研究部门的专家、学者，有丰富的研究数据和实验依据，这使得本丛书在科学性和可操作性上得到了充分的保障。在图书的编排上本丛书采用图文并茂形式，语言通俗易懂，力求简明操作，极有参阅价值。

本丛书不但可以作为高职高专畜牧兽医专业的教学用书，也适用于专业畜牧饲养、畜牧繁殖、兽医等职业培训，也可作为养殖业主、基层兽医工作者的参考及自学用书。

编　者

2012年9月

CONTENTS 目录

图说奶牛养殖新技术

第一章 我国奶牛业概况 ……1
第一节 奶牛产业的战略地位 ……1
一、牛奶是提高国民身体素质的主导产品 ……1
二、发展奶牛生产是农业产业结构调整的战略任务 ……1
三、发展奶牛生产是促进城乡经济协调发展的重要途径 ……2
四、发展奶牛业生产是带动多行业发展的动力 ……3
五、发展奶牛生产是加快农业产业化的先导 ……3
第二节 我国奶牛业发展的现状、问题与对策 ……4
一、我国奶牛业生产的现状 ……4
二、我国奶牛产业发展的前景 ……6
三、奶牛产业存在的问题 ……7
四、奶牛产业发展的对策 ……7
第三节 奶牛业生产的标准化 ……8
一、实施标准化生产的必要性 ……8
二、奶牛标准化生产的基本特征 ……9
三、奶牛业生产的标准化 ……10

第二章 奶牛场建设 ……11
第一节 环境控制 ……11
一、创造适宜的环境条件 ……11
二、环境控制技术 ……14
第二节 棚舍建筑 ……21
一、奶牛场的选址和布局 ……21
二、牛舍建造 ……25
三、牛舍附属设施 ……35

第三节　奶牛场常用机械 …… 38
一、饲料、饲草加工设备 …… 38
二、饮水设施 …… 40
三、挤奶设备 …… 41
四、全混合日粮（TMR）搅拌喂料车 …… 45
五、奶牛发情监测系统 …… 48

第三章　奶牛品种与奶牛选购技巧 …… 51
第一节　奶牛品种 …… 51
一、乳用荷斯坦牛 …… 51
二、兼用荷斯坦牛 …… 52
三、中国荷斯坦牛 …… 53
四、西门塔尔牛 …… 55
五、中国西门塔尔牛 …… 56
六、福莱维赫牛 …… 57
七、蒙贝利亚牛 …… 59
八、娟姗牛 …… 60
九、瑞士褐牛 …… 62
十、三河牛 …… 62
第二节　奶牛性能测定与选购技巧 …… 63
一、奶牛生产性能指标及其测定 …… 63
二、高产奶牛的外貌、选配与选购 …… 67

第四章　奶牛常用饲料及其加工调制 …… 75
第一节　奶牛饲料的分类 …… 75
一、粗饲料 …… 75
二、青绿饲料 …… 75
三、青贮饲料 …… 76
四、能量饲料 …… 76
五、蛋白质饲料 …… 77

六、矿物质饲料 …… 77
七、维生素饲料 …… 77
八、添加剂饲料 …… 77
第二节 各类饲料的特性 …… 78
一、青绿饲料 …… 78
二、粗饲料 …… 78
三、青贮饲料 …… 79
四、能量饲料 …… 80
五、蛋白质饲料 …… 82
六、矿物质饲料 …… 84
七、维生素饲料 …… 85
八、添加剂饲料 …… 85
第三节 青贮饲料及其加工调制 …… 86
一、青贮饲料制作的意义 …… 86
二、青贮饲料的制作原理 …… 89
三、青贮饲料加工的技术要点 …… 89
四、青贮设施建设 …… 90
五、青贮饲料的制作步骤 …… 92
六、青贮饲料的品质评定 …… 93
七、青贮饲料的利用 …… 96
八、青贮饲料添加剂 …… 97
第四节 苜蓿栽培与利用技术 …… 103
一、紫花苜蓿栽培技术 …… 104
二、紫花苜蓿的收获与利用技术 …… 107
第五章 奶牛饲养管理 …… 114
第一节 犊牛饲养管理 …… 114
一、犊牛的消化特点及瘤网胃发育 …… 114
二、新生犊牛护理 …… 116
三、初乳的特性与营养 …… 117

四、哺乳期犊牛的饲养 ……121
五、哺乳期犊牛的管理 ……124
六、断奶期犊牛的饲养管理 ……127
第二节 育成牛饲养管理 ……129
一、育成母牛的饲养 ……130
二、育成母牛的管理 ……131
三、初产母牛的饲养管理 ……133
第三节 泌乳期饲养管理 ……137
一、泌乳期奶牛饲养管理的基本原则 ……137
二、泌乳初期的饲养管理 ……147
三、泌乳盛期的饲养管理 ……152
四、泌乳中期的饲养管理 ……156
五、泌乳后期的饲养管理 ……157
第四节 干乳牛的饲养管理 ……159
一、干乳期的意义 ……159
二、干乳前期奶牛的饲养管理 ……160
三、干乳后期奶牛的饲养管理 ……165
第五节 奶牛生产管理常用表 ……167

第六章 奶牛全混合日粮 ……174
第一节 全混合日粮（TMR）概述 ……174
一、全混合日粮（TMR）及其应用 ……174
二、TMR 饲喂方式的优越性 ……174
三、TMR 饲养技术关键点 ……176
四、TMR 搅拌机的选择 ……177
五、TMR 生产与应用的要点 ……177
第二节 全混合日粮（TMR）的制作设备 ……178
一、TMR 混合机 ……178
二、TMR 混合仓容积的选择 ……180
三、TMR 混合机的附属设备 ……181

四、TMR 生产机型举例……182
五、TMR 机械的构成与维护……186
六、TMR 搅拌车的适用性与选购要点……191
第三节　TMR 的配制与生产……194
一、原材料选择……194
二、配伍原则……194
三、配制方法……195
四、配制示例……196
五、TMR 质量检测……199
第四节　应用 TMR 的注意事项……200
一、全混合日粮（TMR）品质……200
二、适口性与采食量……200
三、原材料的更换与替代……201
四、奶牛的科学组群……201
五、科学评定奶牛营养需要……201
六、饲喂次数与剩量分析……201

第七章　奶牛保健与疫病防控……202
第一节　奶牛的保健……202
一、责任保健……202
二、营养保健……202
三、运动保健……205
四、环境保健……205
五、预防保健……205
六、免疫保健……206
七、药物保健……208
八、个体保健……210
第二节　奶牛疫病防控……212
一、防控措施……212
二、疫病监测……217
三、扑灭措施……218

第八章　牛病诊疗技术 ……220
第一节　牛的接近与保定 ……220
一、牛的接近 ……220
二、牛的保定 ……220
第二节　牛病的临床诊断技术 ……223
一、临床诊断的基本方法 ……223
二、一般临诊检查程序与内容 ……226
第三节　牛病的处置技术 ……237
一、胃管插入术 ……237
二、洗胃、灌肠术 ……237
三、导尿与子宫冲洗术 ……238
四、常用穿刺术 ……240
五、直肠检查术 ……242
六、去角术 ……243
七、修蹄术 ……243
第四节　牛的投药、注射术 ……244
一、投药法 ……244
二、注射法 ……246
第五节　牛病的治疗措施 ……252
一、输液疗法 ……252
二、输血疗法 ……254
三、放血疗法 ……256
四、静脉输氧疗法 ……257
五、封闭疗法 ……258
六、乳房送风疗法 ……260
七、胎衣剥离术 ……262
八、瘤胃微生物接种术 ……263

参考文献 ……266

第一章　我国奶牛业概况

第一节　奶牛产业的战略地位

奶牛业是节粮、高效，产业关联度高的产业。奶牛业的平稳健康发展，对改善城乡居民膳食结构，提高国民身体素质，促进农村产业结构调整，增加农民收入以及带动国民经济相关产业发展，乃至促进全面小康社会目标的实现，都具有十分重要的意义。

一、牛奶是提高国民身体素质的主导产品

经济全球化条件下的竞争，归根到底是民族素质的竞争，大力发展奶牛生产，生产营养、安全的乳品，扩大奶类消费，是国民强身健体的根本途径。

牛奶是大自然赋予人类最有益于健康的食品。在世界上被誉为“最接近完善的食物”。牛奶蛋白质丰富，含有人类所需的8种必需氨基酸，且比例适当，易于消化吸收。牛奶中丰富的乳糖，有助于人类肠道乳酸菌的繁殖，具有抑制有害菌生长，维护肠道酸性环境，促进食物消化吸收之功能。牛奶是含钙最丰富的食品之一，且消化利用率较高。牛奶中同时富含维持生命和健康所必需的各种维生素。另外，还含有免疫球蛋白、激素、酶类等多种生物活性物质，对调节人体生理功能具有重要作用。

国外经验表明，奶类消费对一个民族的健康与长寿、个人身体素质、耐力、智力、体力等的提高具有重要作用。因而世界卫生组织把人均奶类占有量作为衡量一个国家人民生活水平的重要标志。我国人均奶类的消费量，远低于世界平均水平，与发达国家相比，差距更大。加快奶牛业发展，提高国民奶类消费水平，是增强全民身体素质与促进智力发育的迫切需要。

二、发展奶牛生产是农业产业结构调整的战略任务

我国主要农产品实现总量基本平衡，丰年有余的历史性转变后，农业进入新的发展阶段，调整农业产业结构、实现农业现代化是现阶段农业和农村

经济发展的主要任务。奶牛产业的发展，在农业产业结构调整中的作用日益突出，成为新时期农业产业结构调整的战略任务。

1．奶牛业生产有利于三元种植结构的快速形成

种植业结构调整，关键是处理好粮食作物与经济作物的关系。粮食安全是涉及社会稳定、经济持续发展和国家安全的大事。而经济作物是增加农民收入的重要来源。种植业结构调整的关键是对粮食安全的重新定位，把口粮和饲料粮分开，种植生产饲料粮和饲料作物，以减轻粮食需求增长的压力，实现种植业向“粮、经、饲”三元结构的转变。

奶牛是典型的草食家畜，奶牛生产消耗大量的优质牧草，可以促进牧草产业的发展。优质牧草的生物产量高，营养丰富。研究证实，种植紫花苜蓿比种植粮食作物，每亩（667平方米。下同）可增产粗蛋白质70千克，而且具有增加土壤肥力、改良土壤的功能。

2．奶牛生产是畜牧业内部发展的重点

奶牛业是世界公认的节粮、经济高效型产业。奶牛业生产，节粮效果明显。生产1千克牛奶只需0.3～0.4千克精饲料。从转化营养物质的角度出发，奶牛业优于其他畜牧业。在我国人均耕地有限，粮食供给紧张的情况下，发展奶牛养殖业，以较少的精料投入，换取更多的动物蛋白，就成为畜牧业结构调整最现实的选择。

3．奶牛业生产是促进农产品加工业发展的动力

奶牛生产的直接产品是鲜奶。鲜奶与其他畜产品的一个最大的不同就是必须使牛奶生产与加工协调发展，必须有加工厂收购原料奶才能发展奶牛养殖。国内外实践证明，要促进农村经济的快速发展，必须发展农产品加工业，加快农村第二、第三产业的发展。奶业产业链紧密的特点，决定它可以承担这一艰巨任务。通过基地投资建厂，组建乳品加工企业，进而促进奶牛养殖的快速发展。同时奶牛生产，消耗大量的农副产品，也必将有力促进饲草料生产等种植业与加工业的快速发展。

三、发展奶牛生产是促进城乡经济协调发展的重要途径

实践证明，奶牛业是农民增加收入的新亮点，发展奶牛生产，有利于提高农民收入，缩小城乡差距。

奶牛业是劳动密集型产业，产、加、销每个环节都需要投入较多劳动力才能使其正常运转。我国农村劳动力资源丰富，以人力丰富之长，补资源不足和资金匮乏之短，是我国农村经济发展最现实的选择。奶牛生产，必将带动多行业发展，可为包括大量农村剩余劳动力在内的人员提供更多的就业机会。在创造就业岗位的同时，也必将为从业者带来丰厚的收益。是促进城乡经济协调发展的重要途径。

四、发展奶牛业生产是带动多行业发展的动力

奶牛生产，产业链长，延伸范围广，且具有较强的关联度，能在很大程度上带动相关产业的发展，从而发挥产业发展的正面溢出效应。奶牛生产既可带动饲料种植业的发展，又可带动饲料加工业、皮革加工业、食品加工业的发展，同时，对畜牧机械、乳品设备制造业和贮运服务业等的发展也将起到积极的促进作用。

饲料加工业是奶牛养殖业发展的物质基础和原动力，随着奶牛养殖生产的集约化、现代化水平的不断提高、饲养规模不断扩大，对饲料产品的需求越来越多，必将为饲料工业的发展创造更加广阔的空间。

饲养设备和挤奶机械是奶牛生产中的一项重要固定资产投入。随着奶牛生产的规模化经营，先进的挤奶设备、饲喂机械的需求量与日俱增，必将有效带动机械制造业的快速发展。同时，包装材料在乳制品生产成本中占有很大比例。因而奶牛业生产的发展，也将有效推进国内包装业的发展。

五、发展奶牛生产是加快农业产业化的先导

农业产业化经营是提高农产品质量，扩大农业效益，增加农民收入，促进农村经济发展的重要举措。而奶业产业化是探索农业产业化模式的重要途径。农业产业化程度较高的国家的发展经验表明，农业产业化主要表现为畜牧业的产业化，而畜牧业的产业化主要表现为奶牛业的产业化。在农业产业化中，奶牛业的产业化最具有代表性，奶牛业产业化的经营程度也是最高的。与发达国家相比，我国奶牛业产业化程度还存在相当大的差距。但随着养殖规模的进一步扩大，奶农素质的日益提高，经济实力的不断增强，奶牛业的产业化指日可待，也必将进一步推动整个农业的产业化发展。

第二节 我国奶牛业发展的现状、问题与对策

奶牛业生产是国民经济的重要组成部分，发展奶牛业生产是改善国民膳食结构，提高生活质量、增强人民体质的重要措施。发展奶牛业生产是调整农村产业模式、优化种植结构的重要内容，是农民增收的优势产业和畜牧业发展新的经济增长点。

我国人口众多，奶牛饲养头数相对较少。随着社会经济的发展，国民收入水平的迅猛提高，牛奶必将由营养品转化为生活必需品，乳制品的市场需求必将进一步大幅度提高。

一、我国奶牛业生产的现状

近年来我国奶牛业快速发展，存栏头数和牛奶产量持续快速增长。目前，我国饲养奶牛头数达到1 400多万头，位居世界第二，鲜牛奶产量达到3千多万吨，仅次于印度和美国，位居世界第三位。

从存栏数量以及牛奶总产量上看，我国已名列世界前茅。然而，世界上通常把人均牛奶的占有量作为衡量一个国家或地区人民生活水平的重要标志。我国人口众多，从人均牛奶占有量以及每万人均占有奶牛头数上看，在世界上仍处于较低水平。据统计，目前，我国人均牛奶占有量为24.69千克。而同期亚洲平均人均牛奶占有量为49.38千克，世界人均牛奶占有量98.76千克，我国仅为亚洲平均水平的1/2，世界平均水平的1/4。如图1–1世界各国人

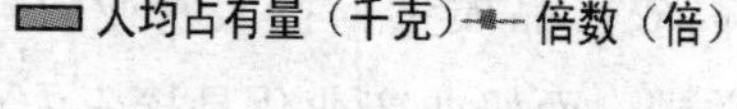

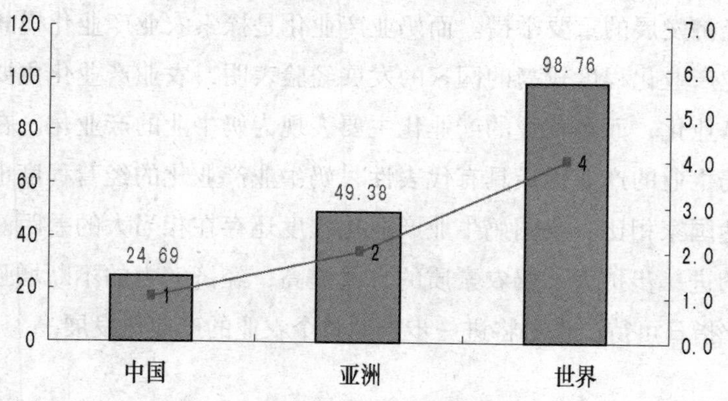

图1–1 世界各国人均牛奶占有量对比图

均牛奶占有量对比柱状图所示。

全世界饲养奶牛2.3亿头，也就是说平均26人拥有一头奶牛。而我国为107人拥有一头奶牛，人均占有奶牛头数约为世界平均水平的1/4。年人均消费牛奶数量，发达国家大多都在200千克以上，如法国为426千克、美国为328千克、英国261.3千克。周边国家也远高于我国，如俄罗斯230.18千克、日本68.78千克、印度69千克。

我国奶牛生产，如图1-2至图1-10所示，目前，农家养牛、专业户养牛、奶牛养殖园区以及规模奶牛养殖场等多种生产方式并存。

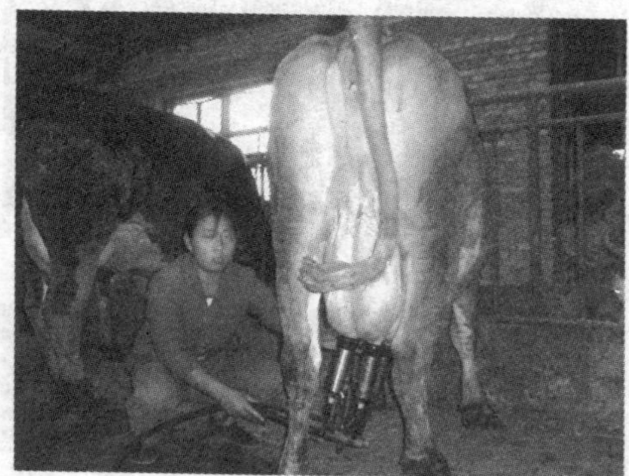
图1-2　农家养牛

图1-3　专业户养牛

图1-4　奶牛养殖园区

图1-5　奶牛园区挤奶站

图1-6　规模奶牛场

图1-7　规模场奶牛群体

图1-8　规模场牛舍外景

图1-9　规模场牛舍内景

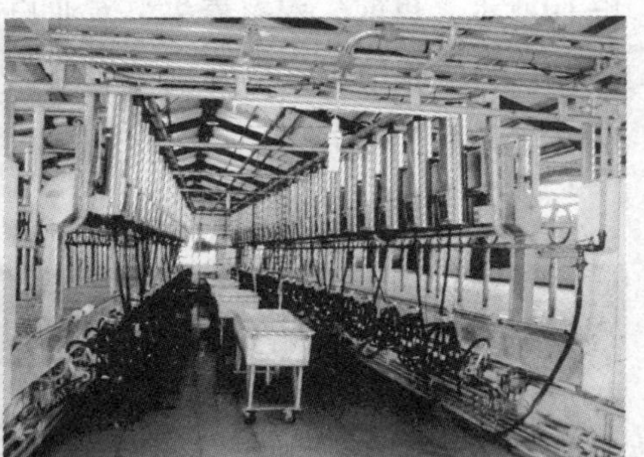

图1-10　规模场挤奶厅

二、我国奶牛产业发展的前景

我国发展奶牛业的前景十分广阔，不仅具有巨大的乳制品市场，同时存在十分广阔的发展空间，与世界任何一个国家相比，我国是发展奶牛业生产富有前途和潜力的国家，乳制品市场需求量大，前景广阔。

奶业是高效节粮型畜牧业，对调整农业产业结构、发展农村经济、增加农民收入具有重大意义。奶业对改善国民膳食结构、提高国民身体素质具有重大作用。奶业产业链长，对经济的拉动作用大，必将成为国民经济的支柱产业。我国奶业水平落后，奶牛头数仅占世界总数的1/14，总产奶量仅占世界总量的5%，奶牛平均年单产不到发达国家的一半，人均占有量仅为世界平均水平的1/4。发达国家奶业占农业总产值20%左右，而我国目前不足3%。可见，发展潜力巨大。

三、奶牛产业存在的问题

目前我国奶业的进一步发展还存在一些重大制约因素，例如：奶牛品种混杂、良种数量不足，单产水平低；饲料结构不合理，饲养管理水平低；经营方式落后，原料奶质量监控不力，奶业质量安全检测体系不健全；奶类加工制品品种单调，品质不高，企业规模小；奶业社会化服务体系不够完善，产业化组织程度有待进一步提高。

我国奶业科技投入长期不足，技术储备和科技创新能力薄弱，导致奶业发展滞后。主要表现在：养殖工艺粗放、优质饲草匮乏、疫病防制体系薄弱、乳品加工技术落后和牛奶质量监控体系不健全。奶业科技落后，其根源是产业发展较快，而科技投入不足，难以支撑奶业的快速发展。

整体而言，制约奶牛业发展具体问题，一是产业化程度低，整体技术水平落后；二是良种化程度低，单产水平低；三是奶业生产安全检测体系不健全，原料奶质量不稳定；四是饲料、饲草生产与加工业落后，质量检测体系与标准尚不健全；五是服务体系不健全，难以满足产业化需求。

四、奶牛产业发展的对策

要使我国奶业获得跨越式发展，成为农业乃至国民经济的支柱产业，就必须依靠科技创新，加强技术集成，大力推进成果转化。增强我国奶业整体实力和奶产品国际竞争力，提高我国奶业生产和产业化经营能力；同时推动我国奶业优质、高效发展，促进奶业成为新时期我国农业及农村经济发展新的增长点及支柱产业，为农业和农村经济结构的战略性调整、增加农民收入提供强有力的技术支撑。

奶业科技，在重大关键技术和技术集成与示范两个层次上统筹部署，整体推动科技创新、基地建设和龙头企业发展。培育我国现代高科技奶业企业；加速形成我国奶业科技创新体系与现代奶业产业化生产模式，为奶牛业的持续健康发展提供强有力的技术支撑。

在奶牛养殖过程中，进一步调整饲料结构，改善粗饲料水平，实现生产过程的规范化、标准化。结合养殖场或小区建设，制定与之相配套的饲料基地建设规划。应加大推广种植生产玉米整株青贮饲料以及种植紫花苜蓿的规模和力度，把这一技术真正落实到奶源基地建设中。通过改善奶牛的饲养条件，提高产奶性能和乳品质量，带动奶源基地健康发展，使奶业发挥出明显的经济效益、社会效益。

总之，在奶牛生产中，进一步加快动物育种、集约化饲养和环境控制等方面的技术创新，实现奶牛生产的规范化、标准化，是改善我国奶源质量、实现奶业跨越发展的必然选择。

第三节　奶牛业生产的标准化

一、实施标准化生产的必要性

标准化是组织现代化生产的手段，标准化水平，是衡量一个国家生产技术和科学管理的重要尺度，是表明国家现代化程度的重要标志。发展现代标准化养殖业，对于提高畜产品质量和劳动生产率，科学合理利用资源，发展商品经济，促进国际贸易都具有重要作用。国内外许多大城市已经开始实行以绿色食品安全为目标的市场准入制度，北京市实施了“食用农产品安全体系”，保证畜产品类达到欧洲标准。要想成功地参与国内外市场竞争，就必须掌握国际、国内标准，严格按照国际、国内市场安全、卫生、健康、环保等方面的要求，进行标准化生产，才能生产符合国内外市场标准的畜产品。

奶业生产是多行业、多环节参与的综合性生产过程，要保障最终产品的安全性和标准性，就必须对各环节进行全方位监控，生产过程中的各个细节的运作都必须有严格的监控标准。同时还要建立完善实施标准化生产的配套和保障体系，以此来保障标准化生产的实施。

当前，国际市场对乳品质量标准的要求正由生产型标准向贸易型标准转变，市场准入的条件越来越严格，安全、环保标准不断升级，对生产技术和检测技术的要求也越来越高，奶牛的标准化生产日益提上议事日程。只有掌握奶牛标准化生产的基本知识和技能，把握当今奶业的发展趋势，努力采用国际通用标准和国内外先进标准来指导和规范奶牛生产的各个环节，大力生产符合标准的绿色牛奶和奶制品，才能打破国际市场的“绿色贸易壁垒”，大幅度提升奶产品的市场竞争力，充分发挥其节粮、高产、优质、高效的产业优势，维护我国奶业在新时期的持续、快速、健康发展。

二、奶牛标准化生产的基本特征

奶牛生产的标准化，目前，尚未见到明确的表述。综合专业人士多年来的研究与探索，奶牛标准化生产应具备以下五大特征。

一是先进性。国际标准化组织认为标准应以科学、技术和经验的综合成果为基础，以促进最佳社会效益为目的，是各项先进技术标准的综合应用。

二是连续性，或称为继承性。时代的进步和技术的不断创新，要求奶牛的标准化生产与时俱进，突出时代性。也就是说，标准化体系具有动态的属性，它不是一成不变的，标准化体系将伴随社会的科技进步，生产力水平的提高，得到不断改进和完善。

三是约束性，即需要政策和法规的约束。奶牛标准化生产，不是部分生产场户的责任和义务，而是体现在全行业内，得到全行业以及相关行业的共同认同，共同执行。如农业部颁布的《无公害食品奶牛饲养饲料使用准则》《无公害食品奶牛饲养管理准则》《无公害食品奶牛饲养兽药使用准则》等，约束整个奶牛生产，要求全行业共同执行。

四是良种化。我国良种奶牛数量不足是不争的事实，而要实现奶牛标准化生产，不能只停留在低层次的标准化，必须在良种化的基础上和进程中实现标准化。品种的一致性或个体的一致性，是标准化生产的基础和条件。奶牛品种的良种化，首先要求选育技术的标准化以及档案记录的规范化。

五是安全生产、无公害化。奶牛标准化生产的主要目标就是要实现原料奶的安全性，同时在生产过程中要以无公害作为条件，不能以牺牲环境利益来实现标准化。

标准化生产，是一个产业成熟的重要标志，奶业也不例外。我国的奶牛存栏数量已达1 400多万头，位居世界第二，但原料奶的产量和质量问题还尚未解决。奶牛标准化生产可以作为转变奶业增长方式、加快奶业产业化进程的重要手段，积极推进从业人员专业化、奶牛品种优良化、饲草料应用无公害化、生产环境生态化、技术服务现代化、生产环节规程化和产

品质量优质化。在实现标准化生产的进程中，按照标准化的动态属性，紧跟科技进步，及时转化科技成果，不断推进奶业的科技进步，赶超世界先进水平。

三、奶牛业生产的标准化

奶牛业生产是一个多环节、多行业参与的综合性生产过程。要保证最终产品的安全性和标准性，必须对生产过程的各环节进行全方位监控，生产中各个细节的运作必须有严格的质量控制标准。奶牛生产的标准化，重点应抓好以下9方面工作。

（1）品种优良　即奶牛品种优良、遗传性能稳定，机体健康。

（2）饲养模式先进　即饲养模式规范、科学，机械化程度高。

（3）饲草料品质优良　即保证饲料原粮、饲料、预混料以及饲养用水质量，严禁超量、不合理添加兽药，实行产品上市前停药制度。

（4）奶牛疫病监测、预警　即严格控制奶牛养殖场的环境卫生，严格检测、及时预警疫病的入侵，积极防治各种疫病，确保人畜健康和产品的卫生安全。

（5）违禁高残药物控制　即严格禁用盐酸克伦特罗等违禁药物，严格执行休药期制度，用药治疗期及药残期生产的牛奶不得出场、销售。

（6）奶牛养殖环境控制　即场址选择科学，圈舍布局合理，环境清洁卫生。

（7）运输环节安全卫生　即鲜奶实行冷链配送，确保运输过程中的卫生安全。

（8）产品质量卫生监测检验　即严格执行产品质量检验验收制度。重点对违禁药物、致病菌、重金属等有害物质进行检测。

（9）健全标准化保障体系　即建立完善的标准化生产的配套和保障体系，诸如饲料兽药质量检测体系、奶牛疫病防治体系、鲜奶品质检测体系以及有关法律、法规保障体系等，以保障标准化生产的实施。

第二章 奶牛场建设

奶牛场是集中饲养牛群和组织奶牛生产的场所。要想养好高产奶牛，首先必须为奶牛提供适宜生活和生产的必要条件。因此，修建奶牛场，应按照奶牛的生活习性、生理特点和对环境条件的要求，结合资金状况、饲养规模、发展规划、机械化程度以及不同地区的特点和卫生防疫制度，综合安排，合理布局，搞好奶牛场的选址、设计和施工，为提高奶牛生产效率和生产出优质牛奶创造良好的环境条件（图2-1）。

图2-1 奶牛场建设效果图

第一节 环境控制

一、创造适宜的环境条件

奶牛生产性能的高低，不仅取决于其本身的遗传因素，还受到外界环境条件的制约。良好的环境条件，有利于奶牛的生长发育和高效生产，能使其生产潜力充分发挥出来；而恶劣的生存环境，会破坏奶牛的生产力，重者甚至会带来毁灭性的灾难，使奶牛生产蒙受不可估量的损失。因此，生产实践中必须为奶牛创造适宜的环境条件，才能保证高产稳产。外界环境常指大气环境，其中，包括气温、气湿、气流、光辐射以及大气卫生状况等因素。局部小环境，包括局部的气温、气湿、气流、光辐射以及大气卫生等因素，都直接地对牛体产生着明显的作用。这是奶牛生产上不可忽视的重要因素。

1．气温

气温对牛的机体影响很大，其变化不同程度地影响牛体健康及其生产力的发挥。牛是恒温动物，随时通过自身机体的热调节来适应环境温度的变化。奶牛生产的最适环境温度为9～16℃，犊牛13～15℃。在最适环境温度下（表2-1），奶牛的饲料利用率最高，抗病力最强，因而经济效益最好。

表2-1　奶牛舍内适宜温度和最高、最低温度

舍别	最适温度（℃）	最低温度（℃）	最高温度（℃）
成年奶牛舍	9～17	2～6	25～27
犊牛舍	6～8	4	25～27
产房	15	10～12	25～27
哺乳犊牛舍	13～15	3～6	25～27

环境气温高于或低于牛的适宜温度都会给其生长发育和生产力的发挥带来不良影响。高温环境，使牛的代谢率提高，大量散发体热，呼吸加快，心率增加，食欲减弱，饲料消化率下降，严重影响牛体健康。一般外界气温高于20℃奶牛就有热应激反应，高于26℃会出现严重反应。温度再升高，会进一步影响牛体代谢，使之热平衡严重失调，机体散热受阻，体温升高，生命活动受到抑制，引起“热射病”，重者造成牛只死亡。低温环境，使牛体代谢增强，食欲旺盛，消化能力提高，从而增强了牛的抗寒能力。但是，过低的环境温度，会使牛体散热过多，呼吸加深，脉动减缓，代谢失调，血液循环失调，尿量增多，也会导致牛只死亡。低温有时还会使牛体局部冻伤。一般来讲，奶牛具有耐寒不耐热的特点，环境气温自10℃下降到-15℃，对乳牛体温没有影响，甚至在-18℃低温环境中，乳牛也可维持正常体温。但高温环境对牛体影响较大。在气温10℃左右牛的饲料利用率最高，日粮总消化养分能量用于产奶的利用率约为30%，而在35℃高温环境中，则下降到15%～20%。因此，在奶牛的饲养管理上，要夏防暑，冬防寒，以提高养牛生产效益。

2. 气湿

表示空气潮湿程度的物理量称为空气湿度。空气中含有水汽的多少，即为湿度的大小。气湿常以“绝对湿度”和“相对湿度”来表示。绝对湿度指单位体积空气中所含水汽的质量，用克/立方米表示，它指的是空气中水汽的绝对含量。相对湿度是指在一定时间内，某处空气中实际含水汽的克数与同温下饱和水汽克数的百分比，简言之，就是实际水汽和饱和水汽的百分比。相对湿度说明水汽在空气中的饱和程度，是常用的气湿指标。

气湿对牛体机能的影响，主要是通过水分蒸发影响牛体散热，干扰牛体热调节。在一般温度环境中，气湿对牛体热调节没有影响。但在高温和低温环境中，气湿大小程度对牛体热调节产生作用。一般是湿度越大，体温调节范围越小。高温高湿会导致奶牛体表水分蒸发受阻，体热散发受阻，体温很快上升，机体机能失调，呼吸困难，最后致死，形成“热害”，是最不利于奶牛生产的环境。低温高湿会增加奶牛体热散发，使体温下降，生长发育受阻，饲料报酬率降低，增加生产成本。另外，高湿环境还为各种病原微生物及各种寄生虫的繁殖发育提供了良好条件，使奶牛患病率上升。一般来讲，气湿在55%～85%时对奶牛没有不良影响，但高于90%时则会造成危害。因此，奶牛生产上要尽可能避免出现高湿环境。

3．气流

气流通过对流作用，使牛体散发热量。牛体周围的冷热空气不断对流，带走牛体所散发的热量，起到降温作用。一般来讲，风速越大，降温效果越明显。寒冷季节，若受大风侵袭，会加重低温效应，使奶牛抗病力减弱，尤其对于犊牛，易患呼吸道、消化道疾病，如肺炎、肠炎等。炎热季节，加强通风换气，有助于防暑降温，并排出牛舍中有害气体，改善牛舍环境卫生状况（表2-2）。

表2-2　牛舍标准温度、湿度和风速

舍别	温度（℃）	相对湿度（%）	风速（米/秒）
奶牛舍	10	80	0.3
保育室	20	70	0.2

4．光照（日照、光辐射）

阳光中的红外线在太阳辐射总能量中占50%，其对动物起的作用是热效应，即照射部位因受热而温度升高。冬季牛体受日光照射有利于防寒，对牛健康有好处；夏季高温下受日光照射会使牛体体温升高，导致热射病（中暑）。因此，夏季应采取遮阳措施，加强防暑。阳光中的紫外线在太阳辐射中占1%～2%，没有热效应，但它具有强大的生物学效应。照射紫外线可使牛体皮肤中的7-脱氢胆固醇转化为维生素D_3，促进牛体对钙的吸收。紫外线还具有强力杀菌作用，从而具有消毒效应。紫外线还可使畜体血液中的红、白细胞数量增加，可提高机体的抗病能力。可见光占太阳辐射能总量的50%

左右，除具有一定的热效应外，还为人畜活动提供了方便。但紫外线的过强照射也有害于奶牛的健康，会导致日射病（也称中暑）。一般条件下，牛舍常采用自然光照，为了生产需要也可采用人工光照。生产上要求成乳牛舍的采光系数为1：12，犊牛舍为1：10～14。采光系数是牛舍窗户的有效采光面积和舍内地面面积之比。

5. 其他

大气环境，尤其是畜舍内小气候环境中的有害气体、尘埃、微生物和噪声常常会对奶牛健康产生不良影响，轻者引起慢性中毒，使其生长缓慢，体质衰弱，抗病力下降，生产力下降；重者导致患病，甚至死亡。严重的大气污染会导致传染病流行，给奶牛生产造成巨大损失。因此，加强牛舍通风换气，改善牛舍环境卫生，是牛舍建筑设计上不可忽视的重要环节（表2-3）。

表2-3 牛舍空气中有害气体标准含量

舍别	二氧化碳（%）	氨（毫克/立方米）	硫化氢（毫克/立方米）	一氧化碳（毫克/立方米）
成牛舍	0.25	20	10	20
犊牛舍	0.15～0.25	10～15	5～10	5～15

二、环境控制技术

作为恒温动物的奶牛通过产热和散热的平衡来保持稳定的体温。任何环境的变化，都会直接影响其本身和该环境之间的热交换总量，因此动物为保持体热平衡就必须进行生理调节。若环境条件不符合奶牛的“舒适范围”，那么奶牛就要进行相当大的调节，从而影响其生长、生产能力和健康。奶牛保持体温相对稳定的能力因品种、性别、年龄、生产力水平和生理阶段等的不同而有所差异。因此，控制奶牛的生活环境在适宜范围之内，是生产者所追求的目标。

牛舍是奶牛活动（采食、饮水、走动、排粪、睡眠）的场所，也是工作人员进行各种生产活动的地方，牛舍类型及其他许多因素都可直接或间接地影响舍内环境的变化。发达国家对牛舍环境十分重视，制定了牛舍的建筑气候区域、环境参数和建筑设计规范等，作为国家标准而颁布执行。为了给奶牛创造适宜的环境条件，对牛舍应在合理设计的基础上，采用供暖、降温、通风、光照、空气处理等措施，对牛舍环境进行人为控制，以获得最高的生产力。

1．奶牛的气候生理及其对牛舍的要求

奶牛的散热机能不发达，是较为耐寒而不耐热的。据试验，突然将气温从4.4℃降到−5.1℃时，犊牛便开始表现出弓背发抖感觉寒冷的现象。但是，当寒冷持续后，该犊牛的生理和体表却表现为正常，没有什么冻伤发生。又如，把奶牛放在35℃温度的环境中时，则表现出直肠温度突然升高，饲料消耗量、产奶量和体重等都有所降低。当把气温升高到40.6℃时，则牛便会产生较复杂的生理变化：甲状腺机能减退，维生素C及二氧化碳在血清中的结合力增加，血液中的肌酸酶含量升高，并产生呼吸性碱中毒等现象。根据奶牛的气候生理特性，在无风雪侵袭的低温情况下，在结构简单、成本低廉的开放式及半开放式牛舍中饲养奶牛，一般是不会影响奶牛的健康和生产水平的。开放式的牛舍，在冬季无保温情况下也不会对奶牛产生较大的不良的影响，而对夏季的防热作用则具有较显著的优越性。

另一方面，奶牛对防热的要求比较严格。试验证明，加强气流的速度，可以降低温度过高的威胁。太阳辐射和高温可使奶牛处于"过热"状态而产生"热应激"，严重影响奶牛的生产性能，所以通风和遮阴便成为奶牛防热的重要措施。

2．牛舍的防暑与降温

从奶牛气候生理的特点来看，一般都是耐寒而怕热。为了消除或缓和高温对奶牛健康和生产力所产生的有害影响，并减少由此而造成的严重经济损失，牛舍的防暑、降温工作在近年来已越来越引起人们的重视，并采取了许多相应的措施。

在天气炎热情况下，往往是想通过降低空气温度，增加非蒸发散热，从而缓和奶牛的热负荷。但要做到这一点，无论在经济上和技术上都有很大的难度。所以，这一项工作，仍然要从保护奶牛免受太阳辐射、增强奶牛传导散热（借与冷物体表面接触），对流散热（充分利用天然气流和借助强制通风）和蒸发散热（通过淋浴、水浴和向牛体喷淋水等）等行之有效的办法来加以解决。

（1）牛舍的防暑　对牛舍的防暑措施，可采取以下措施。

① 搭凉棚。奶牛大部分时间是在运动场上活动和休息。因此，在运动场上搭凉棚遮阴显得尤为重要。搭凉棚一般可减少30%～50%的太阳辐射热。据美国的资料记载：凉棚可使动物体表辐射热负荷从769瓦/平方米减弱到526瓦/平方米，相应使平均辐射温度从 67.2℃降低到36.7℃。凉棚一般要求东西走向，东西两端应比棚长各长出3～4米，南北两侧应比棚宽出1～1.5米。凉棚的高度约为3.5，多雨的地区可低些，干燥地区则要求高一些。目前，市场上出售的一种不同透光度的遮阴膜，作为运动场凉棚的棚顶材料，较经济实惠，可根据情况选用。如图2-2所示。

图2-2　奶牛凉棚搭建

② 设计隔热的屋顶，加强通风。为了减少屋顶向舍内的传热，在夏季炎热而冬季不冷的地区，可以采用通风的屋顶，其隔热效果很好。通风屋顶是将屋顶做成两层，层间内的空气可以流动，进风口在夏季宜正对主风。由于通风屋顶减少了传入舍内的热量，降低了屋顶内表面温度，所以，可以获得很好的隔热防暑效果。在夏凉冬冷地区，则不宜设通风屋顶，这是因为在冬季这种屋顶会促进屋顶散热。墙壁具有一定厚度，采用开放式或凉棚式牛舍。另外，牛舍场址宜选在开阔、通风良好的地方，位于夏季主风口，各牛舍间应有足够距离以利通风（图2-3）。

图2-3　牛舍屋顶安装换气帽

另一方面，牛舍可设地脚窗、屋顶设天窗、通风管等方法来加强通风。在舍外有风时，地脚窗可加强对流通风、形成“穿堂风”和“扫地风”，可对奶牛起到有效的防暑作用。为了适应季节和气候的不同，在屋顶风管中应设翻板调节阀，可调节其开启大小或完全关闭，而地脚窗则应做成保温窗，在寒冷季节时可以把它关闭。此外，必要时还可以在屋顶风管中或山墙上加设风机排风，可使空气流通加快，带走热量。牛舍通风不但可以改善牛舍的小气候，而且还有排除牛舍中水汽、降低牛舍中的空气湿度、排除牛舍空气中的尘埃、降低微生物和有害气体含量等作用。

③ 遮阳。一切可以遮断太阳辐射的设施和措施，统称为“遮阳”（也称“遮阴”）。强烈的太阳辐射是造成牛舍夏季过热的重要原因。一般“遮阳”，在不同方向减少传入舍内的热量可达17%～35%。

牛舍的“遮阳”，可采用水平或垂直的遮阳板，或采用简易活动的遮阳设施：如遮阳棚、竹帘或苇帘等。同时，也可栽种植物进行绿化遮阳。牛舍的遮阳应注意以下几点：a. 牛舍朝向对防止夏季太阳辐射有很大作用，为了防止太阳辐射热侵入舍内，牛舍的朝向应以长轴东西向配置为宜；b. 要避免牛舍窗户面积过大；c. 可采用加宽挑檐，挂竹帘，搭凉棚以及植树等遮阳措施来达到遮阳的目的。

④ 反射。反射即增强牛舍围护结构对太阳辐射热的反射能力。

牛舍围护结构外表面的颜色深浅和光滑程度对太阳辐射热吸收能力各有不同，色浅而光滑的表面对辐射热反射多而吸收少，反之则相反。例如，对太阳辐射的吸收系数，深黑色、粗糙的油毡屋面为0.86、红色屋面和浅灰色的水泥粉刷光平墙面均为0.56、白色石膏粉光平表面为0.26。由此可见，牛舍的围护结构采用浅色光平的表面是经济有效的防暑方法之一（图2-4）。

图2-4 牛舍、运动场周边植树遮阳

（2）牛舍的降温　牛舍降温若采用制冷设备（空调设备）则成本较高，在经济上是不可行的。故此，可考虑采用以下的降温措施。

① 淋浴降温。在牛舍粪尿沟或靠近粪沟的牛床上方设喷头或钻孔水管，可定时或不定时地为牛体淋浴，其作用是淋湿动物体表直接降温和加强蒸发散热，同时可吸收空气中的热量而降低舍温。经试验，夏季在牛舍中每隔30分钟淋水1分钟，可使舍内气温降低1～3℃。

② 喷雾降温。采用淋浴降温虽然有明显的降温效果，但水滴大，蒸发慢。而采用喷雾降温能起到降低舍温的良好作用，这是由于雾状易蒸发，雾滴点很小，在未降至牛体表面之前便已蒸发掉，所以不用湿润体表也有促进牛体蒸发散热的作用。喷雾降温可用于各种牛舍，在牛床上方设的水管上装上喷雾器喷头，靠自来水的压力喷雾，效果良好。

③ 蒸发垫降温。可用于机械通风的牛舍。其主要部件是用麻布、刨花或专门制的波状蒸发垫等吸水、透风材料制作而成的蒸发垫。设置在正压通风的风管中或负压通风的进风口上，不断往蒸发垫上淋水，当空气通过时，因水分蒸发吸热，从而降低进入牛舍的空气温度。试验证明，在空气湿度小于50%时，可使送风温度降低6.5℃，空气湿度60%时可降低5℃，空气湿度达75%时，仍可使送风温度降低2℃以上。

（3）奶牛场的绿化　牛场的绿化，不仅可以改善场区小气候，净化空气，美化环境，而且对奶牛场的清洁、消毒、防疫和防火等起到重要作用。奶牛场的绿化也应进行统一的规划和布局。当然牛场的绿化也必须根据当地的自然条件，因地制宜，如在寒冷干旱地区，应根据主风向和风沙的大小确定牛场防护林的宽度、密度和位置，并选种适应当地条件的耐寒抗旱树种。

在牛场场界周边可设置场界林带，种植乔木和灌木的混合林带（如属于乔木的各种杨树、旱柳、榆树等，灌木有河柳、紫穗槐等）。尤其是场界的北、西侧，为起到防风固沙作用，该林带应加宽（宽10米以上，至少种树5行）。为分隔场内各区及防火，可设置场区隔离林带，如生产区、住宅区和行政管理区等都可用林带隔离，树种以北京杨、柳、榆树等为宜。

在场内外的道路两旁，绿化时一般种树1～2行，常用树冠整齐的乔木或亚乔木（如槐树、杏树等），树种的高矮应根据道路的宽窄来选择。靠近建筑物时，种植的树木应以不影响采光为原则。另外，在道路两旁的树下还可设置花池，种植花草、四季青等，可以美化环境。在运动场的南侧及西侧，可设置1~2行遮阴林，一般选用枝叶开阔，生长势强，落叶后枝条稀少的树种，如各种杨树和槐、枫树等。有时为了兼顾遮阴，观赏及经济价值，在运动场内种植枝条开阔的果树类，但应注意采取保护措施，防止牛只啃咬毁坏树木（图2-5）。

图2-5　奶牛场绿化

3．牛舍的防寒保暖

我国北方地区冬季气候寒冷，应通过对牛舍的外围结构合理设计，解决防寒保暖问题。牛舍失热最多的是屋顶、天棚、墙壁和地面（图2-6）。

图 2-6　舍内地面硬化

（1）屋顶和天棚　屋顶和天棚面积大，热空气上升，热能易通过天棚、屋顶散失。因此，要求屋顶、天棚结构严密，不透气，天棚铺设保温层、锯末等，也可采用隔热性能好的合成材料，如聚氨脂板、玻璃棉等。天气寒冷地区可降低牛舍净高，采用的高度通常为2.5~3.0米。

（2）墙壁　墙壁是牛舍主要外围结构，要求墙体隔热、防潮，寒冷地区选择导热系数较小的材料，如选用空心砖（外抹灰）、铝箔波形纸板等作墙体。牛舍朝向，长轴呈东西方向配置，北墙少设门或不设门，墙上设双层窗，冬季加塑料薄膜、草帘等。

（3）地面　地面是牛活动直接接触的场所，地面冷热情况直接影响牛体。石板、水泥地面坚固耐用，防水，但冷、硬，寒冷地区作牛床时应铺垫草、厩草、木板。规模化养牛场可采用三层地面，首先将地面自然土层夯实，上面铺混凝土，最上层再铺空心砖，既防潮又保温。

（4）加强管理　寒冷季节适当加大牛的饲养密度，依靠牛体散发热量相互取暖。勤换垫草，是一种简单易行的防寒措施，既保温又防潮。及时清除牛舍内的粪便。冬季来临时修缮牛舍，防止贼风。

4．防潮排水

牛每天排出大量粪、尿，冲洗牛舍产生大量的污水，因此应合理设置牛舍排水系统，及时清理污物、污水，有助于防止舍内潮湿，保持空气新鲜。地面、墙体防潮性能好，可有效地防止地下水和牛舍四周水的渗透。

（1）排尿沟　为了及时将尿和污水排出牛舍，应在牛床后设置排尿沟。排尿沟向出口方向呈1%～1.5%的坡度，保证尿和污水顺利排走。

（2）漏缝地板清粪、尿系统　规模化养牛场的排污系统采用漏缝地板，地板下设粪尿沟。漏缝地板采用混凝土较好，耐用，清洗和消毒方便。牛排出的粪尿落入粪尿沟，残留在地板上的牛粪用水冲洗，可提高劳动效率，降低工人劳动强度。定期清除粪尿，可采用机械刮板或水冲洗（图2–7）。

图2–7　奶牛舍内机械清粪系统

牛舍环境的改善和控制除注意以上问题外，还必须注意到奶牛的饲养密度、牛舍的采光和牛场的环境保护工作。例如，噪声对牛的生长发育、生产性能和繁殖性能都产生不利影响，因此，要控制牛舍的噪音水平，白天不超过90分贝，夜间不超过50分贝。

第二节　棚舍建筑

一、奶牛场的选址和布局

（一）奶牛场场址的选择（图2-8和图2-9）

选择奶牛场场址，要因地制宜，并根据生产需要和经营规模，对地势、地形、土质、水源以及周围环境等进行多方面选择。

图2-8　奶牛场选址

图2-9　奶牛场内布局规划

1．地势、地形

修建奶牛场要选在地势高燥，平坦，背风向阳，有适当坡度，排水良好，地下水位低的场所。目的是为了保持环境干燥、阳光充裕和温暖，有利于犊牛的生长发育、成年乳牛的生产和人畜的防疫卫生。低洼潮湿的场地阴冷潮湿，通风不良，影响奶牛的体热调节和肢蹄发育，还易于孳生蚊蝇及病原微生物，会给奶牛健康带来危害，不宜作奶牛场场址。

山区建设奶牛场，应选在较平缓的向阳坡地上，而且要避开风口，以保证阳光充足，排水良好。地面坡度不宜超过25%，一般以1%～3%为宜。

奶牛场地形应开阔整齐，不应过于狭长或边角太多。狭长的场地会因建筑布局的拉长而显得松散，不利于生产作业。边角太多，会影响牛场地面的合理利用。场界拉长，会增加防护设施的投资，也不利于卫生防疫。

奶牛场场区面积要按照生产规模和发展规划确定，不仅要精打细算，节约建场用地，还要有长远规划，留有发展余地。建场用地要安排好牛舍等主要建筑用地，还要考虑牛场附属建筑及饲料生产、职工生活建筑用地。一般可按每头奶牛（中型牛场）160～186平方米确定生产区面积。牛场建筑物按场地总面积的10%～20%来考虑。

2．水源

养牛生产用水量大，稳定、充裕、清洁卫生的水源是奶牛场立足的根本。选水源要考虑以下因素。

（1）水量充足　既要满足场内人畜饮用和其他生产、生活用水，还要考虑防火需要。在舍饲条件下，耗水定额为每日每头成年乳牛100～120升；犊牛30～40升。

（2）水质优良　水源要洁净卫生，不经处理即能符合无公害食品畜禽饮用水水质标准（NY 5027—2001）。

（3）便于防护　要防止周围环境对水源的污染，尤其要远离工业废水污染源。

（4）取用方便　取用方便以节约设备投资。

有两类水源可供选择，一类是地面水，如江、河、湖、塘及水库等水源。这类水源水量足，来源广，又有一定的自净能力，可供使用，但要选择流动、水量大和无工业废水污染的地面水作水源。另一类是地下水，水质洁净，水量稳定，是最好的水源。降水，因易受污染，水量难以保证，所以，不宜作牛场水源。

3．土质

奶牛场场地土质的优劣关系到牛群健康和建筑物的牢固性。作为奶牛场场址的土壤，应该透气透水性强，毛细管作用弱、吸温性和导热性小，质地均匀，抗压性强。

沙壤土的透气透水性好，持水性小；导热性小，热容量大，地温稳定，有利于奶牛的健康。由于其抗压性好，膨胀性小，适于建筑牛舍，是最理想的建场土壤。沙土类土壤透气透水性强，吸湿性小，毛细管作用弱，易于保持干燥。但它导热性大，热容量小，易增温，也易降温，昼夜温差大，不利于奶牛健康。一般可用于建设奶牛运动场。黏土类土壤透气透水性差，吸湿性强，容水量大，毛细管作用明显，易于变潮湿、泥泞。而牛舍内潮湿不利于奶牛健康，因而不适合在其上建场。

4．周围环境

场区周围环境指的是牛场与周围社会的联系。

选择场址要考虑交通便利，电力供应充足、可靠；在以供应鲜奶为主时，应距市区和工矿区不太远（一般10～20千米），同时还要考虑当地饲料饲草的生产供应情况，以便就近解决饲料饲草的采购问题。选择场址要考虑环境卫生，既不要造成对周围社会环境的污染，又要防止牛场受周围环境，例如化工厂、屠宰厂、制革厂等企业的污染。规模奶牛场应位于居民区的下风向，并至少距离200～300米以上。

（二）奶牛场的布局

对于规模化生产的奶牛场，根据奶牛的饲养管理和生产工艺，科学地划分牛场各功能区，合理地配置厂区各类建筑设施，可以达到节约土地、节省资金、提高劳动效率以及有利于兽医卫生防疫的目的。如图2-10奶牛场布局效果图所示。

图2-10　奶牛场建筑物布局效果图

1．奶牛场的分区规划

划分奶牛场各功能区，应按照有利于生产作业、卫生防疫和安全生产的原则，考虑地形、地势以及当地主风向，按需要综合安排，一般可作如下划分：

（1）行政管理和职工生活区　对职工生活区要优先照顾，安排在全场上风向和地势最佳地段，可设在场区内，也可设在场外。其次是行政管理区，也要安排在上风向，要靠近大门口，以便对外联系和防疫隔离。

（2）生产作业区（图2-11）　生产作业区是奶牛场的核心区和生产基

地，因此，要把它和管理区、生活区隔离开，保持200～300米的防疫间距，以保障兽医防疫和生产安全。生产区内所饲养的不同牛群间，由于其各自的生理差异，饲养管理要求不同，所以，对牛舍也要分类安置，以利管理。规模化奶牛场可将生产区划分如下。

图 2-11　奶牛场生产区（饲养区）

① 成年乳牛产奶区。产奶区是乳业生产的中心，要靠近鲜奶处理室，以便鲜奶的初步加工和运输。如果使用挤奶厅集中作业，还要安排奶牛舍到挤奶厅的牛行通道。

② 犊牛饲养区。犊牛舍要优先安排在生产区上风向，环境条件最好的地段，以利犊牛健康发育。

③ 产房。产房要靠近犊牛舍，以便生产作业。但它是易于传播疾病的场所，要安排在下风向，并隔离。

④ 育成牛、青年牛饲养区。育成牛和青年牛舍要优先安排在成年牛舍上风向，以便卫生隔离。

⑤ 饲料饲草加工间及储存库。可设在侧风向，也可设在生产区外，自成体系。要注意防火安全。

（3）兽医诊疗和病牛隔离区　为防止疾病传播与蔓延，这个区要设在生产区的下风向和地势较低处，并应与牛舍保持300米的卫生间距。病牛舍要严格隔离，并在四周设人工或天然屏障，要单设出入口。处理病死牛的尸坑或焚尸炉更应严格隔离，距离牛舍500米以上。

2．奶牛场的布局（图2–12）

根据场区规划，搞好牛场布局，可改善场区环境，科学组织生产，提高劳动生产率。要按照牛群组成和饲养工艺来确定各作业区的最佳生产联系，科学合理地安排各类建筑物的位置配备。根据兽医卫生防疫要求和防火安全规定，保持场区建筑物之间的距离。一般规定奶牛场建筑物的防火间距和卫生间距均为30米。此外，还要将有关兽医防疫和防火不安全的建筑物安排在场区下风向，并远离职工生活区和生产区。

图 2-12 半开放式侧通风牛场全景

为节省劳力，提高生产效率打好基础。凡属功能相同或相近的建筑物，要尽量紧凑安排，以便流水作业。场内道路和各种运输管线要尽可能缩短，以减少投资，节省人力。牛舍要平行整齐排列，泌乳牛舍要与挤奶间、饲料调制间保持相对较近距离。

合理利用当地自然条件和周围社会条件，尽可能地节约投资。基建要不占或少占良田，可利用荒滩荒坡。奶牛舍最好采用南北向修建，以利用自然光照。为了不影响通风和采光，两建筑物的间距应大于其高度的1.5～2倍。

场内各类建筑和作业区之间要规划好道路，运送饲料的净道与运送粪便的污道严格分离，尽量不交叉或少交叉。路旁和奶牛舍四周搞好绿化，种植灌木、乔木，夏季可防暑遮阴，还可调节小气候。

二、牛舍建造

牛舍是控制奶牛饲养环境的重要措施，建筑要求经济耐用，有利于生产流程和安全生产，冬暖夏凉。牛舍的种类有舍饲牛舍、散放式牛舍、散栏式牛舍3种类型（图2-13）。

图 2-13 散栏式牛舍

（一）舍饲牛舍

1. 舍饲牛舍建造的基本要求

（1）地基 地基是承受整

个牛舍建筑的基础土层，要求地基土层必须具备足够的强度和稳定性，下沉度小，防止建筑群下沉过大或下沉不均匀而引起裂缝和倾斜。沙壤土、碎石和岩性土层是良好的基础，黏土、黄土等含水多的土层不能保证牛舍干燥，不宜做地基。

（2）墙　墙是将外界与牛舍隔离开来的设施，以创造奶牛所需的小气候环境。墙分为基础和墙体两部分。基础是指墙埋入土层的部分，包括墙基、马蹄减、勒脚3部分。基础承受牛舍建筑、设施和牛只等的重量，将整个重量传给地基，要求基础坚固耐久、防潮、抗震、抗冻。基础应比墙宽15厘米。勒脚经常承受屋檐滴水、地面水雪和地下水的浸蚀，应选择耐用、防水性好的材料。外墙四周开辟排水沟，使墙脚部位的积水迅速排出。勒脚部位应设置防潮层。北方地区修建奶牛舍时，基础应埋置在最大冻结深度以下。

墙体按其功能可分为承重墙和隔墙（图2-14）。承重墙要求使用的材料抗压性好，经久耐用，坚固。尤其是外墙应具备坚固、抗震、耐水防潮、防火防冻、保暖隔热性好、易于清扫消毒等特点。

图 2-14　牛舍隔墙与承重墙

①舍内隔墙　②承重墙

牛舍墙壁一般采用砖墙、土墙或石墙。砖墙具有一定的强度，较好的耐久性和耐火性，导热性较低，取材容易；缺点是吸湿能力强。砖墙需采取严格的防潮隔水措施，如砂浆勾缝、抹灰等。为了保温，砖墙体应加大厚度。为减轻墙体负荷，可选用空心砖或多孔砖（目前，我国许多地区已禁用黏土实心砖，但均有相应的替代产品，可以放心选用）。石墙具有较高的抗压强度，经久耐用，抗冻、防水、防火等优点，山区取材容易，但导热性大，蓄热系数高，所以北方地区不宜用石料作外墙，南方地区可使用。当石墙有足够厚度时，有较好的隔热效果。砖和石料适用于修建永久性牛舍。土墙取材容易，造价低，导热性小，防火、保温、隔热 性好；但坚固性、耐用性不如砖、石墙，不便于冲洗、防潮性能差，不光滑，不易消毒。修建土墙时基础部分宜采用石料。

根据牛舍四周外墙封闭程度，可分封闭式牛舍、开放式牛舍、 半开放式牛舍和棚舍等四类。封闭式牛舍四周有完整的墙壁；开放式牛舍三面有墙，一面无墙；半开放式牛舍三面有墙，一面只有半截墙；棚舍仅有顶棚无墙壁。我国北方寒冷地区宜采用封闭式牛舍，有助于保暖。南方地区可采用开放式或半开放式牛舍，一方面可节约投资，另一方面夏秋季节降温换气性能好，冬季可在墙的开放部分挂上草帘、篾席等以抵抗寒冷侵袭。承重墙修建高度以屋檐高度为2.8～3.2米为宜。

（3）门　牛舍门主要是保证牛的进出、运送饲料、清除粪便等生产顺利进行，以及发生意外情况时牛只能迅速撤离。舍门一般要求宽2.0～2.2米、高2.2～2.4米。每幢牛舍至少设两个大门，大门开设的位置应在牛舍两端山墙上，正对舍内中央走道，便于机械化作业。若牛舍较长，可以在纵墙上开设2～3道大门，但要设在向阳背风一侧。大门不设门槛和台阶。牛舍内地面高出外部10厘米为宜，可防止雨水进入牛舍。大门宜向外开放或做成悬挂式推拉门或卷闸门。规模牛场，牛舍较大，应开专用门，即山墙开门，专供人员、机械及草料运送；沿墙开门，专供牛只进出。为预防牛只受伤，门上不能有尖锐突出物。

（4）窗户　牛舍开设窗户是为了保证采光和通风。采光的好坏与窗户的面积和形状有关。牛舍窗户面积的大小应根据当地气候和牛舍跨度而定，窗户面积大，进入舍内的光线多，则采光好。气候寒冷的地区或牛舍宽度小，窗户面积可小一点，有利于冬季保温；炎热的地区或牛舍跨度大，窗户面积可大一些，有利于防暑降温，通风换气。窗户的形状有直立式和横卧式两种，直立式窗户比横卧式窗户入射角和透光角大，采光好。透光角愈大，进入舍内光线愈多，要求窗户透光角不小于5度。若窗台位置太低，阳光直射牛只头部，照射牛眼睛，引起视觉失常，不利于牛的健康，因此，牛舍窗台不应低于1.2米。南北墙上窗户对开，有利于通风。另外，为了采光和换气性好，屋顶可开设天窗（图2-15）。

图2-15　侧开窗连栋式牛舍

（5）屋顶　屋顶是牛舍的上部外围结构，防止雨雪、风沙侵袭，隔离太阳的强烈辐射，起保温隔热和防水作用。牛舍常见的屋顶有双坡式屋顶、钟楼式屋顶和拱形屋顶（图2-16、图2-17和图2-18，牛舍层顶示意图）。

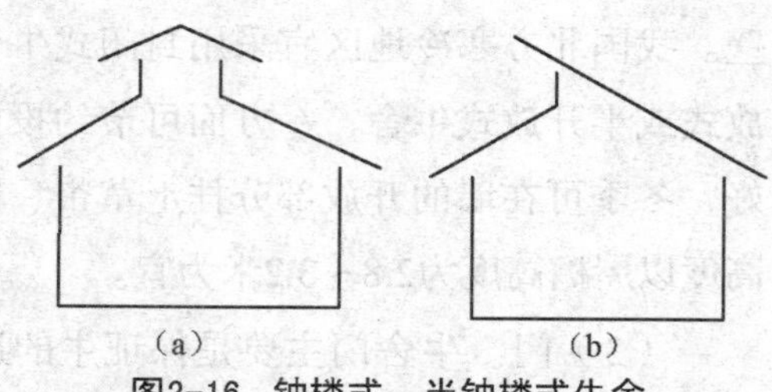

图2-16　钟楼式、半钟楼式牛舍

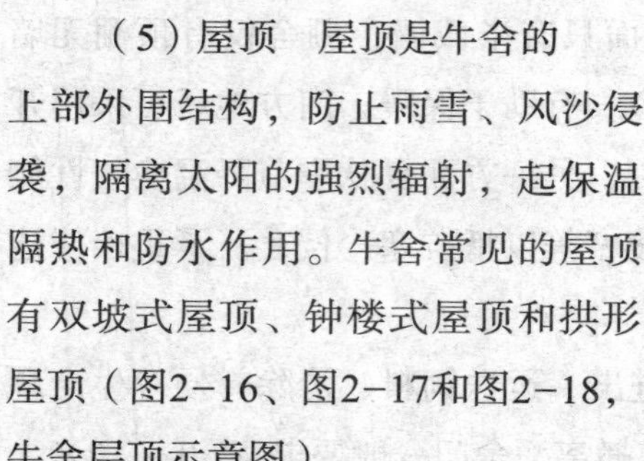

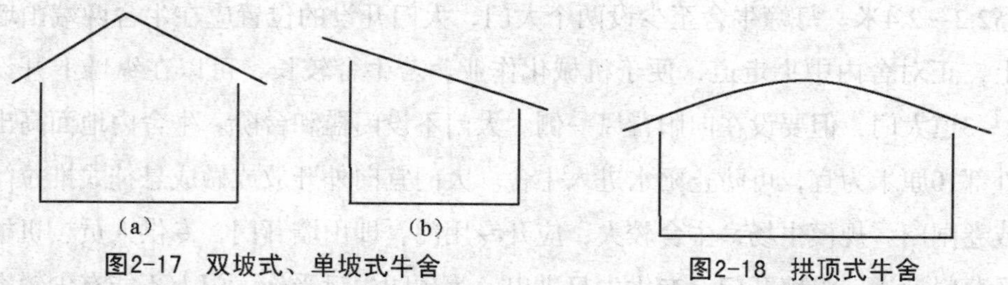

图2-17　双坡式、单坡式牛舍

图2-18　拱顶式牛舍

① 双坡式屋顶。双坡式屋顶是牛舍建筑中最基本的形式，适宜于各种牛舍，特别是大跨度牛舍，易于修建，较经济，保温性能好，适宜于饲养各生产阶段的牛群。

② 钟楼式屋顶。钟楼式屋顶是在双坡式屋顶上开设双侧或单侧天窗，更便于通风和采光，多用于跨度较大的牛舍，适宜于南方气温较高的地区。

屋顶常用的建筑材料有瓦、彩钢板、杉树皮、茅草和麦秸等。瓦和彩钢板经久耐用，导热性强，夏热冬寒，不利于保温隔热；用植物性材料

（杉树皮、茅草、麦秸）作屋顶，导热性低，有利于保暖隔热，冬暖夏凉，但不耐用，几年后就需更换。因此，屋顶以瓦或夹带保温材料的双层彩钢板较好。

（6）天棚　天棚又称顶棚、天花板，是将牛舍地面与屋顶隔离开来的结构，其主要作用在于加强牛舍冬季保暖和夏季隔热。天棚上添设保温层，其保温隔热效果更好。天棚应具备轻便、保温、隔热、坚固、防潮、耐久等特性。天棚常用的材料有竹席子、木板、层板等。牛舍高度以净高表示，指天棚到地面的垂直距离。牛舍净高与舍内温度关系密切，寒冷的北方可适当降低牛舍高度，有利于保温；炎热的南方地区可增加牛舍净高，有利于降温换气，缓解高温对牛只的影响。天棚高度以2.4～2.8米左右为宜。

（7）地面　地面是牛舍的主体结构，是牛只生活、休息、排泄的地方，又是从事生产活动，如饲喂、清洁、挤奶等的场地。地面决定着牛舍的小气候环境状况，以及牛体、畜产品卫生状况和使用价值（图2-19）。

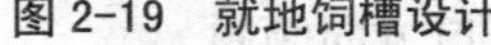

图 2-19　就地饲槽设计

图 2-20　颈枷限位采食

牛舍地面必须满足以下基本要求：坚实耐用，不硬不滑，具有弹性，防潮不漏水，保温隔热，排水方便。坚实性能够抗拒牛舍内各种作业机械的作用；耐用性能够抵抗消毒水、粪尿的腐蚀。环境条件中，温度对牛的生产影响较大，建筑上必须重视地面的保温性能。导热性强的地面，牛躺在上面使其温暖所需时间较长，导热性弱的地面，则所需时间较短。导热性强的地面，寒冷季节不利于牛只保暖，但炎热季节有利于牛只散热。地面温热情况对牛舍小环境影响较大，若地面材料蓄热能力强，当牛只躺下时热能被地面蓄积起来，当牛只站立时热能散放在空气中，有利于舍内调节温度。地面防水、防潮性能对牛舍小气候、卫生状况影响较大。地面防水、防潮能力差，则舍内空气湿度大，使得高温或低温对牛体影响加剧；同时，粪尿、污水可渗透入地层，因牛体热能传导加强，使微生物繁殖增强，舍内污染程度加剧，不利于牛体健康。地面不滑，具有弹性、平坦等是畜舍环境卫生的要求。若地面凹凸不平，清扫、推车等操作不方便，牛只躺卧不舒服。地面弹性差、硬度大，易引起牛关节水肿。地面太滑，牛只易滑倒，引起骨折、流产、挫伤等。牛舍地面向粪沟方向保持1%～1.5%坡度，有利于污水的排出。

任何一种建筑材料都不可能同时符合以上原则，各地建筑牛舍时应根据本地材料情况解决主要矛盾，其他矛盾采取相应的补救措施。牛舍不同的部位采用不同的材料，如牛床采用三合土、立砖、空心砖、木板、石板、橡皮、塑料等，为增强牛床的保温性能和弹性，可在石板、三合土牛床上铺垫草；通道用混凝土、石板，为了防滑，可在石板、三合土、混凝土上划浅沟。

2．不同牛舍的建筑

（1）犊牛舍　多采用封闭单列式或双列式。牛床长1.2米，宽 0.8米。顶棚高1.2～1.4米，宽0.1米。饲槽位于牛床前面，常为固定统槽。饲槽长度和牛床总宽度相等，上宽40～50厘米，下宽 30～40厘米，靠牛侧槽沿高15厘米，外侧槽沿高35厘米。双列式清粪通道1.2～1.5米，中央饲喂通路1.8～2.0米。单列式清粪通道为1.5米。粪尿沟宽20～30厘米，深3～5厘米，边沿成斜状，为便于排水，沟底应有1.5%～3.0%的坡度，向降口方向倾斜。

近年来，国内外饲养犊牛多用露天单笼培育技术，既可避免室内外温差变化，又可防止相互吮舐，从而大大减少犊牛呼吸道和消化道疾病，提高犊牛成活率。这种犊牛舍可建成固定式或移动式，犊牛舍为前敞开式箱型结构，一般前高1.2米、后高1.05米、长2.4米、门宽1.2米，舍外用直径6～8毫米钢筋制作长方形或椭圆形围栏，作为犊牛运动场，也可用木条做成长1.8米、宽1.2米、高1米的长方形围栏。每头犊牛占用面积5平方米左右。犊牛舍取坐北向南位。移动式犊牛舍为一牛一舍，舍与舍之间要保持1～1.2米的间距（图2-21、图2-22、图2-23和图2-24）。

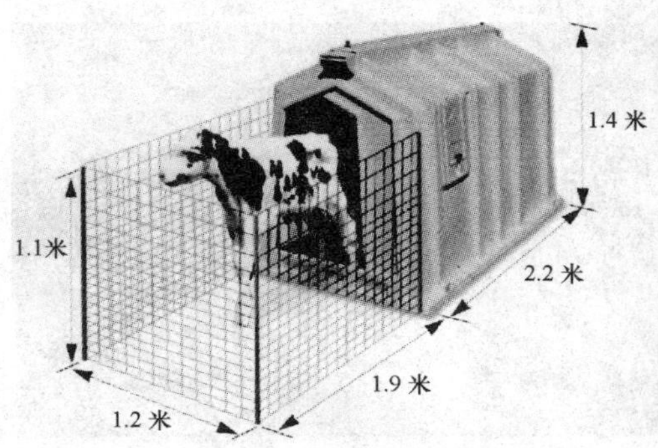

图 2-21　犊牛栏舍构筑示意图

图 2-22　移动式犊牛单栏舍

图 2-23　犊牛单栏舍组群

图 2-24　犊牛单栏饲养舍

（2）颈枷饲养式奶牛舍

① 育成牛、青年牛舍。可采用单坡单列敞开式或双坡双列对头式封闭牛舍。每头牛占用面积6～7平方米，牛床长1.6～1.7米，宽0.8～1.0米，斜度1%～1.5%。颈枷、通道、粪尿沟、饲槽与成乳牛舍相似（图2-25）。

图2-25　牛舍内颈枷、饲槽设置

② 成乳牛舍。大多采用双坡双列对头式封闭牛舍。每头成乳牛占用面积8～10平方米，牛舍跨度11～12米。牛床长1.6～1.8米，宽1.0～1.2，坡度1%～1.5%，中央通道2.5～3.0米，拱度1%。建设就地饲槽（图2-25），槽底宽0.4～0.5米，上沿宽0.5～0.6米。槽底高出牛床0.2～0.3米，中央饲喂通道高出槽底0.2～0.3米。颈枷多采用自动或半自动推拉式，高1.3～1.5米，固定立柱间距12～18厘米，总宽1.1～1.2米。清粪通道宽1.0～1.5米；粪尿沟宽30～40厘米、深5～8厘米，要有1.5%～3.0%的坡度，沟沿做成斜形，以免牛蹄受伤，沟底应为方形，以便于用方锹清粪。

③ 产房。牛床长1.8～1.9米，宽1.2～1.3米，颈枷高1.5米，舍内床位数按成母牛总数的8%～10% 安排。

（二）散放式牛舍

散放饲养方式可节约劳力和投资，便于集约化、机械化管理，牛舍建筑较简单。精料集中于挤奶厅饲喂，粗料均在运动场或休息棚设槽自由采食（图2-26）。

图2-26　中央通道、就地采食式牛舍

散放式牛舍可采用开放式或半开放式牛舍，一般建于运动场北侧、舍内面积按每头牛5.5～6.5平方米设计，舍内地面平坦，无牛栏、牛也不拴系。也可将每头牛的休息牛床用85厘米高的钢管隔开，长1.8～2米，宽1～1.2米。牛床后面设有漏缝地板，寒冷地区冬季在床上铺垫草，垫草应勤换或勤添，保持清洁。休息区与饲喂区相同，饲喂区位于牛舍外，是采食粗饲料、饮水和运动的场所。挤奶厅设有通道、出入口、自由门等。挤奶厅多安装坑道式或转盘式等大型挤奶机械（图2-27）。

图2-27　牛舍内通风、休息床设置

（三）散栏式牛舍

散栏式牛舍综合了传统舍饲拴系饲养和散放饲养的优点，使其更适合于规模化养殖和科学化管理。奶牛散栏饲养工艺是将奶牛场划分为主体部分——饲养区和挤奶区；附体部分——饲料供应区、粪尿处理区、水电供应区、行政办公区等（图2-28）。

图2-28　开放式牛舍、颈枷式奶牛棚舍

散栏式牛舍设计的要求：每栋牛舍的饲养头数应与挤奶厅位置数相匹配，前者一般是后者的整倍数。采食饮水与卧息牛床分设，牛舍视气候条件可采用敞开式、半敞开式或封闭式等。牛床表面应尽量采用软性材料，同时，牛床应有一定高度以保持干燥，牛只出挤奶厅应过蹄药浴池。

以饲养100头泌乳牛为例，牛舍全长80米，宽11米，沿高3.3米，三角屋架上设简易排气屋脊。南面敞开，仅有立柱支撑屋架。北墙下设有可启闭式的通风窗，上部设立可关闭式玻璃窗，东西山墙对开推拉式大门。舍内东西两端分设四位式自动饮水器，设立牛床100个，分两列：靠北侧一列56个，南侧列44个，靠牛舍中央，中间留有2～3米的通道，亦即东西各22个牛床位。牛床按对尾式设计，每个牛床长2.2米、宽1.2米，高出牛床后通道20厘米，牛床之间设立隔栏，床后通道宽3米。牛舍南侧面有采食饲槽，与中列牛床之间称槽后通道，宽3.5米，以保证有牛只采食时，其尾后有足够的地方让其他牛只自由通过。运动场食槽与舍内食槽平行设计，两个食槽之间留2～2.5米宽的饲喂道。并在牛舍饲槽处有100个自动限位采食颈枷，颈枷宽120厘米。牛床宽120厘米，以便观察牛只、配种、治疗和转群等。东西两墙的门宽分别与床后通道和槽后通道相对应，以便于机械化操作（图2-29）。

图2-29　卧床棚舍设置

运动场位于牛舍南侧，即饲喂道外侧，长80米，与牛舍等长，宽25米，面积2 000平方米，牛只通过东西墙门自由进入运动场。

干奶牛舍与上述泌乳牛舍相同。各类后备牛舍与泌乳牛舍类同，但建筑尺寸相应缩小。

（四）挤奶厅

挤奶厅是奶牛生产和管理中心，挤奶厅与泌乳牛舍之间的距离要短，应设在泌乳牛舍群的北端（或南端）面向牛场进口处，这样可使运奶车辆和外来参观人员不进入饲养区，有利于防疫管理。挤奶厅建筑包括候挤室（长方形通道，其大小以能容纳1～1.5小时能挤完牛乳的牛只，每牛1.3～1.5平方米）、准备室（入口处为一段只能允许一头牛通过的窄道，设有与挤奶台能挤奶牛头数相同的牛栏，牛栏内设有喷头，用于清洗乳房）、挤奶台（可采用鱼骨形挤奶台、菱形挤奶台或斜列式挤奶台等）、滞留间（挤奶厅出口处设滞留栏，滞留栏设有栅门，由人工控制，发现需要干奶、治疗、配种或作其他处理的牛只，打开栅门，赶入滞留间，处理完毕放回相应牛舍）。在挤奶区还设有牛奶处理室和贮存室等（图2-30、图2-31和图2-32）。

图2-30　奶牛挤奶通道与挤奶厅

图2-31 电子计量式挤奶机组

图2-32 计量瓶式挤奶机组

三、牛舍附属设施

（一）运动场与围栏

运动场一般设在牛舍南面，离牛舍5米左右，以利于通行和植树绿化。运动场地面，以砖铺地面和土质地面各占一半为宜，并有1.0%～1.5% 的坡度，靠近牛舍处稍高，东西南面稍低，并设排水沟。每头牛需运动场面积：成乳牛20～25平方米、育成牛和青年牛15平方米，犊牛8～10平方米。

运动场四周设立围栏，栏高1.5米，栏柱间距2～3米，围栏可采用废钢管焊接，也可用水泥柱作栏柱，再用钢管串联在一起。围栏门宽2～3米。

（二）凉棚

一般建在运动场中央，常为四面敞开的棚舍建筑。建筑面积以每头牛3～5平方米为宜，棚柱可采用钢管、水泥柱等，顶棚支架可采用角铁、C型钢焊制或木架等，棚顶面可用彩钢板、石棉瓦、遮阳布、油毡等材料。凉棚一般采用东西走向（图2-33）。

图 2-33　运动场搭建凉棚

（三）补饲槽、饮水设施

补饲槽应设在运动场北侧靠近牛舍门口，便于把牛吃剩下的草料收起来放到补饲槽内。饮水设施安装在运动场东西两侧，建议安装二位式或多位式自动饮水器（图2-34）。

图 2-34　运动场设立饮水器

（四）消毒池

一般在牛场或生产区入口处，便于人员和车辆通过时消毒。消毒池常用钢筋水泥浇筑，供车辆通行的消毒池，长4米、宽3米、深0.1米，供人员通行的消毒池，长2.5米、宽1.5米、深0.05米。消毒液应维持经常有效。人员往来必经的场门两侧应设紫外线消毒走道（图2-35）。

图2-35 消毒池与人员消毒通道

（五）粪尿污水池和贮粪场

牛舍和污水池、贮粪场应保持200～300米的卫生间距。粪尿污水池的大小应根据每头奶牛每天平均排出粪尿量和冲污的污水量的多少以及存贮期的长短而定，奶牛场中粪尿污水的产生原则上以每头每天成乳牛70～120千克、育成牛50～60千克、犊牛30～50千克计算。

（六）兽医室

一般设在牛场的下风头，包括诊疗室、药房、化验室、办公值班室及病畜隔离室，要求地面平整牢固，易于清洗消毒。规模奶牛场还应建立蹄浴池和修蹄棚，用以维护肢蹄健康（图2-36）。

图2-36 奶牛场设立兽医室

（七）人工授精室

常设有精液处理（贮藏）室、输精器械的消毒间、保定架等。

（八）青贮窖及干草棚

青贮窖和干草棚一般建在牛舍的一侧，应远离粪尿污水池，其大小应根据奶牛的饲养量以及存贮周期长短而定。

（九）精饲料加工间及饲料库

一般采用高平房，墙面应用水泥抹1.5米高，防止饲料受潮。安装饲料加工机组。加工室大门应宽大，以便运输车辆出入，门窗要严密，以防鼠防鸟。大型奶牛场还应建原料仓库及成品库。

第三节　奶牛场常用机械

奶牛生产离不开相应的设备，规模化、集约化的奶牛业更需要先进的生产设备。传统的养牛业集约化程度低，生产设备落后，手工操作过程较多，产品质量差异大，难以迎合现代安全消费的需要。奶牛业的机械化，是农业现代化的重要标志，随着我国奶牛业的不断发展，养牛工序也将逐渐实现机械化和自动化。奶牛生产的机械设备种类繁多，常用设备主要包括：饲料饲草加工机械、喂牛机械和饮水设备、挤奶机械、鲜奶冷却、消毒设备、牛舍通风及防暑降温设备等。

一、饲料、饲草加工设备

（一）铡草机

主要用于牧草和秸秆类饲料的切短以及制作青贮饲料。是奶牛生产最基本、最常用的机械设备。制造商较多，如山东省肥城铡草机厂、北京嘉亮林农牧机械有限责任公司、河北省唐县第二机械厂、西安市畜牧乳品机械厂等。其型号多种多样，配套功率从不足1千瓦到20千瓦不等，建议日常用机型可选功率在10千瓦以下的小型铡草机，而青贮加工则应选用功率在10千瓦以上的大型铡草机（图2-37、图2-38、图2-39和图2-40）。

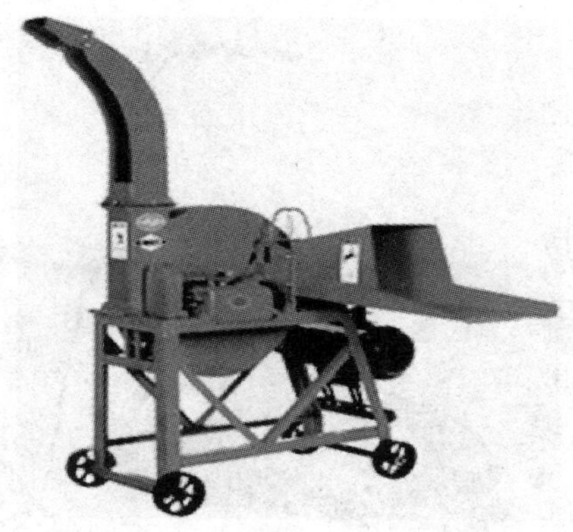
图 2-37　9Z-4C 型铡草机

图 2-38　9Z-6A 型青贮铡草机

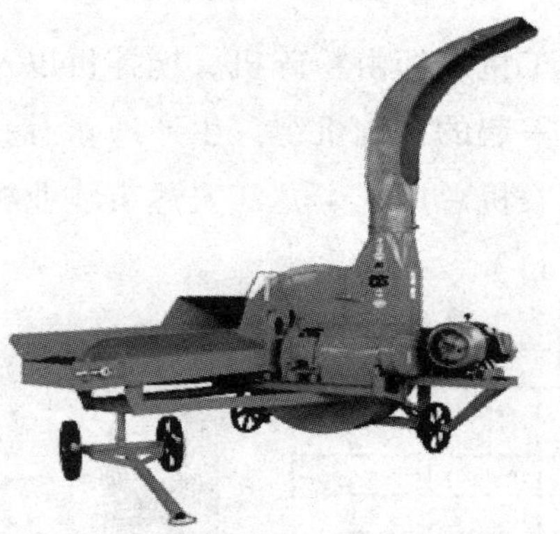
图2-39　9Z-9A型青贮铡草机

图2-40　93ZP-5000型铡草机

（二）揉搓机

主要用于将秸秆切断、揉搓成丝状，用于提高秸秆类粗饲料的适口性和利用率。制造商有：北京嘉亮林农牧机械有限责任公司、赤峰农机总厂、黑龙江安达市牧业机械厂等（图2-41和图2-42）。

图2-41　饲草揉搓机

图2-42　饲草揉搓机

（三）粉碎机

图 2-43　饲草粉碎机

可分为爪式和锤片式两种，前者主要用来加工籽实原粮及小块饼类饲料，后者粉碎粗饲料效果好（图2-43），生产厂家有：北京燕京牧机公司、黑龙江省庆安农牧机械厂、山东省泰山农牧机械厂、呼和浩特畜牧机械研究所等。

（四）饲料加工机组

小型饲料加工机组，即由粉碎机、搅拌机组合在一起的机型，大型饲料加工机组即由粉碎机、搅拌机以及计量装置、传送装置、微机系统等组合在一起的系统机组。生产厂家有：北京嘉亮林农牧机械有限责任公司、赤峰农机总厂、黑龙江安达市牧业机械厂、山西文水农机厂等（图2-44和图2-45）。

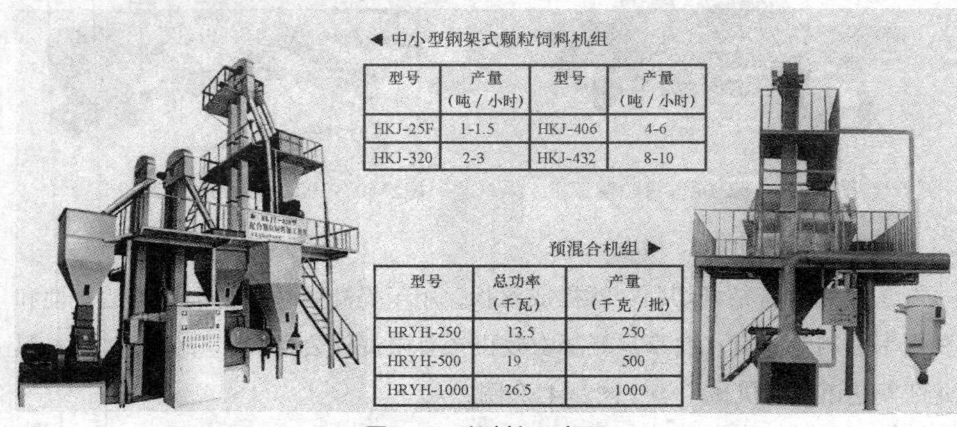

◀ 中小型钢架式颗粒饲料机组

型号	产量（吨／小时）	型号	产量（吨／小时）
HKJ-25F	1-1.5	HKJ-406	4-6
HKJ-320	2-3	HKJ-432	8-10

预混合机组 ▶

型号	总功率（千瓦）	产量（千克／批）
HRYH-250	13.5	250
HRYH-500	19	500
HRYH-1000	26.5	1000

图 2-44　饲料加工机组

二、饮水设施

图2-45　小型饲料加工机组

水是奶牛必须的营养物质。奶牛的饮水量与干物质进食量呈正相关。现代化奶牛场，为保证全天候、无限量，随时为奶牛提供新鲜、清洁的饮水，而又要省工省时，节约水资源，多在运动场边安装自由饮水槽，供奶牛全天候随时自由饮水。现代化奶牛场建议安装应用自动饮水器（图2-46、图2-47、图2-48和图2-49）。

图2-46　运动场边设饮水槽

图2-47　奶牛恒温饮水槽

图2-48　奶牛二位式自动恒温饮水器

图2-49　奶牛碗式自动饮水器

三、挤奶设备

（一）挤奶机

用于拴系式饲养牛群，可在牛床上进行挤奶。即饲喂与挤奶同舍进行，节约建筑成本。而随着社会经济的发展，人们健康营养消费意识日益增强，为减少牛奶的污染机会，提高鲜奶品质，规模化奶牛场多采用专用挤奶厅，集中统一应用大型挤奶机组挤奶。而小型挤奶机仅用于产房初乳期以及治疗用药期和药残期等"非商品期"奶牛的挤奶。挤奶机械的种类与型号较多，其主要机型简介如下。

① 管道式挤奶机（图2-50）。即在牛床上（或下）安装一管道系统，用真空泵直接把牛乳从吸杯送到贮奶室。这类挤奶设备采用管道化不锈钢材，密封性能好，鲜奶不接触外界空气，可防止外界杂物污染牛奶。挤完奶后还可通

过自动清洗设施进行自动洗涤消毒，从而保证了鲜奶卫生。使用这种机械每人每天可管理15～20头产乳牛。主要安装在100头左右奶牛的牛舍中，其优点是挤奶和饲养在同一建筑物内进行，无需另建挤奶厅，节省场地和费用，且便于管理。缺点是不利于大规模、专业化生产。机械的生产厂家有北京嘉源易润工程技术有限公司、北京大都林、利拉伐（上海）乳业机械有限公司等。

图 2-50　管道式挤奶间

图 2-51　移动桶式挤奶机

② 移动桶式挤奶机（图2-51），适合于个体以及小规模奶牛生产，目前适用于农户奶牛生产以及规模场非商品期奶牛的挤奶。生产厂家有：山东淄博市博山农牧机械厂、北京嘉源易润工程技术有限公司、北京大都林、利拉伐（上海）乳业机械有限公司等。

（二）挤奶厅（台）式挤奶机组

挤奶厅（台）式挤奶机组，适用于规模场、或集中奶牛饲养区奶牛生产以及散栏式饲养牛群，有坑道式和转盘式两种。

① 坑道式挤奶台。挤奶台可设有自动喂料系统，挤时可自动投料，定量饲喂，供产奶牛采食，做到精细管理。如9JT−2X10型鱼骨式挤奶台，即属于坑道式挤奶台。其配套动力为19千瓦，每人每小时可挤25～30头产奶牛。这种挤奶台中间是挤奶员操作坑道，两边是牛床。挤奶时牛与坑道成30°角，从整体看，很像一副鱼骨架。它由真空系统、挤奶和输送管道系统、自动清洗系统、鱼骨架结构、电器系统所组成。这种挤奶台具有投资

少、节约能源、可提高鲜奶产量和质量、减轻劳动强度、提高劳动生产率等优点。目前，可选用的有计量瓶式挤奶台、刺激按摩自动脱杯式挤奶台以及电子计量坑道式挤奶台等（图2-52和图2-53）。

图 2-52　坑道式挤奶台挤奶机组

图 2-53　电子计量瓶式挤奶（台）机组

② 转盘式挤奶台（图2-54）。转盘式挤奶台，挤奶床位多少不等，一般为20～40个。40个床位的挤奶台每小时可完成200头产奶牛的挤奶作业，每次挤奶可连续运转7小时。挤出的鲜奶通过管道，经过滤、冷却后直接送入贮奶罐。奶牛进入挤奶台后，随挤奶台转动，而挤奶员则可在原地不动，机械化、自动化程度高，劳动生产效率高。而相对投资较大。

图 2-54　转盘式挤奶台

坑道式挤奶台和转盘式挤奶台的生产厂家有：西安市畜牧乳品机械厂、利拉伐（上海）乳业机械有限公司、北京嘉源易润工程技术有限公司等。

（三）移动式挤奶机

适用于拴系式饲养牛群，有提桶式、悬吊式和挤奶车三类。此类机械构造简单，投资少，操作方便，适用性广。一般每人每小时使用这种机械可完成15～20头产奶牛挤奶作业。这类机型配套功率小。具有节能省电、操作方便等优点（图2-55、图2-56、图2-57、图2-58和图2-59）。

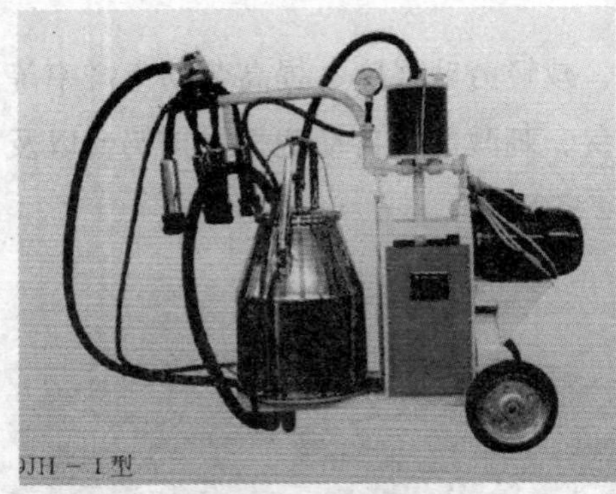

图2-55　单桶活塞式挤奶车

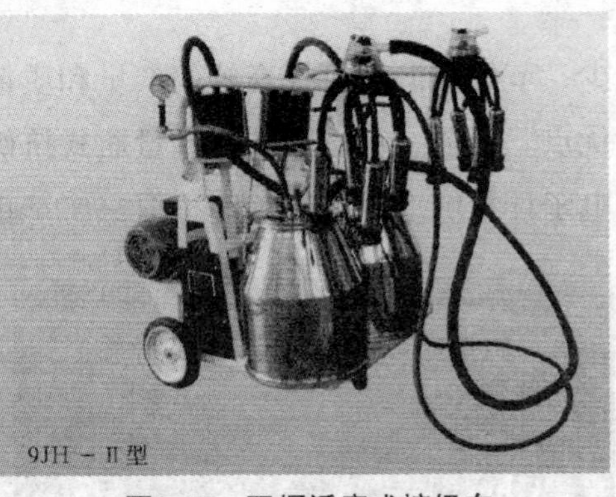

图2-56　双桶活塞式挤奶车

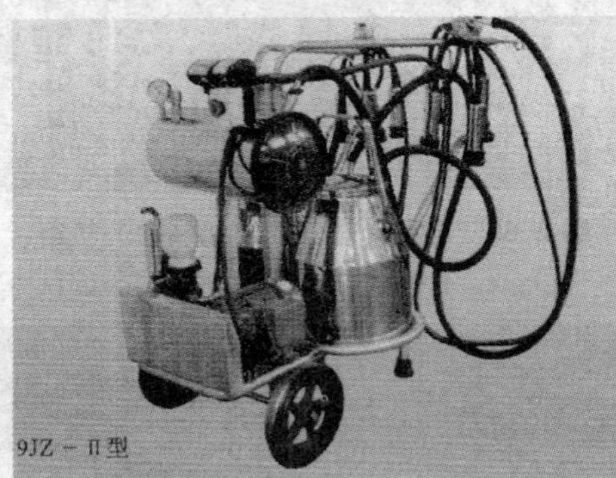

图2-57　双桶旋片泵式挤奶车

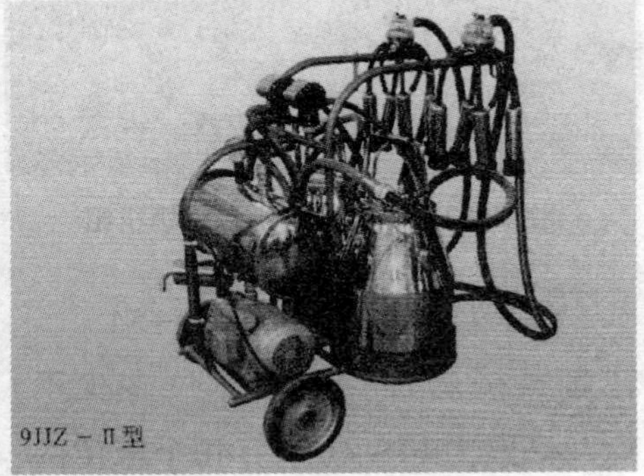

图2-58　双桶自润滑泵式挤奶车

图2-59　2×2移动式挤奶机

四、全混合日粮（TMR）搅拌喂料车

全混合日粮（TMR）搅拌喂料车是现代奶牛场的主要饲养设备。顾名思义，即把奶牛日粮所有组分进行充分混合并分发投喂的机械设备。应用全混合日粮搅拌喂料车，首先是提高了奶牛生产的机械化程度，减轻了奶牛生产的劳动强度；同时，通过（TMR）搅拌喂料车对奶牛日粮进行了初步的机械（物理）性消化，节约了奶牛消化饲料所耗用的能量，提高了日粮的适口性，有利于加快奶牛的采食速度和增加采食量。另外，通过（TMR）搅拌喂料车对奶牛日粮进行充分的搅拌和混合，避免了奶牛的挑食现象，使奶牛进食每一口日粮都获得几乎相同的组成和营养成分，从而维护瘤胃内环境的稳定性（图2-60、图2-61、图2-62、图2-63、图2-64和图2-65）。

图2-60　立式自走式（TMR）搅拌喂料车

图2-61　卧式牵引式（TMR）搅拌喂料车

图2-62　立式牵引式（TMR）搅拌喂料车

图2-63　立式固定式（TMR）搅拌车

图2-64　卧式牵引式（TMR）搅拌喂料车

图2-65　卧式固定式（TMR）搅拌车

全混合日粮机械的发明与应用在世界上已有几十年的历史，在应用过程中不断改进，不断优化。第一代的全混合日粮（TMR）发料车，设计成卧式料车厢，厢体内以2～3条纵向蛟龙搅拌和推动日粮向发料口行进。第二代的TMR也是卧式的，但在蛟龙叶片上加置切割刀片，因此能将日粮较第一代更好地切碎与混合。但由于卧式的厢体截面均呈方型而留有死角残料，同时，一些长料箱由于蛟龙的纵轴很长，使用中易造成纵轴变形。第三代TMR车的厢体设计成立桶形，卧式的蛟龙没有了，设计成主轴短而有力的切碎钻，螺旋形钻成接近水平工作的切割力（似绞肉机芯），并且在桶壁设计有可伸缩的“底刀”，使切割的效果提高很多，立圆形的厢体，也避免了残料死角的存在。第三代TMR是最近五六年的新生代，由于其切混的效果优于前二代，因此，很快得到大面积的推广使用。

全混合日粮（TMR）搅拌喂料车在我国奶牛业中的应用正处于起步阶段，目前市售的全混合日粮（TMR）搅拌喂料车种类较多，从蛟龙和箱体上分为立式和卧式两大类；从容积和功率上又分为多种型号；从动力供给方面可分为自走式、牵引式、固定式以及牵引固定两用式，如图2-60、图2-61、图2-63、图2-64、图2-65和图2-67所示。养殖场户可根据各自不同的饲养规模和条件，灵活选用。选用时建议着重考虑：主要工作零部件耐磨损和抗腐蚀性、电子秤精确计量，加料量准确、物料混合均匀，搅拌室内无死角，无物料残留、结构设计合理，具有剪切、揉搓、混合等多种功能，适应不同物料的混合，同时，使用操作简单，故障率低。目前，市售全混合日粮（TMR）搅拌喂料车的主要技术参数部分列于表2-4，可供参考。

图2-66 双蛟龙卧式固定式（TMR）搅拌车

图2-67 牵引、固定两用（TMR）搅拌车

表 2-4 市售部分（TMR）搅拌喂料车的主要技术参数

型号	容积（立方米）	动力	外型尺寸（毫米）	形式	混合时间（分钟）
HSS4	4	11千瓦	4 330×1 370×1 880	卧式固定式	6～8
HSS7	7	15千瓦	4 884×1 750×2 165	卧式固定式	6～8
HPS9	9	22千瓦	3 660×2 622×2 120	卧式固定式	4～6
HPS15	15	30千瓦	4 662×3 042×2 330	卧式固定式	4～6
HST4	4	22马力	4 610×1 370×2 190	卧式牵引式	6～8
HST7	7	60马力	5 050×1 901×2 545	卧式牵引式	6～8
HPT9	9	60马力	4 780×2 547×2 307	卧式牵引式	4～6
HPT15	15	80马力	5 765×2 300×2 450	卧式牵引式	4～6
VMS8	8	30千瓦	4 135×2 275×2 305	立式固定式	6～8
VMS10	10	30千瓦	4 135×2 275×2 605	立式固定式	6～8
VMT8	8	≥55马力	4 450×2 275×2 505	立式牵引式	6～8
VMT10	10	≥60马力	4 450×2 275×2 855	立式牵引式	6～8
VMS12	12	40千瓦		立式固定式	6～8
VMT12	12	≥68马力	4 960×2 575×2 975	立式牵引式	6～8
VMS14	14	40千瓦		立式固定式	6～8
VMT14	14	≥75马力	4 960×2 575×3 290	立式牵引式	6～8

配合全混合日粮（TMR）搅拌喂料车以及玉米整株青贮的推广应用，技术人员又研究开发出青贮饲料取用机械（图2-68和图2-69）。

图2-68 青贮饲料取用机

图2-69 青贮饲料取用

五、奶牛发情监测系统

伴随科学技术的进步，奶牛发情微机探测技术已广泛应用于奶牛生产。

在奶牛养殖业中，奶牛的发情检测在牛群繁殖管理中具有重要地位，及时发现奶牛发情有利于奶牛的及时受孕、产犊并在一定程度上具有增加泌乳期的功能。传统的奶牛发情是靠奶牛饲养管理技术人员的观察来发现的，但单靠管理人员观察做到及时发现奶牛发情是件极其繁琐的事情，尤其是部分奶牛多在夜间出现发情，往往造成漏配或误配现象的发生，延长了奶牛的产犊间隔，影响到奶牛业的经济效益。

研究人员根据奶牛发情期活动量明显增加的特点，研发了奶牛发情探测系统。随着技术的不断进步，发情探测系统也在不断改进与完善。奶牛计步器可谓第一代发情探测系统。采用计步器来采集奶牛的活动信息，计步器采集信息后通过无线传输的形式传输给上位管理机进行分析处理，帮助奶农监测奶牛的发情期，以便奶牛及时受孕。系统以无线射频芯片CC2430为核心，利用ZigBee无线传感器网络技术，在奶牛养殖场组成一个无线网络。通过该无线网络定时采集奶牛的活动量数据，并进行数据分析处理，以判别奶牛是否处于发情期，具有较好的应用前景和经济效益。

低功耗是计步器设计的关键，采取了多种措施来降低系统功耗。计步器的微处理器和无线通信模块平时置于低功耗模式，信息采集与无线通信是通过中断方式实现的，振荡电路辅助通信模块完成无线信息传输。准确率较高。

然而，奶牛计步器戴在脚腕上，处于特殊场合环境，就要求计步器要具有防水、防潮、防撞、体积小，重量轻、功耗低等特点，因此，需要把所有的器件完全密封于计步器的塑料盒内。由于天线也密封于计步器盒内，这将会减小节点间的通信距离。因而产生了发情探测系统的二代产品，即项签式发情探测仪。把改进后的计步器芯片做成项签，佩戴在奶牛脖子上，形成独立式发情探测系统HeatimeTM。应用效果得到进一步提高。

项签式独立奶牛发情探测仪，包含控制箱、ID单元、项签3部件组成，整个系统是通过安装在奶牛颈部的链签测量奶牛的活动量，并每两小时存储数据一次，链签中装有奶牛感应器、数据存储器等先进元件，通过链签采集奶牛走、跑、躺、站、卧、头部运动等一切活动并进行量化。通过准确地测定奶牛的活动量变化，根据记录的活动量的具体时间准确地推测出奶牛的排卵期，以准确把握奶牛的最佳输精时间。

在发情探测仪运行中，当奶牛通过ID单元时，ID单元采用光感通信快速感应奶牛温度并读取活动量数据，传送到控制箱，经控制箱对数据进行处理，最后形成2小时制、8小时制曲线图，以不同的天数类型显示在屏幕上（图2-70、图2-71、图2-72、图2-73和图2-74）。应用中预先设定活动量限定值以及报警模式，对鉴定出的发情牛发出警报，提示工作人员尽早发现发情牛，实施人工授精。

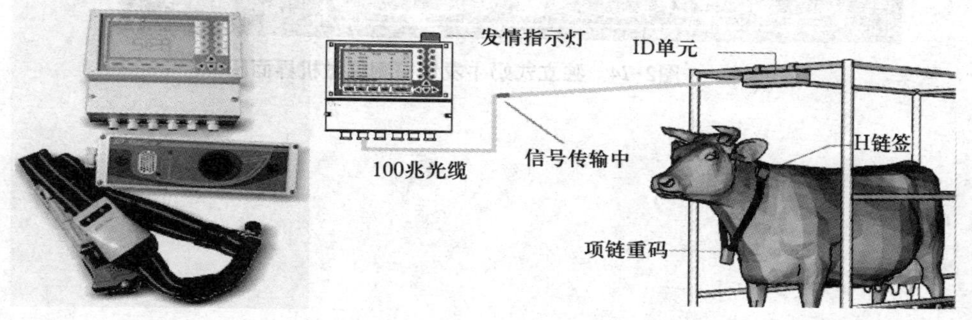

图2-70　项签式发情探测仪主要部件　　图2-71　奶牛发情探测信息传输示意图

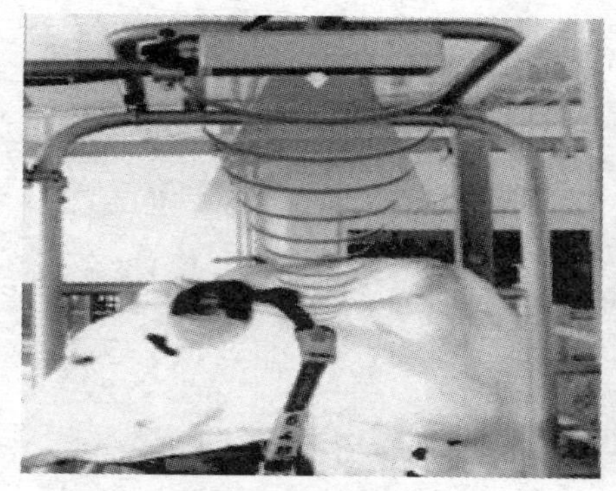

图2-72　发情探测仪传感示意

图2-73　奶牛佩戴发情探测项签

同时，随时观察信号界面图，掌握牛群的活动量，确定奶牛的健康状况，对亚健康牛只进行针对性处理，不断改善饲养管理技术措施，维护牛群健康水平。

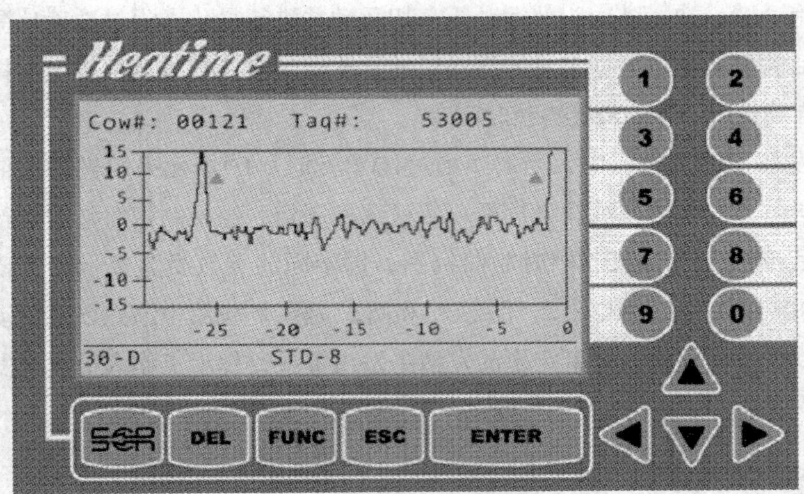

图2-74 独立式奶牛发情探测仪微机界面图

第三章　奶牛品种与奶牛选购技巧

第一节　奶牛品种

要搞好奶牛生产，首先要选择优良的奶牛品种，这是达到高产、优质和高效生产的基础。奶牛，顾名思义，即以生产鲜奶为主要产品的牛群可统称为奶牛。现将奶牛品种以及以乳用为主体的乳肉兼用型牛品种简要介绍如下。

一、乳用荷斯坦牛

1．产地与分布

原产于荷兰北部的西弗里斯和德国的荷尔斯坦省，目前，分布世界各地。由于被输入国经过多年的培育，使该牛出现了一定的差异，所以，许多国家的荷斯坦牛都冠以本国名称，如美国荷斯坦牛、加拿大荷斯坦牛、澳大利亚荷斯坦牛、中国荷斯坦牛等（图3–1）。

图 3-1　乳用荷斯坦牛种（公牛）

2．外貌特征

荷斯坦牛属大型乳用品种牛。体格高大，结构匀称，后躯发达，侧视、俯视、前视均呈“三角形”或楔形。毛色大部分为黑白花，也有少量红白花。一般额部多有白星，白花片多分布于躯体下部，花片分明。鬐甲、十字部多有白带，腹部、尾帚、四肢下部均为白色。骨骼细致而结实，肌肉欠丰满。皮薄而有弹性，皮下脂肪少。被毛短而柔软。头狭长、清秀，额部微凹；眼大突出，角细短而致密，向上方弯曲。十字部略高于鬐甲部，尻部长宽而稍倾斜，腹部发育良好。四肢长而强壮。乳房庞大、乳腺发育良好，乳静脉粗而多弯曲，乳井深大。尾细长。成年公牛体重900～1 200千克，母牛650～750千克，犊牛初生重40～50千克。体尺情况列于表3–1。

表3-1 荷斯坦牛体尺、体重统计表

项目	体高（厘米）	体长（厘米）	胸围（厘米）	管围（厘米）	体重（千克）
成年公牛	145	190	226	23	900～1 200
成年母牛	135	170	195	19	650～750

3．生产性能

乳用荷斯坦牛是世界上产奶量最高的奶牛品种，其泌乳性能位居各乳用牛品种之首。它以极高的产奶量、理想的形态、饲料利用率高、适应环境能力强等著称于世。一般母牛年平均产奶量6 500～7 500千克，乳脂率3.6%～3.7%，如图3-2和图3-3所示。美国加利福尼亚州某农场饲养192头成年母牛，平均头年产奶量12 475.5千克，乳脂率3.8%。创世界个体产奶量最高记录者是美国一头名叫“Muranda Oscar Lucinda ET”的成年母牛，3岁4个月，365天产奶30 833千克，乳脂率3.3%、乳蛋白率3.3%。其缺点是乳脂率低，不耐热，高温时产奶量明显下降。

图3-2 荷斯坦牛母牛（红白花片）

图3-3 荷斯坦牛母牛（黑白花片）

二、兼用荷斯坦牛

1．产地与分布

兼用荷斯坦牛是指以荷兰本土荷斯坦牛为代表的荷斯坦牛。主要分布于欧洲各国如德国、法国、瑞典、丹麦和挪威等国（图3-4和图3-5）。

2．外貌特征

体格略小于乳用荷斯坦牛，体躯发育匀称，呈矩形。毛色与乳用荷斯坦牛一致，但花片更加整齐美观。骨骼细而坚实，肌肉丰满。皮稍厚，但柔软，被毛细短。头短、宽，颈粗、长度适中。鬐甲宽厚，胸宽且深，背腰宽平，尻部方正，臀部肌肉丰满。乳房附着良好，前伸后展，发育匀称，成方圆形，

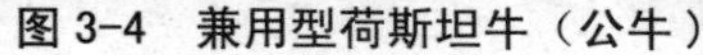

图 3-4 兼用型荷斯坦牛（公牛）

图 3-5 欧洲型兼用荷斯坦牛（母牛）

乳头大小适中，乳静脉发达。犊牛初生重35～45千克。成年牛体尺体重列于表3-2。

表3-2 兼用荷斯坦牛体尺、体重统计表

项目	体高（厘米）	体长（厘米）	胸围（厘米）	管围（厘米）	体重（千克）
成年公牛	140	186	221	23	900～1 100
成年母牛	126.4	156.1	197.1	19.1	550～700

3．生产性能

兼用荷斯坦牛平均产奶量略低于乳用荷斯坦牛，群体平均泌乳期产奶量6 000～7 000千克，乳脂率4%。最高个体泌乳期产奶量达12 600千克。兼用荷斯坦牛肉用性能良好，肥育后可生产优质牛肉，屠宰率达55%～60%。14～18月龄活重可达500千克，断奶到出栏平均日增重900～12 00克。

三、中国荷斯坦牛

1．产地与分布

中国荷斯坦牛，顾名思义，是采用从国外引进的荷斯坦牛与我国黄牛杂交，经长期选育而成。是我国唯一的乳用品种牛。主要分布于我国各地的大中城市、工矿区以及交通沿线，尤其是集中分布于北京市、上海市、天津市、黑龙江省、河北省、山西省、内蒙古自治区、新疆维吾尔自治区等省市区。目前，群体数量达1 400多万头（图3-6）。

图3-6 中国荷斯坦牛（公牛）

2．外貌特征

毛色黑白花，花片分明，额部多有白斑，角尖黑色，腹底、四肢下部及尾梢为白色。体格高大，结构匀称，头清秀狭长，眼大突出，颈瘦长而多皱褶，垂皮不发达。前驱较浅窄，肋骨开张弯曲，间隙宽大。背腰平直，腰角宽大，尻长、平、宽，尾细长，被毛细致，皮薄有弹性。乳房大、附着良好，乳头大小适中，分布匀称。乳静脉粗大弯曲，乳井大而深。肢势端正，蹄质坚实。成年公牛体重平均1 020千克，体高150厘米，成年母牛体重500～650千克，犊牛初生重35～45千克。

3．生产性能

在正常饲养管理条件下，母牛在各个生长发育阶段的体尺与体重列于表3–3。

表3–3　中国荷斯坦牛（母牛）各阶段的体尺与体重

生长阶段	体高（厘米）	体斜长（厘米）	胸围（厘米）	体重（千克）
初生	73.1	70.1	780.3	38.9
6月龄	99.6	109.3	127.2	166.9
12月龄	113.9	130.4	155.9	289.8
18月龄	124.1	142.7	173.0	400.7
1胎	130.0	156.4	188.3	517.8
2胎	132.9	161.4	197.2	575.0
3胎	133.2	162.2	200.0	590.8

据对21 570头头胎牛统计，305天平均产奶量5 197千克。优秀牛群产奶量可达7 000～8 000千克，优秀个体产奶量可达10 000～16 000千克。平均乳脂率3.2%～3.4%。年受胎率88.75%，情期受胎率48.99%，繁殖率89.1%。母牛屠宰率为49.7%，公牛屠宰率为58.1%。母牛净肉率为40.8%，公牛净肉率为48.1%。一般12月龄性成熟，适配年龄为14～16月龄，如图3–7所示。

(a)

(b)

图3–7　中国荷斯坦牛（母牛）

中国荷斯坦牛性情温顺，易于管理，适应性强。分布于-40～40℃的气温条件下，由于全国各地饲料种类、饲养管理和环境条件差异很大，因此，在各地表现不尽一致，总体上讲，对高温气候条件的适应性较差，亦即耐冷不耐热。据研究，在我国北部地区，当气温上升到28℃时，其产奶量明显下降；而当气温降至0℃以下时，产奶量则无明显变化。在我国南方地区，6～9月高温季节产奶量明显下降，并且影响繁殖率，7～9月发情受胎率较低。

荷斯坦牛分布广、生产性能高，是我国奶牛饲养者的首选品种。

四、西门塔尔牛

1．产地与分布

西门塔尔牛原产于瑞士阿尔卑斯山区以及德国、法国、奥地利等地河谷地带。以其优异的生产性能，世界各国纷纷引进，并按照各自的需要进行选育，形成各自不同的品种类群，导致当今许多国家都有自己的西门塔尔牛，并冠以该国国名而命名（图3-8和图3-9）。

图 3-8　饲养于阿尔卑斯山区的西门塔尔牛

图 3-9　优秀的西门塔尔牛（母牛）

2．外貌特征

西门塔尔牛体型高大，骨骼粗壮，头大额宽，公牛角左右平伸，母牛角多向前上方弯曲。颈短、胸部宽深，背腰长且平直，肋骨开张，尻宽平，四肢结实，乳房发育良好，被毛黄白花到红白花，头、胸、腹下、四肢下部及尾尖多为白色。成年牛体尺体重列于表3-4和图3-10。

表3-4　成年西门塔尔牛体尺、体重表

项目	体高（厘米）	体斜长（厘米）	胸围（厘米）	管围（厘米）	体重（千克）
公牛	147.3	185.2	225.5	24.4	1 100～1 300
母牛	136.9	164.2	195.5	19.5	670～800

(a)

(b)

图3-10　西门塔尔牛（公牛）

3．生产性能

西门塔尔牛产乳、产肉性能均良好。成母牛平均泌乳期285天，平均产奶量4 500千克，乳脂率4.0%～4.2%。我国新疆呼图壁种牛场饲养的西门塔尔牛平均产奶量达到6 000千克以上，36头高产牛泌乳期产奶量超过8 000千克，最高个体（第2胎）产奶量达到11 740千克，乳脂率4.0%。

西门塔尔牛肌肉发达，肉用性能良好，12月龄体重可达454千克，平均日增重为1 596克。胴体瘦肉多，脂肪少且分布均匀，呈大理石条纹状，眼肌面积大，肉质细嫩。公牛育肥后，屠宰率可达65%，半舍饲状态下，公牛日增重1 000克以上。

五、中国西门塔尔牛

中国西门塔尔牛是20世纪50年代引进欧洲西门塔尔牛，在我国饲养管理条件下，采用开放核心群育种（ONBS）技术路线，吸收了欧美多个地域的西门塔尔牛种质资源，建立并完善了开放核心群育种体系，在太行山两麓半农半牧区、皖北、豫东、苏北农区，松辽平原，科尔沁草原等地建立了平原、山区和草原3个类群。形成乳肉兼用的中国西门塔尔牛。

1．外貌特征

毛色为红（黄）白花，花片分布整齐，头部呈白色或带眼圈，尾帚、四肢、肚腹为白色。角、蹄呈蜡黄色，鼻镜呈肉色。体躯宽深高大，结构匀称，体质结实、肌肉发达、被毛光亮。乳房发育良好，结构均匀紧奏。

成年公牛平均体重850～1 000千克，体高145厘米；母牛平均体重600千克，体高130厘米（图3-11、图3-12和图3-13）。

图3-11　中国西门塔尔牛(公牛)

图3-12　中国西门塔尔牛平原类型

(a)

(b)

图3-13　中国西门塔尔牛太行类型牛

2．生产性能

平均泌乳天数为285天，泌乳期产奶量平均为4 300千克，乳脂率4.0%～4.2%，乳蛋白率3.5%～3.9%。中国西门塔尔牛性能特征明显，遗传稳定，具有较好的适应性，耐寒、耐粗饲，分布范围广，在我国多种生态条件下，都能表现出良好的生产性能。

六、福莱维赫牛

福莱维赫牛即德系西门塔尔牛。由德国宝牛育种中心（BVN），在西门塔尔牛的基础上，经过100多年的定向培育而形成的乳肉兼用牛品种。主要分布

于德国巴伐利亚州等地区。近年引入我国，用于改良我国黄牛以及西杂牛群（图3-14）。

图3-14　福莱维赫牛（公牛）

1．体型外貌

具备标准的兼用牛体型，被毛黄白花，花片分明。头部、下肢、腹部多为白色。体格健壮，肢蹄结实，背要平直，全身肌肉丰满，呈矩形。成年母牛十字部高140～150厘米，胸围210～240厘米，体重一般不低于750千克。尻宽且微倾斜，乳房附着紧凑，前伸后展，大小适度，乳静脉曲张明显，乳房距地面较高。即使在多个泌乳期后，乳房深度也能保持在飞节以上。即使在泌乳高峰期，强健的背肌和后腿肌肉也能够保证其稳定性和健康度。无论是站立还是行走，身体都能保持协调，健康的肢蹄成为其突出的特点（图3-15和图3-16）。

(a)

(b)

图3-15　福莱维赫牛（母牛）

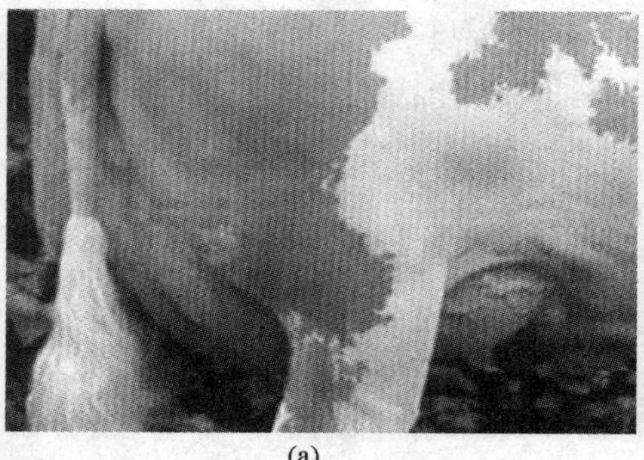
(a)

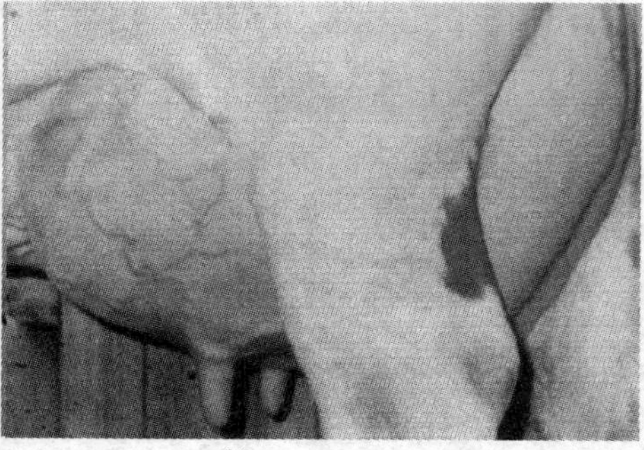
(b)

图3-16　福莱维赫牛良好的乳腺发育

2．生产性能

（1）乳用性能　种群平均乳用性能为泌乳期产奶量7 000千克，乳脂率4.2%，乳蛋白率3.7%，根据管理和自然条件以及饲喂强度的不同，高产牛群产奶量可超过10 000千克。产奶量随胎次的增加而增长，第五胎达到产奶高峰。福莱维赫牛的最大特点是在保持乳房健康的同时，泌乳峰值很高，而且各个泌乳期平均体细胞数不高于180 000个/毫升。

（2）肉用性能　公犊牛增重迅速，强度育肥下，16～18月龄出栏体重达到700～800千克，平均日增重超过1 300克/天。85%～90%的胴体在欧洲的市场等级为E级和U级。屠宰母牛的胴体重平均为350～450千克，肉质等级为欧洲市场的U级或R级。即具有中等肌间脂肪含量和大理石花纹。

七、蒙贝利亚牛

蒙贝利亚牛（Mont beliarde）即法系西门塔尔牛。由法国蒙贝利亚牛育种中心，在西门塔尔牛的基础上，经过长期以来的定向选育而形成具有优秀生产性状的乳肉兼用牛品种。原产于法国东部的道布斯（Doubs）县，是西门塔尔牛中产奶量最高的一支。1888年正式命名为“蒙贝利亚牛”，是法国的主要乳用牛品种之一（图3-17）。

蒙贝利亚牛具有极强的适应性和抗病能力，耐粗饲，适宜于山区、草原放牧饲养，具有良好的泌乳性能，较高的乳脂率和乳蛋白率，以及突出的肉用性能。目前，已遍布世界40多个国家，引入我国主要饲养于内蒙古自治区、新疆维吾尔自治区、四川省等地区（图3-18）。

图3-17　蒙贝利亚牛（公牛）

图3-18　蒙贝利亚牛（母牛）

1．外貌特征

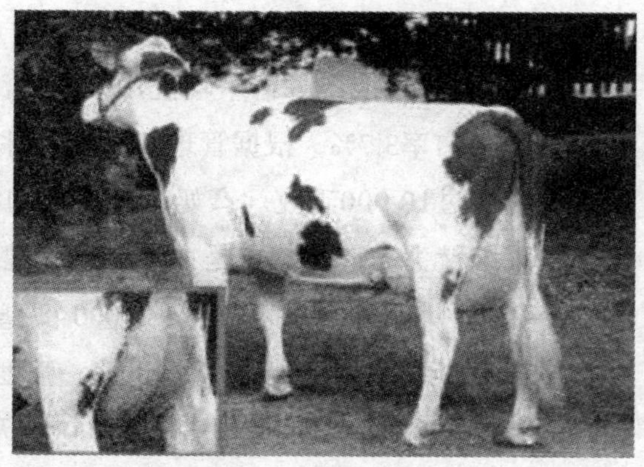
图3-19 蒙贝利亚牛发达的乳腺

被毛多为黄白花或淡红白花，头、腹、四肢及尾帚为白色，皮肤、鼻镜、眼睑为粉红色。标准的兼用型体型，乳房发达，乳静脉明显。成年公牛体重1 100～1 200千克，母牛700～800千克，第一胎泌乳牛（41319头）平均体高142厘米，胸宽44厘米，胸深72厘米，尻宽51厘米，如图3-19所示。

2．生产性能

蒙贝利亚牛在原产地法国，2006年全国平均产奶量7 752千克，乳脂率3.93%，乳蛋白率3.45%。蒙贝利亚牛产肉性能良好，公牛育肥到18～20月龄，体重600～700千克，胴体重达370～395千克，屠宰率55%～60%，肉质等级达到《EUROP》R～R^+，日增重平均为1 350克/天。淘汰奶牛胴体重量350～380千克，肉质等级《EUROP》O^+～R^-。

蒙贝利亚牛耐粗饲，抗病力强，利用年限长，可利用10胎以上。产奶量高，乳质优良。饲料报酬高，生长发育速度快，肉用性能良好，公犊牛育肥，当年可达到450千克以上，如图3-20和图3-21所示。

图 3-20 蒙贝利亚牛公犊牛育肥饲养

图 3-21 蒙贝利亚牛泌乳牛群放牧管理

八、娟姗牛

娟姗牛是英国培育的奶牛品种。该品种以乳脂率高、乳房外形好而闻名。

与荷斯坦牛相比，娟姗牛体型较小，较适宜于热带气候饲养。乳中干物质含量高，单位体重产奶量超过荷斯坦牛，产犊年龄早，产犊间隔短。最为突出的特点是肢蹄结实，对热带疾病的抵抗力强，抗逆性强（图3-22和图3-23）。

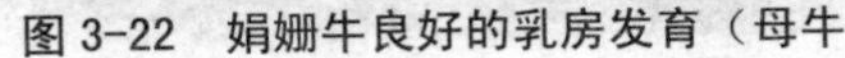

图 3-22　娟姗牛良好的乳房发育（母牛）

图 3-23　娟姗牛（公牛）

1．外貌特征

娟姗牛体格较小，全身肌肉清秀，皮薄、骨骼细，具有典型的乳用体型。头小、较轻而短，额宽略凹陷，两眼间距宽，眼凸出尤甚。鼻镜和舌一般为青黑色，口的周围有浅色毛环。耳大而薄。角中等长，向前向下弯曲，角尖为黑色。鬐甲狭窄，颈薄而有皱褶，肩直立。胸部发达，深而宽，肋骨长而弯曲，背腰平直。后躯发育良好，腹围大，乳房容积大而均匀，乳头略小。尻长、平、宽。全身被毛细短而有光泽。毛色以灰褐色较多。四肢较短，与体躯下部近似黑色，尾帚细长呈黑色。

娟姗牛成年公牛平均体重650～750千克，母牛360～450千克。犊牛初生重23～27千克；成年母牛平均体高120～122厘米，胸深64～65厘米，管围15.5～17厘米。

2．生产性能

娟姗牛被公认为效率最好的奶牛品种。其每千克体重产奶量超过其他奶牛品种。平均产奶量为3 000～4 000千克，乳脂率5.0%～7.0% 乳蛋白率为3.7%～4.4%。是世界上乳脂产量最高的奶牛品种。娟姗牛的最大特点是乳质浓厚，单位体重产奶量高，乳脂肪球大，易于分离，乳脂黄色，风味好，适于制作黄油，其鲜奶及奶制品也备受欢迎。

九、瑞士褐牛

瑞士褐牛（BrownSwiss）属乳肉兼用品种，原产于瑞士阿尔卑斯山区，主要在瓦莱斯地区。由当地的短角牛在良好的饲养管理条件下，经过长时间选种选配而育成（图3-24和图3-25）。

图3-24　瑞士褐牛（母牛）

图3-25　瑞士褐牛（公牛）

1. 外貌特征

被毛为褐色，由浅褐、灰褐至深褐色，在鼻镜四周有一浅色或白色带，鼻、舌、角尖、尾帚及蹄为黑色。头宽短，额稍凹陷，颈短粗，垂皮不发达，胸深，背线平直，尻宽而平，四肢粗壮结实，乳房匀称，发育良好。成年公牛体重为1 000千克，母牛500～550千克。

2. 生产性能

瑞士褐牛年产奶量为3 500～4 500千克，乳脂率为3.2%～3.9%；18月龄活重可达485千克，屠宰率为50%～60%。美国于1906年将瑞士褐牛育成为乳用品种，1999年美国乳用瑞士褐牛305天平均产奶量达9 251千克（成年当量）。

瑞士褐牛成熟较晚，一般2岁才配种。耐粗饲，适应性强，美国、加拿大、前苏联、德国、波兰、奥地利等国均有饲养，全世界约有600万头。瑞士褐牛对我国新疆褐牛的育成起过重要作用。

十、三河牛

三河牛是我国培育的优良乳肉兼用品种，主要分布于内蒙古自治区呼伦贝尔盟大兴安岭西麓的额尔古纳右旗三河（根河、得勒布尔河、哈布尔河地区）。

1．外貌特征

三河牛体格高大结实，肢势端正，四肢强健，蹄质坚实。有角，角稍向上、向前方弯曲。乳房大小中等，质地良好，乳静脉弯曲明显，乳头大小适中，分布均匀。毛色为红（黄）白花，花片分明，头白色，额部有白斑，四肢膝关节下部、腹部下方及尾尖为白色。成年公、母牛的体重分别为1 050千克和550千克，体高分别为156.8厘米和131.8厘米。犊牛初生重，公犊为35.8千克，母犊为31.2千克。6月龄体重，公牛为 178.9千克，母牛为169.2千克。从断奶到18月龄之间，在正常的饲养管理条件下，平均日增重为500克，从生长发育来看，6岁以后体重停止增长，三河牛属于晚熟品种。

2．生产性能

三河牛产奶性能好，年平均产奶量为4 000千克，乳脂率在 4%以上。在良好的饲养管理条件下，其产奶量会显著提高。谢尔塔拉种畜场的8144号母牛，1977年第五泌乳期（305天）的产奶量为7 702.5千克，360天的产奶量为8 416.6千克，是呼伦贝尔三河牛单产最高记录。三河牛的产肉性能好，2～3岁公牛的屠宰率为50%～55%，净肉率为44%～48%。

三河牛耐粗饲，耐寒，抗病力强，适合放牧。三河牛对各地黄牛的改良都取得了较好的效果。三河牛与蒙古杂种牛的体高比当地蒙古牛提高了11.2%，体长增长了7.6%，胸围增长了 5.4%，管围增长了6.7%。在西藏林芝海拔2 000米高处，三河牛不仅能适应，而且被改良的杂种牛的体重比当地黄牛增加了 29%～97%，产奶量也提高了一倍。

第二节　奶牛性能测定与选购技巧

一、奶牛生产性能指标及其测定

1．品种资料记录与统计

由于奶牛的产奶量、乳脂率、乳蛋白率、繁殖率以及体重、体高等都属于数量性状，必须通过完整地记录与统计分析，才能得出奶牛品质的优劣和生产性能的高低。通常记录的项目或指标主要包括以下几个方面。

（1）产奶性能记录　为便于统计，每头牛的产奶量记录可采用每10天或每月记录一次，但记录必须准确清楚。全群牛的年总产和年单产都源于每头牛的日产量记录和饲养头数日记录，利用这些数据，进行统计分析，掌握每头牛各胎次产奶量、全群牛日产奶量、全年总产奶量和年单产。以此预测下一年的生产水平，为制定育种计划提供依据。同时，根据产量的浮动，分析饲养管理上的问题，及时纠正，保障生产正常进行。

一般奶牛产奶性能统计如下几项。

① 成年母牛全群年平均产奶量。

成年母牛全群年平均饲养头数=全年饲养成年母牛头日数/365

成年母牛全群年平均产奶量=成年母牛全群年产奶总量/成年母牛全群年平均饲养头数

② 泌乳期305天产奶量。在一个泌乳期内，产奶天数超过305天，只统计到305天，不足305天，按实际产奶日数计算并乘以系数。产奶天数校正系数列于表3-5所示。

表3-5 产奶天数校正系数

泌乳天数	系数	泌乳天数	系数	泌乳天数	系数
240	1.198	270	1.098	300	1.013
245	1.181	275	1.083	305	1.000
250	1.163	280	1.068	340	0.918
255	1.146	285	1.054	345	0.907
260	1.130	290	1.040	350	0.897
265	1.114	295	1.026	355	0.887

③ 平均乳脂率与标准乳量。乳脂率即牛奶中所含脂肪的百分率。一般要求每月测一次或在分娩后的2个月、5个月和8个月分别测量一次。按下式进行加权平均：

平均乳脂率=∑（F×M）/∑M×100%

式中：F为每次测定的乳脂率

M为该次采样期内的产奶量

∑为总和。

一般以产奶量进行比较、评价奶牛生产性能，需要把实际产奶量统一换算为4%乳脂率的标准乳产量进行比较更为科学可靠，按下式换算：

4%标准乳产量=（0.4+15F）M

式中：F为测定的乳脂率

M为实际产奶量

（2）常用表格记录　常用表格记录包括配种繁殖记录、生长发育记录、兽医诊断记录、治疗记录、个体卡片、饲养记录、奶牛场的工作日志等。可根据需要设置表格，进行详细记录。

2．奶牛外貌鉴定与体尺测量

（1）奶牛外貌鉴定的方法　奶牛外貌与生产性能有着十分密切的关系。体型外貌优良的奶牛，其生产性能往往较高。外貌的改进，特别是乳房结构的改进，不仅能提高奶牛的泌乳性能，同时，也有利于集约化生产和机械化操作。

奶牛外貌评分标准执行中国荷斯坦奶牛评分标准，列于表3-6。

表3-6　荷斯坦奶牛外貌鉴定评分

项目	细目与评满分标准要求	标准分
一般外貌与乳用特征	1. 头、颈、鬐甲、后大腿等部位棱角和轮廓明显	15
	2. 皮薄而有弹性，毛细而有光泽	5
	3. 体格高大而结实，各部位结构匀称，结合良好	5
	4. 黑白花毛色，界线明显，花片分明（在纯种荷斯坦奶牛中，具有少量红白花个体，即红白花荷斯坦奶牛，可参照执行）	5
	小计	30
体躯	5. 中躯：长、宽、深	5
	6. 胸部：肋骨间距宽，长而开张	5
	7. 背、腰平直	5
	8. 腹大而不下垂	5
	9. 后躯：尻长、平、宽	5
	小计	25
泌乳系统	10. 乳房形状好，向前后延伸，附着紧凑	12
	11. 乳腺发达、乳房质地柔软而有弹性	6
	12. 四乳区匀称，前乳区中等长，后乳区高、宽而圆，乳镜宽	6
	13. 乳头大小适中，垂直呈柱形，间距匀称	3
	14. 乳静脉弯曲而明显，乳井大，乳房静脉明显	3
	小计	30
肢蹄	15. 前肢结实，肢势良好，关节明显，蹄质坚实，蹄底呈圆形	5
	16. 后肢结实，肢势良好，左右两肢间宽，系部有力，蹄形正，蹄质坚实，蹄底呈圆形	10
	小计	15
	总计	100

奶牛的外貌评定，一般要求在产后第三个月到第五个月期间进行。外貌评分结果，按其得分情况划分为四个等级。即特等、一等、二等、三等。即80分以上为特等，75～79为一等，70～74为二等，65～69为三等。

（2）体尺测量与体重估算　奶牛体尺测量（图3-26）。

奶牛体尺测量与体重估算是了解牛体各部位生长与发育情况、饲养管理水平以及牛的品种类型的重要方法。在正常生长发育情况下，奶牛的体尺与体重都有一定的指标范围，若差异过大，则可能是饲养管理不当或遗传方面出现变异，要及时查出原因，加以纠正或淘汰。

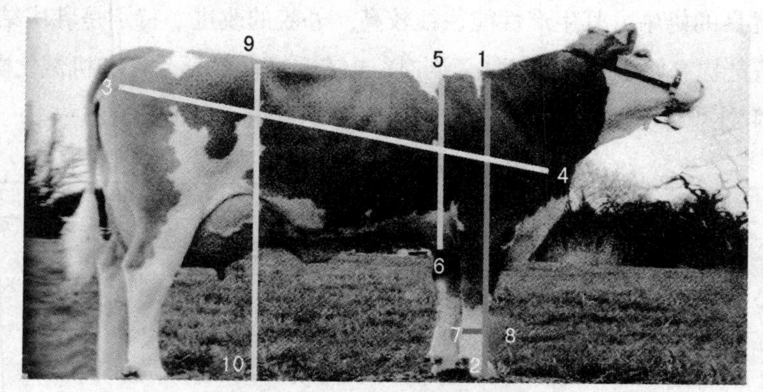

图 3-26　奶牛体尺测量部位示意图

1-2：体高　3-4：体斜长　5-6：胸围　7-8：管围　9-10：十字部高

奶牛体尺测量工具通常是测杖和卷尺，测杖又称为硬尺，卷尺称作软尺。一般测量和应用较多的体尺指标主要有体高、体斜长、胸围、管围等。

① 体高。即牛的鬐甲高，从鬐甲最高点到地面的垂直距离，要求用测杖测量；

② 体斜长。从肩端前缘到坐骨结节后缘的曲线长度，要求用卷尺测量；

③ 胸围。在肩胛骨后角（肘突后沿）绕胸一周的长度，用卷尺测量；

④ 管围。在左前肢管部的最细处（管部上1/3）的周径，用卷尺测量。

⑤ 十字部高。从十字部最高点到达地面的垂直距离，用测杖测量。

奶牛的体重最好以实际称重为准。一般用地磅或台秤称重。奶牛的体重较大，称重难度大，同时，饲养场户大多没有合适的称量工具。因而除试验研究或特定情况需要实际称重外，一般情况下，根据牛的体尺体重之间的的相关性，通过体尺测量数据进行估算。不同年龄奶牛的体重估算方法如下。

6～12月龄：体重（千克）=［胸围（米）］^{2}×体斜长（米）×98.7

16～18月龄：体重（千克）=［胸围（米）］^{2}×体斜长（米）×87.5

成年奶牛： 体重（千克）=［胸围（米）］^{2}×体斜长（米）×90.0

（3）中国荷斯坦牛各生长发育阶段 体尺、体重培育指标列于表3-7所示。

表3-7 奶牛各阶段体尺体重培育指标参考

项目	十字部高（厘米）		体斜长（厘米）		胸围（厘米）		体重（千克）	
性别	公	母	公	母	公	母	公	母
初生	—	73.1	—	70.1	—	78.3	40.0	38.9
6月龄	108.0	106	123	110	130.0	128	200	178
12月龄	127.0	122	150.0	135	163	160.0	375.0	302.0
15月龄	—	125.0	—	144.0	—	169.0	—	360.0
18月龄	140.0	131.0	170.0	150.0	188.0	178	525.0	416.0
2岁	147.0	—	185.0	—	205.0	—	670.0	—
1胎	—	138.0	—	162	—	191.0	—	532.0
3胎（成年）	161.0	140.0	209.0	170	240.0	200.0	1 050.0	612.0

二、高产奶牛的外貌、选配与选购

1. 高产奶牛的外貌特征

高产奶牛应有楔形的躯干，背腰平直，腹大而不下垂，肋骨距离宽（通常两指以上）。前后乳房在同一水平面上，附着良好，质地柔软，乳静脉明显，中央悬韧带健实，可在后乳房中部产生一个纵向深沟，乳房底部也能触到一个深沟，乳房底部高于飞节，乳头位于乳区中心，圆柱形，分布匀称。尻部长平，臀角间距较宽，前后肢势良好。蹄形佳，骨质坚实，蹄底呈圆形，两后肢间距宽，系部有力。

总之，好的奶牛应具备体型高大，皮毛细致，棱角明显，轮廓清楚，体躯深长，乳房发达，四肢健壮，前视、侧视、俯视均呈三角形。同时具备“三宽”“三大”，即背腰宽、腰角宽、后裆宽，腹围大、骨盆大、乳房大。

2. 奶牛的选配方法

在生产实践中，优良的种畜并不一定能生产出优良的后代，因为后代的优劣并不完全决定于其双亲本身的品质，而决定于他们的配合是否合适。因此，要想获得理想的高产后代，就必须做好选种选配工作。在奶牛繁殖技术工作中，通常有以下几种选配方法。

（1）个体选配　个体选配即选择某一个体公牛与某一个体母牛进行交配，个体交配可按其配偶双方品质的差异分为同质选配和异质选配。

① 同质选配。即选取性状相同、性能表现一致或者育种值相似的优秀公母牛进行交配，以期获得性能相似的优秀后代。

同质选配的主要作用是使亲代的优良性状稳定的遗传给后代，使优良性状得以保持和巩固，并在畜群中增加具有这种优良性状的个体数量。使这一优良的生产性能在畜群中发扬壮大。

② 异质选配。异质选配通常又分为两种情况：一种是选择具有不同优良性状的公母牛进行交配，以期将两种不同的优良性状结合在一起，从而获得兼有双亲不同优点的后代；而另一种是选用具备同一性状，但优劣程度不同的公母牛相配，即所谓改良，以好改劣，以期后代能在这一性状上取得较大的改进或提高。

异质选配的方法，在奶牛育种工作中比较常用，但要注意在选配过程中，绝不能选用具有相同缺点的（如矮个儿与矮个儿）或相反缺点（如凹背与凸背）的公母牛相配。也绝不能使用低于母牛等级的公牛来配种。

（2）群体选配　群体选配是根据相配双方是属于相同的或不同的种群而进行的选配。相同的种群选配，称之纯种繁育；不同的种群间选配，称之为杂交繁殖。

奶牛多采用纯种繁育，生产纯种奶牛。而目前，发展中国家，奶牛数量少，而完全从发达国家购买也不现实，因而杂交繁殖，即采用优良奶公牛的冷冻精液，与本土母牛进行杂交繁育，用于改良和提高本土牛群的生产性能。杂交繁殖又分为级进杂交和育成杂交两种。

① 级进杂交。级进杂交又称为改造杂交。当要改变原有品种主要生产力的方向时，如把黄牛改良为奶牛，一般多采用级进杂交。即持续采用同一优良品种中不同个体的公牛，连续对本地黄牛进行交配，交配代数达三代以上时，则采取横交固定，以保持其黄牛原有的适应性和抗病能力以及其他优良性状。

② 育成杂交。即采用两个或两个以上的品种或类群间进行杂交，在

后代中选出符合特定育种指标的个体，进行横交固定，以期创造一个新的品种。

目前，我国一些大型奶牛场，多采用纯种繁育的方式，即本品种选育提高的育种方法。同时结合适当引进外血（导入杂交），对牛群进行充实提高。特定条件下，为了巩固某些优良性状或进行品系繁育，也可在小群内进行一定程度的亲缘交配。亲缘繁殖在一定程度上，能保持优良性状，但由于近亲也能将双亲的不良性状的基因纯合，造成一些不良后果，如后代生活力降低、体质弱、适应性以及对疾病的抵抗力降低、繁殖力减低，死胎以及畸形胎儿增多，小牛生长发育受到抑制，成年牛生产性能下降等。因而生产型牛场一般应避免近亲交配。

3．年龄及其鉴定

奶牛的年龄与生产性能以及购买时的价格密切相关。青年牛，利用时间长，价值大，是从业者购买的主要对象。奶牛一般在第四胎、第五胎达到产奶高峰，以后随年龄的增加，产奶量逐渐下降。因而，购牛时应选头胎牛，有利于牛群稳定。购牛时要对牛的年龄进行鉴别，虽然供牛单位会提供牛的出生时间记录。但为确保奶牛质量，还应进行现场鉴定。年龄的判定可根据牙齿鉴定和角轮鉴定相结合的方式进行综合判定。

（1）牙齿鉴定　通过牙齿判定牛的年龄，通常是以门齿的发生、更换、磨损情况为依据，牛共有32枚牙齿，其中，门齿（又称切齿）4对（上颚无门齿），共8枚，如图3-27所示。门齿的第一对，叫钳齿，第二对叫内中间齿，第三对叫外中间齿，第四对叫隅齿；臼齿分为前臼齿和后臼齿，每侧上下各有3对，共24枚。故奶牛的牙齿总计为32枚。

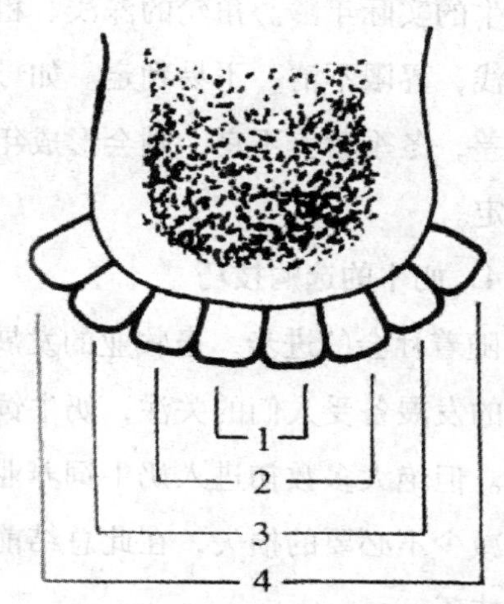

图 3-27　牛切齿的排列顺序图

1- 钳齿　2- 内中间齿　3- 外中间齿　4- 隅齿

一般初生犊牛已长有乳门牙（乳齿）1～3对，3周龄时全部长出，3～4月龄时全部长齐，4～5月龄时开始磨损，1周岁时4对乳牙显著磨损。1.5～2.0岁时换生第一对门齿，出现第一对永久齿。2.5～3.0岁时换生第二对门齿，出现第二对永久齿，3.0～4.0岁时换生第三对门齿，出现第三对永久齿。4.0～5.0岁时换生第四对门齿，出现第四对永久齿。5.5～6.0岁时永久齿长齐，通常称为齐口。

乳齿和永久齿的区别，一般乳门齿小而洁白，齿间有间隙，表面平坦，齿薄而细致，有明显的齿颈；永久齿大而厚，色棕黄，粗糙。乳齿共10对，20枚，无后臼齿。

6岁以后的年龄鉴别主要是根据牛门齿的磨损情况进行判定。门齿磨损面最初为长方形或横椭圆形，以后逐渐变宽，成为椭圆形，最后出现圆形齿星。齿面出现齿星的顺序依次是7岁钳齿、8岁内中间齿、9岁外中间齿，10岁隅齿，11岁时牙齿从内向外依次呈三角形或椭圆形，如图3−28所示。

简言之，奶牛一岁半着生第一对永久性牙齿，以后可以按照2岁一对牙，3岁两对牙，4岁三对牙，5岁新齐口的规律判断。

（2）角轮鉴定：角轮是在饲草料贫乏季节或怀孕期间由于营养不足而形成的。母牛每分娩一次，角上即生一个凹轮，所以，角轮数加初产年龄数即为该牛的实际年龄。角轮的深浅、粗细与营养条件关系密切。饲养条件好，角轮浅，界限不清，不易判定。如母牛空怀，则角轮间距离不规则，若饲养条件差，冬季营养不良，则会形成年轮。判断时要对孕轮、年轮进行综合分析判定。

4．奶牛的选购技巧

随着社会的进步，畜牧业的发展，特别是农村产业结构的优化调整，奶牛业的发展备受人们的关注，奶牛饲养的形势越来越好，奶牛的饲养者越来越多。但绝大多数初进入奶牛饲养业，对奶牛的生产过程和技术了解较少，为了减少不必要的损失，在此总结前人经验教训的基础上，简述良种奶牛的选购技巧。

（1）奶牛选购要点

① 优良的奶牛品种是奶牛饲养者成功的关键。我国饲养的奶牛品种较

多，但以荷斯坦奶牛适应能力较强，生产性能最高，适应全国各地饲养，是奶牛饲养者的首选品种。无论白色花片多还是黑色花片多，都应具有明显的黑白花片。毛色全黑、全白或沙毛牛，一般不宜购买。红白花、黄白花、灰白花牛等均有可能不是纯种荷斯坦牛，购买时要注意。

② 奶牛要来自正规的奶牛场。目前，奶牛供种地方较多，但一定要到正规的奶牛场购买。正规的供种单位一般具有权威机构颁发的畜禽良种生产经营许可证，具有详细的生产记录，拥有较好的生产基地以及优良的售后服务。正规场家提供的奶牛，品种纯、质量好，产奶量高。正规的供种单位或奶牛场一般证照齐全，具有固定饲养场所，固定建筑物，且配套机械设备齐全，从事奶牛生产的历史较长。

③ 货比三家，优中选优。购买奶牛时要多考察、了解一些供牛单位，争取做到货比三家。这样挑选的余地大，可以选购到较理想的奶牛。在我国目前市场经济体制尚不健全的条件下，有些人乘“奶牛热”，临时搭车，半路出家，进行炒种。他们收购一些牛，大肆宣传、半路拉客，遇购牛者，立即出售，这些牛往往质量差、品种杂，产量低，甚至是病牛或已失去利用价值的牛。这些炒牛者多证照不全、无固定饲养场地，棚舍多临时搭建，配套设施及养牛机械设备不全，从业时间较短。

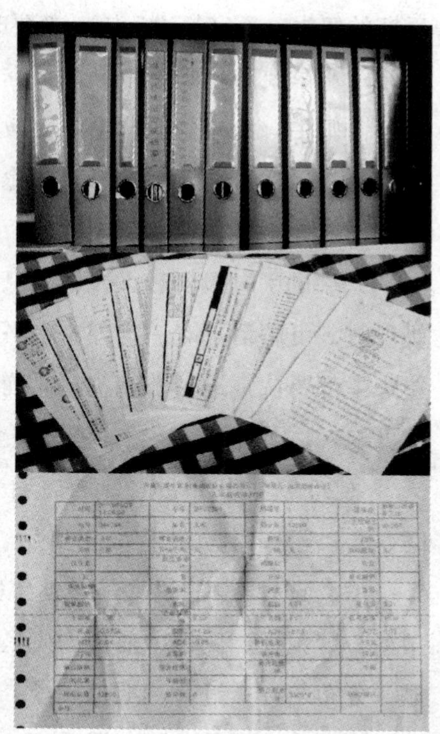
图3-28　奶牛场档案记录

④ 档案资料分析。我国已经实行良种登记制度，因而购买奶牛时要查阅和索要奶牛档案，如图3-28所示。正规的奶牛场对每头牛都有详细的档案材料。查阅档案包括两个方面：一是档案的有无和真伪，二是档案记录的内容是否完整。一个完整的档案材料应包括牛的系谱、出生日期、健康状况以及疾病史、配种产犊情

况，生产情况等。通过牛的档案材料，即可基本了解牛的品质优劣，又可看出供牛单位的管理水平。

⑤ 检疫和防疫。购牛时一定要通过检疫部门对所购奶牛进行检疫，检疫的疾病一般包括：结核病、布氏杆菌病、口蹄疫、乳房炎等。要了解牛以往的防疫情况，购牛时不应进行防疫注射，因防疫注射后两周内不宜进行长途运输。新购回的奶牛也不宜立即进行防疫注射，要使奶牛适应1～2周后再行注射。

⑥ 运输。长途运牛时，为了防病，可在饲料中添加一些抗菌药物，如土霉素、氟哌酸等。

运输奶牛时，要采用专车，要有坚固的护栏。长途运输时要选择经验丰富的人员，对奶牛进行饲养管理。如果处于产奶期的奶牛，要按时挤奶。否则会发生乳房炎。途中奶牛的饲料以优质青干草和蛋白质饲料为主，每天饲喂2～3次。管理上要搞好清洁卫生，通风透气。孕牛要防止流产，一般怀孕后期的奶牛，不宜长途运输。必要时可注射适量的孕酮和维生素E。另外，还应注意夏季要防止奶牛中暑，冬季防止贼风侵袭，一般来讲，炎热的夏季不宜运输奶牛。为减少运输中的应激反应，饲料中可添加一些镇静剂、维生素等。奶牛运达目的地后，仍采用途中的饲养方法，经过一周逐渐过渡为正常的饲养方法和本场的饲草料。

奶牛的引种投资较大，同时又是一项技术性很强的工作，因此，在购买奶牛时，可聘请具有一定理论水平和实践经验丰富的技术人员一同进行，对每头牛都要认真进行外貌鉴定。确认体质健康、外貌优良，品种特征明显的方可购入，同时保证运输过程的安全、成功。

（2）选购奶牛的“一查二看三取证”　理想的母奶牛，指的是产奶量高、年龄轻、体质健壮、无疾病、外貌好的母牛，奶牛泌乳的黄金年龄是5～8岁，选择4岁的奶牛是最佳年龄。一头好的奶牛，从远处看好像一个三角型，即俯视、侧视、前视均应呈三角形。标准的荷斯坦奶牛，黑白花片明显，分布匀称；近看，毛色光泽，骨骼细而结实，皮薄而紧，不瘦不肥，性情活泼；头小而长，胸宽深适度，腹大而圆，背腰平直，尻部长宽平直与背腰形成一条直线，乳房向前后伸展，乳腺发达，四个乳头粗细匀称，分布均匀。用手触摸乳房弹性良好，挤奶前乳井明显，乳房膨大，挤奶后乳房变小，乳房后部出现明显皱褶，这是高产奶牛的基本表征。此外，还要了解一下要买的牛的系谱，所谓龙生龙、凤生凤，高产奶牛后代的生产性能一定较高。最后，在成交前还要到兽医卫生防疫部门，检查一下所选牛是否有结核和布氏杆菌病等传染病，生殖器官是否正常，是否是异性双胎母牛，异性双胎母牛没有繁殖能力，不能做奶牛用。

简而言之，选购奶牛要做到一查二看三取证。

一查：就是查系谱，审查选购牛父母代的生产性能，如父母系的产奶量、乳脂率及其体重、体尺、外貌等。因为先代的一些性状对其后代是有很大影响的。目前我国饲养的奶牛品种，绝大部分是黑白花奶牛，成年的黑白花奶牛胎次产奶量一般在6 000千克以上，乳脂率3.2%以上，体重在550～700千克，体高（鬐甲高）132～137厘米。如从系谱上看，具备了这几个项目指标，一般说从系谱上达到了符合选购奶牛的标准。

二看：就是要看被选购奶牛的本身，如选购的成年奶牛，要看它本身的产奶量、乳脂率是否符合品种特征。特别注意的是要实地捡查一下繁殖机能是否正常，各乳区是否匀称，乳头是否出奶，即有否坏乳头。再根据其年龄、胎次情况，看其本身各部分结构情况。如三四胎以内的奶牛，正处于生产旺期，外貌应表现出乳用型品种的特征。应该是全身各部位结构匀称、紧凑、头颈适中、眼大有神，鼻镜湿润，胸、背、腰发育正常而平整，皮毛细腻有光，尾细长，四肢结实，蹄型端正，腹大而不下垂，后躯粗深、宽，乳房呈浴盘状或圆型，向前后伸延，大而下垂，挤奶前膨大而有弹性，挤奶后变的柔软，体积缩小，乳头大小适中，分布均称，乳房两侧沿腹部有两条乳静脉，乳静脉明显，粗而弯曲多，一般是高产牛的特征。随着年龄的变化，奶牛体形外貌、生产性能都要发生变化。在奶牛外貌鉴定时要区别对待。在选择后备牛时，要结合系谱看其本身发育情况，对后备牛的选择比较简单，只要发育正常就可以了。但注意不要选择异性双胎母牛或有明显缺点的牛。

三取证：就是取健康证明。奶牛的健康很重要。除了解一般健康状况外，还要向售牛单位索取由当地兽医主管部门签发的近期检疫证明书。证明所选购的奶牛无传染病，如无结核病、传染性流产等。

为避免购进假冒伪劣的奶牛。在购买时要特别注意，一定要进行体型外貌、年龄、产奶量、繁殖性能、健康状况等综合鉴定。而且不能道听途说，要眼见手摸为实。

第四章　奶牛常用饲料及其加工调制

奶牛的生产水平即产奶量，一般认为30%受遗传因素的影响，而70%则决定于外界因素，如饲料的品质和种类以及加工方法、管理技术水平、环境和气候条件等。其中，饲料是最主要的因素。饲料是奶牛生产成本费用中最大的部分，通常约占到55%以上。饲料的质与量直接影响奶牛的产奶量与鲜奶品质，最终影响到人体的健康。因而要成功地经营奶牛生产，加强对饲料的选择、管理和开发利用是至关重要的。

第一节　奶牛饲料的分类

奶牛的饲料按其营养特性和传统习惯分为粗饲料和精饲料两大类。而根据国际饲料命名及分类原则，分为粗饲料、青绿饲料、青贮饲料、能量饲料、蛋白质饲料、矿物质饲料、维生素饲料以及添加剂饲料等八大类。

一、粗饲料

是指饲料干物质中，粗纤维含量在18%以上的饲料。包括干草、可饲用作物秸秆以及秕壳类等体积较大、而营养浓度偏低的饲料，如图4-1和图4-11所示。

图4-1　粗饲料（玉米秸秆）

二、青绿饲料

是指天然水分含量在60%以上的绿色植物体，青绿杂草、作物植株、树叶类等以及非淀粉质的块根、块茎和瓜果类饲料（图4-2、图4-3、图4-4和图4-5）。

图4-2　青绿饲料-高丹草

图4-3　青绿饲料-无芒雀麦

图4-4　青绿饲料-小冠花

图4-5　青绿饲料-紫花苜蓿

三、青贮饲料

是指用新鲜的天然植物性饲料经发酵制成的青贮以及添加适量糠麸类或其他类添加物制成的青贮饲料。包括水分含量在45%～55%的半干青贮（图4-6）。

图4-6　青贮饲料（玉米秸）

四、能量饲料

是指饲料干物质中粗纤维含量低于18%，同时，粗蛋白质含量低于20%的谷实类饲料。包括玉米、大麦、高粱、燕麦等禾谷类籽实以及加工副产品等，同时，包括淀粉质的块根、块茎、瓜果类等。

五、蛋白质饲料

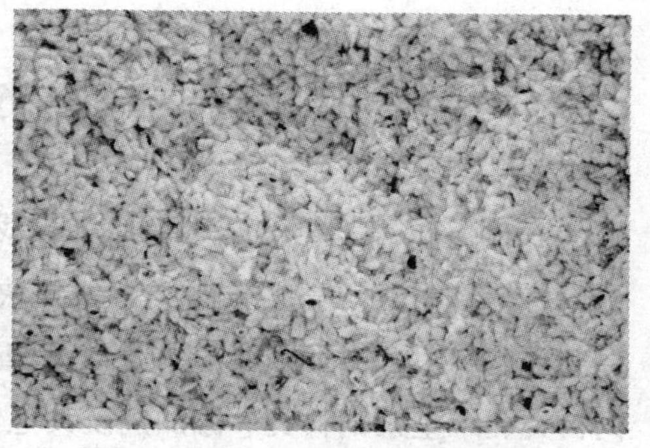
图4-7　能量、蛋白饲料（全棉籽）

是指饲料干物质中粗纤维含量低于18%、粗蛋白含量在20%以上的豆类、棉籽、饼粕类饲料等。包括豆类及豆饼、豆粕，亚麻饼、棉籽饼、粕、菜籽饼、粕等富含蛋白质的饲料（图4-7）。

六、矿物质饲料

图4-8　矿物质饲料

是指工业合成的、天然单一矿物质以及多种元素混合的矿物质饲料。包括动物需要量较大的常量元素以及需要量微小的微量元素，也包括配合有载体或赋形物的常量元素和微量元素的饲料（图4-8）。

七、维生素饲料

是指工业合成或提纯的单一维生素或复合维生素，但不包括某项维生素含量较多的天然饲料。

八、添加剂饲料

添加剂饲料又分为营养性添加剂和非营养性添加剂。营养性添加剂饲料，包括微量元素、维生素、氨基酸、非蛋白氮等营养性物质；非营养性添加剂如防腐剂、着色剂、矫味剂、抗氧化剂、驱虫保健剂、促生长剂等允许使用的非营养性添加物质（图4-9和图4-10）。

图 4-9　奶牛预混料

图 4-10　奶牛饲料添加剂

第二节 各类饲料的特性

在国际饲料分类的基础上，结合我国农区的饲料条件，实践中又将饲料分成青绿饲料类、青贮饲料类、块根块茎瓜果类、干草类、农作物秸秆类、谷实类、糠麸类、豆类、饼粕类、糟渣类、草籽类、动物性饲料类、矿物质饲料类、维生素饲料类、添加剂及其他饲料类。

一、青绿饲料

青绿饲料是指刈割后立即饲喂的绿色植物。其含水量大多在60%以上，部分含水量可高达80%～90%。包括各种豆科和禾本科以及天然野生牧草、人工栽培牧草、农作物的茎叶、藤蔓、叶菜、野菜和水生植物以及枝叶饲料等（图4-2、图4-3、图4-4和图4-5）。

青绿饲料含有丰富、优质的粗蛋白质和多种维生素，钙磷丰富，粗纤维含量相对较低。研究表明，用优良青绿饲料饲喂泌乳牛，可替代一定数量的精饲料。

青绿饲料的营养价值随着植物生长期的延续而下降，而干物质含量则随着植物生长期的延续而增加，其粗蛋白质相对减少，粗纤维含量相对增加，粗蛋白质等营养成分的消化率也随生长期的延续而递降。因而，青绿饲料应当适期收获利用。研究认为，兼顾产量和品质，禾本科青绿饲料作物应当在拔节期到开花期、豆科牧草应在初花到盛花期收割利用较为合理。此时产量较高、营养价值丰富、动物的消化利用率也较高。青绿饲料，虽然养分和消化率都较高，但由于含水量大，营养浓度低，不能作为单一的饲料饲喂奶牛。实践中，常用青绿饲料与干草、青贮料同时饲喂奶牛，效果优于单独饲喂，这是因为干物质和养分的摄入量较大且稳定的缘故。

常用的青绿饲料主要有豆科的紫花苜蓿（图4-5）、红豆草、小冠花（图4-4）、沙打旺等，禾本科的高丹草（图4-2）、黑麦草、细茎冰草、羊草以及青刈玉米、野生杂草等，蔬菜类主要有饲用甘蓝、胡萝卜茎叶、甜菜等。

二、粗饲料

干物质中粗纤维含量在18%以上，或单位重量含能值很低的饲料统称为粗饲料。如青干草（图4-11）可饲用农作物秸秆、干草、秕壳类等（图4-12和图4-13）。

图4-11 青干草(羊草)

粗饲料中蛋白质、矿物质和维生素的含量差异很大，优质豆科牧草适期收获干制而成的干草其粗蛋白质含量可达20%以上，如紫花苜蓿干草，

图4-12 谷草（秸秆类粗饲料）

图4-13 玉米秸（秸秆类粗饲料）

禾本科牧草粗蛋白质含量一般在6%～10%，而农作物秸秆以及成熟后收获、调制的干草粗蛋白质含量约为2%～4%。其他大部分粗饲料的蛋白质含量为4%～20%。

粗饲料中的矿物质含量变异更大，豆科类干草是钙、镁的较好来源，磷的含量一般为中低水平，钾的含量则相当高。牧草中微量元素的含量在很大程度上取决于植物的品种、产地的土壤、水和肥料中微量元素的含量多少。

秸秆和秕壳类粗饲料虽然营养成分含量很低，但对于奶牛等草食动物来说，是重要的廉价饲料来源。农区可饲用农作物秸秆资源丰富，合理利用这一饲料资源，是一个十分重要的问题。科学加工调制可使其营养含量以及消化利用率成倍提高，见粗饲料加工调制章节。

三、青贮饲料

青贮饲料是一种贮藏青饲料的方法，是将铡碎的新鲜植物，通过微生物发酵的生物化学作用，在密闭条件下调制而成，可以常年保存的青绿饲料。青贮饲料不仅可以较好地保存青饲料中的营养成分，而且由于微生物的发酵作用，产生了一定数量的酸和醇类，使饲料具有酒酸醇香味，增强了饲料的适口性，改善了动物对青饲料的消化利用率。玉米蜡熟期，大部分茎叶还是青绿色，下部仅有2～3片叶子枯黄，此时全株粉碎制作青贮，养分含量多，可作为奶牛的主要粗饲料，常年供应（图4-14和图4-15）。

图 4-14　青贮饲料（制作过程）

图 4-15　青贮饲料（取用过程）

近年来，由于青贮技术的发展，人们已能用禾本科、豆科或豆科与禾本科植物混播牧草制作质地优良的青贮饲料，并广泛应用于奶牛生产中，收到了较好的效果。目前青贮方法、青贮添加剂、青贮设备等方面都有了明显的改进和提高。

四、能量饲料

饲料干物质中，粗纤维含量低于18%、粗蛋白质含量低于20%的饲料统称为能量饲料。能量饲料包括谷物籽实、糠麸、糟渣、块根、块茎以及糖蜜和饲料用脂肪等。对于奶牛，其日粮中必须有足够的能量饲料，供应瘤胃微生物发酵所需的能源，以保持瘤胃中微生物对粗纤维和氮素的利用等正常的消化机能的维持。奶牛生产中，最主要、最常用的能量饲料是玉米籽实（图4-16）。

能量饲料中的粗蛋白质含量较少，一般为10%左右，且品质多不完善，赖氨酸、色氨酸、蛋氨酸等必需氨基酸含量少，钙及可利用磷也较少，除维生素B_1和维生素E丰富外，维生素D以及胡萝卜素也缺乏，必须有其他饲料组分来补充。奶牛生产中常用的能量饲料有以下几种。

1．玉米

玉米所含能量在谷实饲料中处于首位，且含粗纤维少，易于消化吸收，适口性也较好。但蛋白质和氨基酸含量较低，同时，缺乏维生素D。

图4-16　奶牛能量饲料（玉米）

2．高粱

高粱的成分与玉米相似，但由于高粱中含有单宁，有涩味，适口性较差，而且缺乏赖氨酸和苏氨酸。

3．大麦

同玉米相比，大麦含蛋白质较高，几种必需氨基酸含量也略高于玉米，而消化能略低于玉米。

4．糠麸

在农区主要是谷糠和小麦麸。谷糠是加工小米时分离出来的种皮和糊粉层的混合物，可消化粗纤维含量高，其能量低于谷实，但蛋白质含量略高。小麦麸是加工面粉的副产品，是由小麦的种皮、糊粉层以及少量的胚和胚乳组成。麸皮含粗纤维较高，粗蛋白质含量也较高，并含有丰富的B族维生素。体积大，重量较轻，质地疏松，含磷、镁较高，具有轻泻性。具有促进消化机能和预防便秘的作用。特别是在母牛产后喂以麸皮水，对促进消化和防止便秘具有积极的作用。

5．块根块茎

用作饲料的块根块茎包括甘薯、马铃薯、胡萝卜和甜菜等。甘薯的主要成分是淀粉和糖，适口性好。但要注意带有黑斑病的甘薯不能喂牛，否则会导致气喘病甚至致死。发芽的马铃薯的芽眼中含有龙葵素，常会引起奶牛的胃肠炎。胡萝卜是一种优良的多汁饲料，它含有丰富的胡萝卜素，并含有一定数量的蔗糖和果糖。胡萝卜喂牛的主要作用是提供胡萝卜素，特别是在冬季补喂胡萝卜可提高奶牛的产奶量和改善牛奶的品质（图4-17和图4-18）。

图4-17　甜菜粕（能量饲料）

图4-18　块根块茎饲料（胡萝卜）

五、蛋白质饲料

按干物质计算，蛋白质含量在20%及其以上、粗纤维含量低于18%的饲料统称为蛋白质饲料。根据来源不同，蛋白质饲料可分为植物性蛋白质饲料和动物性蛋白质饲料、单细胞蛋白质饲料以及非蛋白氮饲料等。

1．植物性蛋白质饲料

主要包括豆类籽实以及油料作物籽实加工副产品。如大豆、花生、棉籽、菜籽、亚麻、芝麻等经提取油脂后的饼粕类。例如，大豆饼、粕，花生饼、粕，棉籽饼、粕，亚麻饼、粕，菜籽饼、粕等，如图4-19、图4-20和图4-21所示。这类饲料的共同特点是粗蛋白质含量高，一般可达30%～50%。各种原料因榨油的工艺不同，营养价值差异较大。一般大豆饼（粕）按干物质计算蛋白质含量为40%～50%，粗纤维含量为5%左右，钙

图4-19　蛋白质饲料（大豆粕）

图4-20　蛋白质饲料（棉籽粕）

图4-21　蛋白质饲料（玉米胚芽粕）

3.6%、磷5.6%，产奶净能8.77～9.61兆焦，是奶牛良好的蛋白质饲料。但要注意大豆饼中含有抗胰蛋白酶、血球凝集素、皂角苷和脲酶，生榨豆饼不宜直接饲用。棉籽饼粕中含有棉酚，菜籽饼粕中含有芥子苷，只能在日粮中少量添加或经过加热或其他方法脱毒后使用。大豆、豌豆、蚕豆、黑豆等本身就是良好的蛋白质饲料，但都必须经过加热处理后方可用来饲喂奶牛。

2．动物性蛋白质饲料

包括牛奶、奶制品、鱼粉、蚕蛹、蚯蚓等。动物性蛋白质饲料，生物学价值较高，是一种含蛋白质高、质量好的饲料。牛奶特别是初乳是犊牛营养价值最完善的饲料。

为防止疾病传播，确保奶牛的健康和乳品的安全，要严格执行国家《无公害食品奶牛饲养饲料使用准则》的相关规定。在反刍动物饲养中禁用动物源性饲料，特别是肉骨粉、屠宰场的下脚料等。

3．单细胞蛋白质饲料

单细胞蛋白质饲料在一般文献上多用英文single cell protein表示，简称SCP饲料。系指一些单细胞或具有简单构造的多细胞生物的菌体蛋白，主要是一些酵母、非病原性细菌等食用微生物，另外，也包括一些低等植物如绿藻、小球藻等。酵母中富含各种必需氨基酸，营养价值与乳蛋白相似，同时富含B族维生素、无机盐和未知促生长因子，具有提高产奶量和改善乳品质的作用。

4．其他蛋白质饲料

反刍动物可以利用非蛋白氮作为合成蛋白质的原料。一般常用的含氮物有尿素、双缩脲以及某些胺盐，目前，利用最广泛的是尿素。尿素含氮47%，是碳、氮与氢化合而成的简单非蛋白质氮化物。尿素的全部氮如果都被合成蛋白质，则1千克尿素相当于7千克豆饼的蛋白质。由于尿素有盐味和苦味，直接混入精料中喂牛，牛开始有一个不适应的过程，加之尿素在瘤胃中的分解速度快于瘤胃内微生物的蛋白合成速度，利用尿素直接喂牛往往会有大量尿素分解成氨进入血液，导致中毒。因此，利用尿素替代蛋白质饲料饲喂奶牛，要有一个由少到多的适应阶段，还必须是在日粮中蛋白质含量不足10%时方可加入，且用量不得超过日粮干物质的1%，成年奶牛以每头每

日不超过150克为限。日粮中应含有一定比例的高能量饲料，并配以8倍量糖蜜，充分搅匀，以保证瘤胃内微生物的正常繁殖和发酵。饲喂含尿素日粮，一般喂后一个小时内应限制饮水。

近年来，氨化技术得到广泛普及，用3%～5%的尿素处理秸秆，氮素的消化利用率可提高20%，秸秆干物质的消化利用率提高10%～17%。奶牛对秸秆的进食量，氨化处理后与未处理秸秆相比，可增加10%～20%。

六、矿物质饲料

矿物质饲料系指一些营养素比较单一的饲料。奶牛需要矿物质的种类较多，而在一般饲养条件下，需要量很小。但如果缺乏或不平衡则会影响奶牛的产奶量，以致导致营养代谢病以及胎儿发育不良、繁殖障碍等疾病的发生。通常需要补充的矿物质主要有钠、氯、钙、磷、铁、镁、钴、锌、硒等元素。常用的添加物主要为食盐、石粉、磷酸氢钙、贝壳粉以及微量元素预混料。

矿物质饲料通常分为常量元素和微量元素两大类。常量元素系指在动物体内的含量占到体重的0.01%以上的元素，包括钙、磷、钠、氯、钾、镁、硫等；微量元素系指含量占动物体重0.01%以下的元素，包括钴、铜、碘、铁、锰、钼、硒和锌等。饲养实践中，通常常量元素可自行配制，而微量元素需要量微小，且种类较多，需要一定的比例配合以及特定机械搅拌，因而建议通过市售商品预混料提供（图4-22和图4-23）。

图 4-22　奶牛矿物质微量元素（舔砖）

图 4-23　矿物质饲料（舔砖）

七、维生素饲料

维生素饲料系指人工合成的各种维生素。作为饲料添加剂的维生素主要有维生素D_3、维生素A、维生素E、维生素K_3、硫胺素、核黄素、吡哆醇、维生素B_{12}、氯化胆碱、尼克酸、泛酸钙、叶酸、生物素等。维生素饲料应随用随买，随配随用，不宜与氯化胆碱及微量元素等混合储存，也不宜长期储存。

八、添加剂饲料

添加剂饲料主要是化学工业生产的微量元素饲料等。通常分为营养性添加剂和非营养性添加剂两大类。

1．营养性添加剂

营养性添加剂包括微量元素、维生素和氨基酸等。

（1）微量元素　日粮中一般添加的微量元素有铁、锌、铜、硒、锰、碘、钴等。最常用的化合物有硫酸亚铁、硫酸铜、氯化锌、硫酸锌、硫酸锰、氧化锰、亚硒酸钠、碘化钾等。几种微量元素化合物的分子式和元素含量如表4-1所示。

表4-1　微量元素添加物的元素含量

元素名称	化合物	分子式	元素含量（%）
铁	7水硫酸亚铁	$FeSO_4 \cdot 7H_2O$	20.1
铜	5水硫酸铜	$CuSO_4 \cdot 5H_2O$	25.4
锰	氧化锰	MnO_2	77.4
锰	硫酸锰	$MnSO_4$	22.1
锌	硫酸锌	$ZnSO_4$	22.7
锌	氧化锌	ZnO	80.0
锌	氯化锌	$ZnCl_2$	48.0
碘	碘化钾	Kl	76.4
硒	亚硒酸钠	Na_2SeO_3	30.0

（2）维生素　亦即维生素饲料，根据日粮营养需要，依据动物生长发育与生产需要添加一定数量的单质维生素或复合维生素，其种类如前所述。

（3）氨基酸　主要用于补充日粮中不足的必需氨基酸，旨在提高日粮中蛋白质的利用效率。成年牛瘤胃微生物可合成各种氨基酸。而对高产奶牛，需少量添加，以获得高产效果。

2. 非营养性添加剂

包括抗氧化剂（如BHT、BHA等）、促生长剂（如酶制剂、激素类等）、驱虫保健剂（如吡喹酮）、防霉剂（如丙酸钙、丙酸钠等）以及调味剂、香味剂等。顾名思义，这一类添加剂，虽然本身不具备营养作用，但可以延长饲料保质期、具有驱虫保健功能或改善饲料的适口性、提高采食量等功效。在应用过程中，必须考虑符合无公害食品生产的饲料添加剂使用准则。最好应用生物制剂，或无残留污染、无毒副作用的绿色饲料添加剂。泌乳期奶牛一般禁用抗生素添加剂，同时，要严格控制激素、抗生素、化学防腐剂等有害人体健康的物质进入畜产品中，严禁使用禁用药物添加剂，以保证乳品质量（图4-24）。

图4-24　奶牛饲料添加剂

第三节　青贮饲料及其加工调制

一、青贮饲料制作的意义

1. 有效地保存饲料原有的营养成分

饲料作物在收获期及时进行青贮加工保存，营养成分的损失一般不高于10%。特别是青贮加工可有效地保存饲料中的蛋白质和胡萝卜素；又如甘薯藤、花生蔓等新鲜时藤蔓上叶子要比茎秆的的养分高1～2倍，在调制干草时叶子容易脱落，而制作青贮饲料，富有养分的叶子全部可被保存下来，从而保证了饲料质量。同时，农作物在收获时期，尽管籽实已经成熟，而茎叶细胞仍在代谢之中，其呼吸继续进行，仍然存在大量的可溶性营养物质。通过青贮加工，创造厌氧环境，抑制呼吸过程，可使大量的可溶性养分保存下来，供动物利用，从而提高其饲用价值（图4-25和图4-26）。

图 4-25 塑料袋青贮

图 4-26 草捆青贮

2．青贮饲料适口性好、消化率高

青贮饲料能保持原料青绿时的鲜嫩汁液，特别是经发酵后产生具有芳香的酸味，适口性好，可刺激草食动物的食欲、消化液的分泌和肠道蠕动，从而增强消化功能。在青贮保存过程中，可使秸秆粗硬的茎秆得到软化，可以提高动物的适口性，增加采食量，提高动物对秸秆类饲料的消化利用率。

3．制作青贮饲料的原材料广泛

农作物生产多以玉米为主体，玉米秸秆是制作青贮良好的原材料，同时其他禾本科作物如莜麦、燕麦都可以制作良好的青黄贮饲料，而荞麦、向日葵、菊芋、蒿草等也可以与禾本科混贮生产青贮饲料，因而取材极为广泛。特别是牛、羊不喜食的作物秸秆，经过青贮发酵后，可以改变形态、质地和气味，变成动物喜食的饲料。在新鲜时有特殊气味的作物秸秆，叶片容易脱落的作物秸秆，制作干草时利用率很低，而把它们调制成青贮饲料，不但可以改变口味，而且可软化秸秆、增加可食部分的数量，扩大草料来源，提高资源利用率。

4．青贮是保存饲料经济而安全的方法

制作青黄贮比制作干草需要的空间小。一般每立方米干草垛只能垛70千克左右的干草，而1立方米的青贮窖能保存青贮饲料450～700千克，折合干草100～150千克。在贮藏过程中，青贮料不受风吹、雨淋、日晒等影响，亦不会发生火灾等事故（图4-27、图4-28、图4-29和图4-30）。

图4-27　地面青贮（封存期）

图4-28　地上式青贮窖

图 4-29　地下式青贮窖

图 4-30　半地下式青贮窖

5．制作青贮饲料可减少病虫害传播

青、黄贮饲料的发酵过程可使原料中所含的病菌、虫卵和杂草种子失去生命力。减少植物病虫害的传播及对农田的危害。

6．青贮饲料可以长期保存

制作良好的青、黄贮饲料，只要管理得当，可贮藏多年。因而制作青黄贮饲料，可以保证奶牛一年四季均衡地吃到优良的多汁饲料。

7．调制青贮饲料受天时影响较小

在阴雨季节或天气不好时，制作青干草加工贮藏困难。而对青、黄贮加工则影响较小。只要按青贮条件要求严格掌握，就可制成优良的青、黄贮饲料。

二、青贮饲料的制作原理

青贮是利用微生物的乳酸发酵作用，达到长期保存青绿多汁饲料的营养特性的一种方法。青贮过程的实质是将新鲜植物紧实地堆积在不透气的容器中，通过微生物（主要是乳酸菌）的厌氧发酵，使原料中的糖分转化为有机酸—主要是乳酸，当乳酸在青贮原料中积累到一定浓度时，就能抑制其他微生物的活动，并制止原料中养分被微生物分解破坏，从而将原料中的养分很好地保存下来。随着青贮发酵时间的进展，乳酸不断积累，乳酸积累的结果使酸度增强，乳酸菌自身亦受抑制而停止活动，发酵结束。青贮发酵完成一般需20～30天。由于青贮原理是在密闭并停止微生物活动的条件下贮存的，因此，可以长期保存，甚至有几十年不变质的记录。

三、青贮饲料加工的技术要点

1．排除空气

乳酸菌是厌氧菌，只有在没有空气的条件下才能进行生长繁殖。如不排除空气，就没有乳酸菌存在的余地，而好气的霉菌、腐败菌会乘机孳生，导致青（黄）贮失败。因此，在青贮过程中原料要切短（3厘米以下）、压实和密封严，排除空气，创造厌氧环境，以控制好气菌的活动，促进乳酸菌发酵。

2．创造适宜的温度

青（黄）贮原料温度在25～35℃时，乳酸菌会大量繁殖，很快便占主导优势，致使其他一切杂菌都无法活动繁殖，若料温达50℃时，丁酸菌就会生长繁殖，使青（黄）贮料出现臭味，以致腐败。因此，除要尽量压实、排除空气外，还要尽可能的缩短铡草装料等制作过程，以减少氧化产热。

3．掌握好物料的水分含量

适于乳酸菌繁殖的含水量为70%左右，过干不易压实，温度易升高。过湿则酸度大，动物不喜食。70%的含水量，相当于玉米植株下边有3～5片干叶；如果二茬玉米全株青贮，割后可以晾半天；青黄叶比例各半，只要设法压实，即可制作成功。而进行秸秆黄贮，则秸秆含水量一般偏低，需要适当加入水分。判断水分含量的简易方法为：抓一把切碎的原料，用力紧握，指缝有水渗出，但以不下滴为宜。

4. 原料的选择

乳酸菌发酵需要一定的可溶性糖分。原料含糖多的易贮，如玉米秸、瓜秧、青草等。含糖少的难贮，如花生秧、大豆秸等。对含糖少的原料，可以和含糖多的原料混合贮。也可以添加3%～5%的玉米面或麦麸等单贮。

5. 时间的确定

饲料作物青贮，应在作物籽实的乳熟期到蜡熟期进行，即兼顾生物产量和动物的消化利用率。玉米秸秆的收贮时间，一看籽实成熟程度，乳熟早，枯熟迟，蜡熟正适时；二看青黄叶比例，黄叶差，青叶好，各占一半就嫌老；三看生长天数，一般中熟品种110天就基本成熟，套播玉米在9月10日左右，麦后直播玉米在9月20日左右，就应收割青贮。利用农作物秸秆进行黄贮，则要掌握好时机。过早会影响粮食的产量、过晚又会使作物秸秆干枯老化、有效营养成分减少，消化利用率降低，特别是可溶性糖分减少，影响青贮的质量。秸秆青贮应在作物籽实成熟后立即进行，而且越早越好。如农区实施秸秆黄贮，最迟也应在国庆节前完成黄贮加工。

四、青贮设施建设

适合我国农村制作青贮的建筑种类很多，主要有青贮窖（壕、池）、青贮塔及青贮袋、草捆青贮、地面堆贮等。青贮塔和袋式青贮及草捆青贮，一般造价高，而且需要专门的青贮加工和取用设备；地面青贮建筑投资较少，但不易压实，工艺要求严格，而青贮窖造价较低，适于目前广大养殖场户采用。青贮窖的建设要点简介如下。

1. 窖址选择

青贮窖的建设地要选择地势较高、向阳、干燥、土质较坚实且便于存取的地方。切忌在低洼处或树阴下挖窖，还要避开交通要道、粪场、垃圾堆等，同时，要求距离畜舍较近，以取用方便。并且四周应有一定的空地，便于物料的贮运加工（图4-31）。

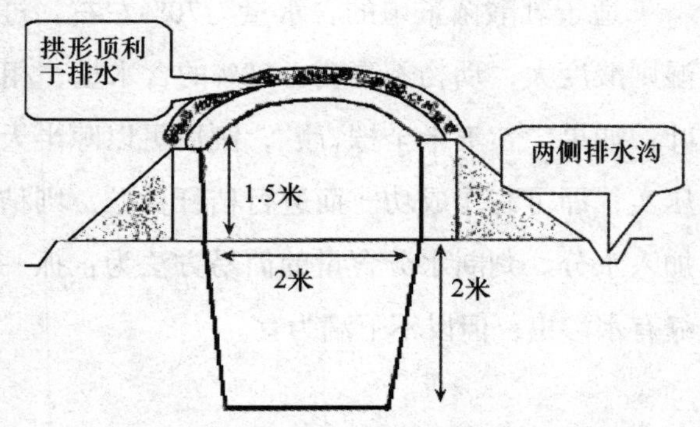

图4-31 小型青贮窖剖面（倒梯形）示意图

2．窖形选择

根据地形和贮量及所用设备的效率等决定青贮窖的形状与大小。若设备效率高，每天用草量又大，则采用长方形窖为好；若饲养头数较少，可采用圆形窖。其大小视其所需存贮量而定。

3．建筑形式

建筑形式分为地下窖、半地下窖和地上窖，主要是根据地下水位的高低、土壤质地和建筑材料而定。农区一般地下水位较低，可修地下窖，加工制作极为方便，但取用需上坡；地上窖耗材较多，密封难度较大；而半地下窖，适合多数地区使用。

4．建筑要求

青贮窖应建成四壁光滑平坦、上大下小的倒梯形（图4-32）。一般要求深度大于宽度，宽度与深度之比以1：1.5～2为宜。要求不透气、不漏水，坚固牢实。窖底部应呈锅底形，与地下水位保持50厘米以上距离，四角圆滑。应用简易土窖，应夯实四周，并铺设塑料布，如图4-33和图4-34所示。

图 4-32　永久式青贮窖内部建设示意图

图4-33　简易（临时）青贮窖制作

图4-34　简易青贮窖内壁铺膜防渗

5．青贮的容重

青贮窖贮存容量与原料重量有关，各种青贮材料在容重上存在一定的差异（表4-2），青贮整株玉米，每立方米容重约500～550千克；青贮去穗玉米秸，每立方米约450～500千克；人工种植及野生青绿牧草，每立方米重约550～600千克。容重与切段长短有关，一般铡切较细的容重较大，铡切较粗的容重相对较小（图4-20）。

表4-2 几种青（黄）贮原料的容量（千克）

项目	铡切细碎的		铡切较粗的	
	存贮时	取用时	存贮时	取用时
叶菜与根茎	600～700	800～900	550～650	750～850
藤蔓类	500～600	700～800	450～550	650～750
玉米整株	500～550	550～650	450～500	500～600
玉米秸秆	450～500	500～600	400～450	450～550

五、青贮饲料的制作步骤

1．贮前的准备

① 选择或建造相应容量的青贮容器。若用旧窖（壕），则应事先进行清扫、补平。

② 机械准备。准备好铡草机、收割装运机械、镇压机械等，并装好电源，准备好密封用塑料布以及镇压物（小型青贮窖密封后可覆土压实）等。

2．制作步骤与方法

要制作良好的青（黄）贮饲料，必须切实掌握好收割、运输、铡短、装填、压实、封严等几个环节。

① 及时收获青贮原料，及时进行青贮加工。铡切时间要快捷，原料收割后，立即运往青贮地点进行切铡，做到随运、随切、随装窖。有条件的养殖场可采用青贮联合收获机械，收获、铡切一步完成（图4-35、图4-36、图4-37和图4-38）。

图4-35 青贮玉米收获运送

图4-36 青贮切填加工

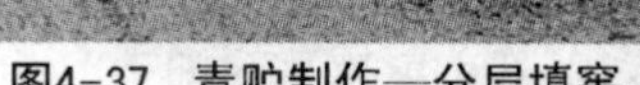
图4-37 青贮制作—分层填窖

图4-38 青贮玉米田间切铡后运送

② 装窖与压紧。装窖前在窖的底部和四周铺上塑料布防止漏水透气。逐层装入，每层15～20厘米，装一层，踩实一层，边装边踩实。大型窖可用拖拉机镇压，装入一层，碾压一层。每层40～50厘米，如图4-39所示。直到高出窖口0.5～1米。秸秆黄贮在装填过程中要注意调整原料的水分含量。

③ 密封严实。青贮饲料装满（一般应高出窖口50～100厘米）以后，上面要用厚塑料布封顶，四周要封严。防止漏气和雨水渗入。在塑料布的外面用10厘米左右的泥土压实。规模场可选用废旧轮胎压窖（图4-40），操作方便，可重复利用。同时，要经常检查，如发现下沉、裂缝，要及时加土填实。要严防漏气漏水。

图4-39 青贮制作—镇压排气

图4-40 青贮料封存发酵

六、青贮饲料的品质评定

青（黄）贮饲料的品质评定分感官鉴定和实验室鉴定，实验室鉴定需要一定的仪器设备，除特殊情况外，一般只进行观感鉴定。即从色、香、味和质地等几个方面评定青（黄）贮饲料的品质（图4-41至图4-43）。

图 4-41　玉米秸秆青贮饲料品质评定

图4-42　青贮料含水量检查

图4-43　青贮料饲用前质量检查

（1）颜色　因原料与调制方法不同而有差异。青（黄）贮料的颜色越近似于原料颜色，质量越好。品质良好的青贮料，颜色呈黄绿色；黄褐色或褐绿色次之；褐色或黑色为劣等。

（2）气味　正常青贮料有一种酸香味，以略带水果香味者为佳。凡有刺鼻的酸味，则表示含醋酸较多，品质次之；霉烂腐败并带有丁酸（臭）味为劣等，不宜饲用。换言之，酸而喜闻为上等；酸而刺鼻为中等；臭而难闻为劣等。

（3）质地　品质良好的青贮料，在窖里非常紧实，拿到手里却松散柔软，略带潮湿，不粘手，茎、叶、花仍能辨认清楚。若结成一团发黏，分不清原有结构或过于干硬，均为劣等青贮料。

总之，制作良好的青贮料，应该是色、香、味和质地俱佳，即颜色黄绿、柔软多汁、气味酸香，适口性好。玉米秸秆青贮则带有很浓的酒香味。玉米青贮质量鉴定等级如表4-3所示。

表4-3　玉米青贮品质鉴定指标表

等级	色泽	酸度	气味	质地	结构	饲用建议
上等	黄绿色、绿色	酸味较多	芳香味浓厚	柔软稍湿润	茎叶分离、原结构明显	大量饲用
中等	黄褐色、黑绿色	酸味中等	略有芳香味	柔软而过湿或干燥	茎叶分离困难、原结构不明显	安全饲用
下等	黑色、褐色	酸味较少	具有醋酸臭味	干燥或粘结成块	茎叶粘结、具有污染	选择饲用

随着市场经济的发展，玉米秸秆青贮饲料逐步走向商品化，在市场交易过程中，其品质与价格正相关，对其品质评定要求数量化，因而农业部制定了青贮饲料品质综合评定的百分标准，如表4-4所示。

表4-4　青贮玉米秸秆质量评分表

项目 总分值	pH值25	水分 20	气味25	色泽20	质地10
优等 72～100	3.4（25） 3.5（23） 3.6（21） 3.7（19） 3.8（18）	70%（20） 71%（19） 72%（18） 73%（17） 74%（16） 75%（14）	苷酸香味 （25～18）	黄亮色 （20～14）	松散、微软、不粘手 （10～8）
良好 39～67	3.9（17） 4.0（14） 4.1（10）	76%（13） 77%（12） 78%（11） 79%（10） 80%（8）	淡酸味 （17～9）	褐黄色 （13～8）	中间 （7～4）
一般 31～5	4.2（8） 4.3（7） 4.4（5） 4.5（4） 4.6（3） 4.7（1）	81%（7） 82%（6） 83%（5） 84%（3） 85%（1）	刺鼻酒酸味 （6～1）	中间（7～1）	略带黏性 （3～1）
劣等0	4.8（0）	85%以上（0）	腐败味、霉烂味（0）	暗褐色（0）	发粘结块（0）

优质青贮秸秆饲料应是颜色黄、暗绿或褐黄色，柔软多汁、表面无黏液、气味酸香、果酸或酒香味，适口性好。青贮饲料表层变质时有发生，如腐败、霉烂、发粘、结块等，为劣质青贮料，应及时取出废弃，以免引起家畜中毒或其他疾病。

七、青贮饲料的利用

（1）取用　青（黄）贮饲料装窖密封，一般经过6～7周的发酵过程，便可开窖取用饲喂。如果暂时不需用，则不要开封，什么时候用，什么时候开。取用时，应以“暴露面最少以及尽量少搅动”为原则。长方形青贮窖只能打开一头，要分段开窖，逐层取用。取料后要盖好，以防止日晒、雨淋和二次发酵，避免养分流失、质量下降或发霉变质。发霉、发粘、发黑及结块的不能饲用（图4-44至图4-46）。

图4-44　小型场青贮料的取用

图4-45　规模场青贮料的机械取用

图4-46　青贮饲料饲喂奶牛

青贮饲料在空气中容易变质，一般要求随用随取，一经取出，便尽快饲喂。

（2）喂量　青（黄）贮饲料的用量，应视动物的种类、年龄、用途和青贮饲料的质量而定。除高产奶牛外，一般情况可作为唯一的粗饲料使用。开始饲喂青贮料时，要由少到多，逐渐增加，给动物一个适应过程。习惯后，再逐渐增加喂量。通常日喂量为：奶牛20～30千克、肉牛10～20千克（或小母牛每100千克体重日喂2.5～3.0千克、公牛每100千克体重日喂1.5～2.0千克、育肥肉牛每100千克体重日喂4～5千克）、种公牛5～10千克。青贮饲料具有轻泻性，妊娠母牛可适当减少喂量。饲喂青贮饲料后，要将饲槽打扫干净，以免残留物产生异味。

（3）注意事项　青贮饲料具有特定的气味，因而饲喂奶牛时应注意以下几点。

① 不要在牛舍内存放青贮饲料，每次饲喂量也不宜过多，使奶牛能够尽快吃完为原则。

② 有条件的奶牛场，采用挤奶厅挤奶，挤奶与饲喂分开进行。避免青贮味对乳品的影响。必须在牛舍挤奶的养殖场，可先进行挤奶，在挤完奶后饲喂青贮饲料。

③ 定期打扫牛舍，保持舍内清洁卫生；加强通风换气，减少舍内的青贮气味。

④ 饲用青贮饲料，要求每次饲喂后，都应打扫饲槽，特别是夏季，气温较高，饲槽中若有剩余的青贮料，会霉变，产生异味，影响舍内环境和动物健康。

⑤ 保持挤奶设备以及饲喂用具的清洁。挤出的牛奶应立即进行冷却。

另外，青贮饲料的营养成分，取决于青贮作物的种类、收获期以及存储方式等多种因素。青贮饲料的营养差异很大。一般青贮玉米的钙、磷含量不能满足育成牛的需要，应适当补充。而与豆科牧草特别是紫花苜蓿混贮，钙、磷基本可以满足。秸秆黄贮，营养成分含量较低，需要适当搭配其他饲料成分，以维护动物健康以及满足动物生长和生产需要。

八、青贮饲料添加剂

为了提高青贮饲料的品质，可在制作青贮饲料的调制过程中，加入青贮饲料添加剂，用以促进有益菌发酵或者抑制有害微生物。常用的青贮饲料添加剂有微生物类、酸类防腐剂以及营养物质等。青贮饲料添加剂的应用，显著地提高了青贮特别是黄贮效果，明显地改进了黄贮饲料的品质。但同时

图4-47　青贮添加剂

也增加了成本。因而建议在技术人员的指导下，根据实际需要，有针对性地采用不同的青贮添加剂及其应用方法，以便切实有效地利用青贮添加剂，获得更大的经济效益（图4-47）。

1．微生物青贮添加剂的应用

青、黄贮饲料能否调制成功，在很大程度上取决于原料中乳酸菌能否迅速而大量地增殖（发酵）。这一过程之所以能得以正常进行，首先是作物的茎叶表面必须有一定的乳酸菌群，这是不言而喻的。一般青绿作物叶面上天然地存在着大量的微生物，既有有益菌群（乳酸菌等），也有有害微生物。而通常认为有害微生物与有益微生物的数量之比为10：1。正常青贮加工过程中，我们并不加入任何添加剂，而且能够取得成功，是由于人为地创造了乳酸菌群发酵适宜的环境条件，即厌氧环境和适宜的水分含量。因而，研究认为，青贮制作的生物化学过程，若任其自然，便会由于有害微生物的作用，使青贮原料中的营养物质损失过多，尤其是在有相当空气存在的青贮调制过程的初期。因此，采用人工加入乳酸菌种的方法，使青贮原材料中的乳酸菌群在数量上占到优势，加快发酵过程，迅速产生大量的乳酸，尽快降低原材料的pH值，从而抑制有害菌的活动。乳酸菌的不同菌株，在显微镜下看起来十分相似，但其生物化学能力，却有很大不同。而且，特定的菌株，只有在特定的pH值下，才具有活力。因而，筛选、培养最适合需要的菌株，作为青贮添加剂，添加于青贮原料中，具有一定的应用价值（图4-48）。

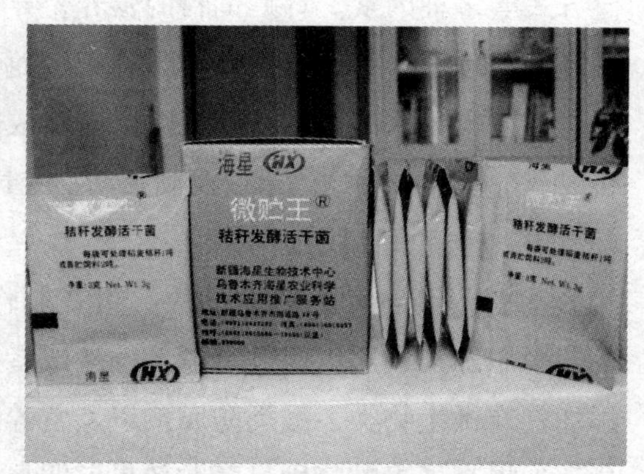

图4-48　微生物青贮添加剂

然而仅有乳酸菌是不够的，还必须创造有利于乳酸菌繁衍的适宜环境。乳酸菌是嫌气菌或称厌氧菌。因此，在青贮的制作和保存过程中，最大限度地排除空气并始终保持这种气密环境是关键。厌氧环境是乳酸菌的生存条件，而要迅速扩繁，还需要一定的发酵基质，或称乳酸菌的营养物质。乳酸菌需要一定浓度的可溶性糖分作为其营养物质，即通过糖的发酵产生乳酸。一般认为，制作青贮的原材料中应含有不低于2%的可溶性糖分。如果原材料中可溶性糖分含量不足2%，加入菌种也很难制作成功优质青贮料。必要时可加入一些可溶性糖如糖蜜等。当然，除直接加入可溶性糖外，也可加入一些淀粉和淀粉酶，淀粉酶能促使原材料中的淀粉水解为糖，供乳酸菌利用。淀粉酶的种类较多，每一种淀粉酶只有在一定的pH值范围内方具有最大活性。因而并非只加入一种淀粉酶，而是多种淀粉酶的组合。

因而，只有同时加入有益菌群、可溶性糖分或淀粉和淀粉酶，并创造较好的厌氧环境，方可使青贮的发酵过程变成一种快捷、低温的科学模式，不仅可以保证制作成功，而且取用饲喂时，稳定性也好。

2．酸类青贮饲料添加剂的应用

酸类青贮饲料添加剂是应用较早一类青贮饲料添加剂。应用原理是直接加入无机酸或有机酸类物质，直接降低青贮原材料的pH值，用以抑制有害菌的活动，减少营养物质的损失量。这类青贮添加剂早在1885年就开始使用。最初多使用无机酸如硫酸、盐酸等，后来演变为有机酸如甲酸、丙酸等。加酸后，青贮材料迅速下沉，易于压实；作物细胞的呼吸作用很快停止，有害微生物的活动迅速得到控制，减少了青贮制作过程早期的发热和营养损失，有利于青贮饲料的保存，不失为一种简单而有效的技术措施。

然而，直接加入酸类物质，固然简便易行。但直接加入酸类物质后，增加了青贮原材料渗液的可能性，也加大了动物采食后酸中毒的可能性。需要采取相应的补救措施。如降低青贮原材料的含水量，以防止渗液发生，饲喂时添加少量的氢氧化钙、碳酸钙或小苏打，用以中和酸性。另外加酸还有一个缺点，那就是酸对人和机械都有一定的腐蚀性，操作时，应有一定的防护措施。

3．防腐剂类青贮饲料添加剂的应用

常用的防腐类青贮添加剂主要有亚硝酸钠、硝酸钠、甲酸钠以及甲醛

等。防腐类青贮饲料添加剂并不改善发酵过程，但对防止青贮饲料的变质具有一定的效果。

部分防腐剂如亚硝酸盐，具有一定的毒性，要权衡利弊，只有确实必要时，方可利用，一般不建议应用。

据报道，有些植物组织如落叶松针叶等含有植物杀菌素，有较好的防腐效果，又没有毒性，可因地制宜的发掘使用。

另外，甲醛（福尔马林）不仅具有较好的防腐作用，还可以保护饲料蛋白质在反刍动物瘤胃内免受降解，增加青贮饲料蛋白质的过瘤胃率，被认为是一种有价值的青贮饲料防腐添加剂。甲醛作为青贮饲料的防腐添加剂，一般用量为0.3%～1.5%。

4．营养性青贮饲料添加剂

针对制作青贮饲料原材料中营养素的丰欠，以补充青贮饲料中某些营养成分的不足，起营养平衡作用的一类添加剂称作营养性青贮饲料添加剂。部分青贮饲料营养添加剂同时具有改善青贮发酵过程的功用（图4-49）。

图4-49　青贮营养盐添加剂

青贮饲料虽然是一种良好的反刍动物粗饲料，但某些营养成分含量与动物的营养需要相比，仍有相当的差距。以育肥肉牛为例，大部分青贮饲料，除与豆科作物混合青贮外，粗蛋白的含量均不能满足营养需要，钙、磷含量不足，其他营养成分也有类似现象。因此，向青贮饲料中添加某些营养成分，使其营养成分趋于平衡是必要的。常用的营养性青贮饲料添加剂主要有如下几种。

（1）非蛋白氮素　在青贮饲料中加入非蛋白氮素，如尿素、双缩脲等。在青贮的发酵过程中，为微生物蛋白质的合成提供氮素，起到蛋白质的补充作用。这类添加剂多采用以尿素为主的农用氮肥，来源广泛，价格相对较低，而蛋白当量高，经济实用（图4-50）。

添加尿素。尿素是最常用的氮素添加剂。可以直接饲喂，也可以加入青贮饲料中。尿素在反刍动物瘤胃内分解出氨，而后会由瘤胃中的细菌合成菌体蛋白质，最终被动物利用。据资料介绍，美国每年用作饲料的尿素超过100万吨，相当于600万吨豆饼所提供的氮素。这样大量的饼类蛋白质饲料，就可以省下来饲喂单胃动物。

图4-50 添加非蛋白氮（尿素）青贮

然而，直接饲喂尿素，尿素在动物瘤胃内分解形成氨的速度，超过瘤胃微生物利用氨合成蛋白质的速度，当瘤胃发酵能供应不足时这一矛盾更为突出。这不仅影响了尿素的利用率，而且，瘤胃内的氨浓度过高，会引起动物的氨中毒。通常解决这一矛盾的主要途径是提高能量供应速度，提供充足的瘤胃发酵能。促进瘤胃微生物利用氨合成蛋白质的速度，如将糖蜜、谷实类以及矿物质饲料与尿素混合使用，起到提供能量和减缓尿素分解的双重作用。另一方面，对尿素进行特殊的加工调制如形成包衣尿素、糊化尿素，以降低尿素的水解速度，并限量饲喂。

尿素作为青贮饲料添加剂利用，一般认为安全可靠，经济实用。通常在制作青贮饲料时，按青贮原材料重量加入0.5%的尿素，青贮饲料的蛋白质含量相应提高4%（以干物质计算）。玉米青贮添加0.5%尿素后，粗蛋白质含量可由原来的8.9%提高到12.9%，可大体满足育成牛的蛋白质需要。

（2）碳水化合物　为乳酸菌发酵提供能源，促进青贮饲料的发酵进程，用以充分保护青贮原料中的营养成分。常用的主要是糖蜜、谷实类以及淀粉和淀粉酶。这类添加剂本身就是一种营养物质，同时，具有改善青贮饲料发酵过程的功用。因而，应用比较广泛。

糖蜜是制糖工业的副产品，其一般加入量：禾本科青贮料为4%、豆科青贮料为6%。

谷实类一般含有50%～55%的淀粉以及2%～3%的可发酵糖。淀粉不能直接被乳酸菌利用，但在淀粉酶的作用下水解为糖，为乳酸菌利用。例如，大麦粉在青贮过程中，可产生相当于自身重量30%的乳酸，每吨青贮饲料中可加入30～50千克大麦粉。

玉米粉在青贮过程中，经淀粉酶的作用，同样产生大量的可溶性糖粉，为乳酸菌发酵提供能源，具有维护乳酸菌发酵之功能。

一般来讲，青绿的禾本科青贮原材料中含有足够的可溶性糖分以及乳酸菌群，通常情况下，并不建议采用青贮饲料添加剂。只要严格制作过程，就完全可以生产出优质的青贮饲料。而农区大多是利用收获籽实后的农作物秸秆，生产青贮饲料（或称黄贮饲料），由于作物茎叶的老化，特别是其中的可溶性糖分含量减少，为确保青贮饲料制作成功，建议根据作物秸秆的老化程度，适量加入碳水化合物类添加剂。

（3）无机盐类　无机盐类青贮饲料添加剂，主要是指一些动物生长和生产所必须的矿物质盐类，如石灰石、食盐以及微量元素类。

青贮饲料中添加石灰石，不但可以补充钙源，而且可以缓和饲料的酸度。每吨青贮饲料中碳酸钙的一般加入量为2.5～3.5千克。

添加食盐可以提高渗透压，丁酸菌对较高渗透压非常敏感，而乳酸菌则较为迟钝，青贮饲料中添加2%～3%的食盐，可使乳酸含量增加，醋酸减少，丁酸更少。从而使青贮饲料品质改善，适口性增强。而在利用过程中，要考虑青贮饲料中的含盐量，防止日粮含盐超标。

可用作青贮饲料添加剂的其他无机盐类及其在每吨青贮饲料中的加入量通常为：硫酸铜2.5克、硫酸锰5克、硫酸锌2克、氯化钴1克、碘化钾0.1克。

值得强调的是，青贮饲料添加剂多种多样，尽管每一种青贮饲料添加剂都有在特定条件下应用的理由。然而，并不能由此得出结论：只有使用青贮饲料添加剂，青贮才能获得成功。事实上，只要严格操作规程，满足青贮饲料制作所需的条件，即可制作出优质的青贮饲料。通常情况下，无需使用添加剂。是否使用青贮添加剂，主要取决于用于制作青贮饲料的作物，是否容易调制青贮。简单地用一个指标来衡量，那就是作物本身所含的可发酵糖与蛋白质的比值。不同作物的这一比值不同，如表4-5所示，供养殖户在生产中参考。

表4-5 不同青贮作物所含可发酵糖分与蛋白质的比值

青贮作物种类	紫花苜蓿	三叶草	禾本科牧草	甜菜叶	乳熟玉米
糖分与蛋白质的比值	0.2～0.3	0.3	0.3～1.3	0.7～0.9	1.5～1.7

需要说明的是，同一作物在不同生长阶段或季节，可发酵糖和蛋白质的含量不同，这一比值也发生变化。一般而言，这一比值越高，越容易制作青贮。若比值大于0.8，作物含水率为70%～80%，就没有必要使用添加剂来促进发酵。

第四节　苜蓿栽培与利用技术

紫花苜蓿为豆科苜蓿属植物，誉称“牧草之王”，是目前国内外栽培面积最大的优质牧草作物种类之一（图4-51和图4-52）。苜蓿草中含有较高的蛋白质、维生素和矿物质，而粗纤维含量较低。因而用之饲喂奶牛的净能高于很多其他牧草品种（表4-6）。苜蓿耐旱、抗寒、抗盐碱能力强，且产量高，一般耕地亩（667平方米。下同）产苜蓿干草可达1 500千克。较高的产量加上丰富的营养成分，使苜蓿成为奶牛最经济的营养来源。

图4-51　现蕾期紫花苜蓿

图4-52　盛花期紫花苜蓿

表4-6 各种牧草的营养成分含量 单位：(%) 干物质（DM）

牧草	成熟期	CP	NDF	ADF	Ca	P	Mg	K
苜蓿	蓓蕾期	21	40	30	1.4	0.30	0.34	2.5
	早花期	19	44	34	1.2	0.28	0.32	2.4
雀麦草	营养期	19	51	31	0.6	0.30	0.26	2.0
	抽穗期	15	56	38	0.5	0.26	0.25	2.0
玉米青贮	蜡熟期	8	50	27	0.3	0.20	0.20	1.0
	乳熟期	8	46	26	0.3	0.20	0.20	1.0
小杂粮草	抽穗期	11	60	40	0.5	0.25	0.23	1.0
	蜡熟期	10	65	43	0.5	0.25	0.23	1.0

在奶牛业发达国家或地区，苜蓿已经成为泌乳牛日粮中不可缺少的部分。根据奶牛的不同生产阶段的营养需要和所用苜蓿草的质量，确定苜蓿在日粮中所占的比例。借鉴国外的经验，一般苜蓿草可占到日粮的1/3，浓缩饲料占1/3，其他的1/3可以是杂草或秸秆，也可以是精饲料，根据奶牛的生产水平和需要而定。

一、紫花苜蓿栽培技术

1．紫花苜蓿的植物学特征及生态学特性

紫花苜蓿为多年生草本植物，寿命6～8年。直根系、圆锥形，根系发达。主根入土深3～6米，深者可达10米以上。侧根主要分布在30厘米以内的土层中。根上端与茎相接处形成膨大的根冠，根冠上密生许多幼芽，茎枝及再生枝由根冠上的幼芽形成。根部着生着发达的根瘤，根瘤上共生根瘤菌。茎杆直立或斜生，光滑或略带绒毛，具棱，略成方形，绿色。株高1米左右，茎上多分枝，分枝自叶腋生出。叶为三出复叶，小叶卵圆形或椭圆形，叶边带锯齿。花为总状花序，腋生，花柄长4～5厘米，有小花20～30朵，花冠唇形，紫色。荚果螺旋形，2～4个螺旋，成熟时黑褐色，每荚含种子7粒左右。种子肾形，黄褐色，有光泽，千粒重2.3克（图4-53）。

紫花苜蓿喜欢温暖、半干旱到半湿润气候，因而适宜于我国长江以北地区栽培。紫花苜蓿抗旱、抗寒能力都较强，耐寒品种在冬季-30～-20℃的条件下均能安全越冬。喜温暖气候，日均温15～25℃最适生长，高温和低温均对其生长不利，会造成休眠或生长停滞。紫花苜蓿由于根系发达，入

土深，可利用土壤深层水分，因此，抗旱能力很强。苜蓿喜干燥，高温、潮湿对其生长不利。苜蓿抗旱能力强，但需水量却较高。每形成1千克干物质约需800克水，需水量较禾谷类作物高。最适宜在年降水量500～800毫米的地区生长，年降水量超过1 000毫米，则对苜蓿的生长不利。在雨量稀少的旱农地区，为达到稳产高产，仍需进行必要的灌溉。苜蓿对土壤要求不严，沙土、黏土均可生长，但以深厚疏松、排水良好、富含钙质的土壤上生长最好。苜蓿生长最忌积水，地下水位应低于1米以下。苜蓿较耐盐碱，具有降低土壤盐分的功效，可开发、利用和改良盐碱地。

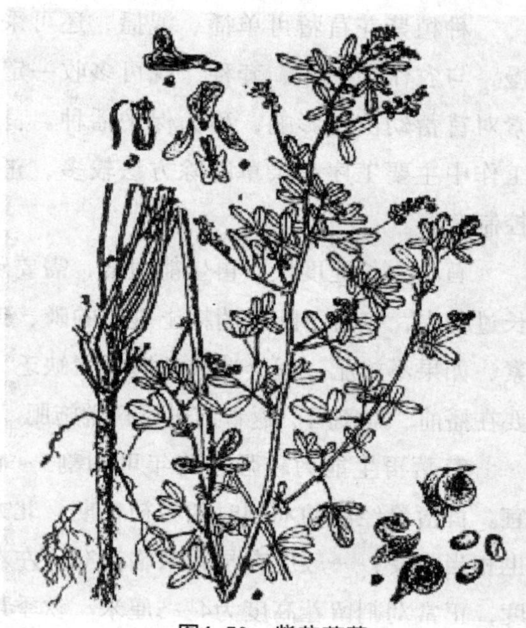

图4-53　紫花苜蓿

2．栽培管理技术

种植紫花苜蓿，除生产饲草饲料外，还能改良土壤，提高土壤肥力，增加土壤团粒结构，对后作有显著的增产作用。增产幅度通常为30%～50%。苜蓿对前作要求不严，种植苜蓿后，土壤肥力提高，富含氮素，宜种经济价值较高的作物。苜蓿适宜与各种作物轮作。

紫花苜蓿种子较小，苗期生长特别缓慢，播种前要精细整地，要求深耕，做到地平、土碎、无杂草。播前应施入适量的有机肥和磷肥。在未种过苜蓿的土地上种植，播前接种苜蓿根瘤菌，可产生良好的增产效果。春、夏、秋均可播种，但以春播与秋播为主。播量一般为每公顷15～22.5千克。收草者宜高，收种者宜低。播种深度为2厘米左右，土湿宜浅，土干宜深，视具体情况而定。通常多以条播为主，行距20～30厘米，播种后应适当镇压。

种植紫花苜蓿可单播、混播，还可采取保护播种。苜蓿幼苗期生长缓慢，与农作物间作、套种，既可多收一定量的庄稼，又可减少不良环境因素对苜蓿幼苗的影响，称为保护播种。苜蓿幼苗期间防除杂草是田间管理工作中主要工序。杂草防除方法较多，正确的耕作措施、管理措施可有效控制杂草。

苜蓿生长速度快，再生能力强，需要磷、钾、钙量较大。苜蓿在整个生长过程中，一直不断地消耗土壤中的磷、钾、钙、镁、硫、锰、硼等营养元素，如果不施肥，就会造成土壤元素缺乏，影响苜蓿的产量和品质。因而，要在播前、刈割后、返青前进行科学施肥。

苜蓿再生能力较强，每年可刈割3～4茬。旱农地区以每年刈割三次为宜。苜蓿最经济的刈割时期为初花期。北方旱农地区秋季最后一次刈割时期也相当重要，一般应在早霜来临前30天左右刈割。另外，要注意刈割留茬高度，正常刈割留茬高度为4～5厘米。秋季最后一次刈割留茬高度应稍高，以7～8厘米为宜。

3．紫花苜蓿的利用价值

紫花苜蓿是各类家畜的上等饲草，用途很广。青饲、放牧或调制成干草、青贮或加工成草粉、草饼及颗粒料，不仅营养丰富，且适口性好。其营养成分列于表4–7。

表4–7　紫花苜蓿不同生长时期的营养成分（%、以干草计）

生长期	干物质	粗蛋白质	粗脂肪	粗纤维	无氮浸出物	粗灰粉
苗期	18.8	26.1	4.5	17.2	42.2	10.0
现蕾期	19.9	22.1	3.5	23.6	41.2	9.6
初花期	22.5	20.5	3.1	25.8	41.5	9.3
盛花期	25.3	18.2	3.6	28.5	41.5	8.2
结实期	29.3	12.3	2.4	40.6	37.2	7.5

苜蓿再生能力强，年可刈割3～4茬，产草量高。一般年份每公顷产鲜草45 000～60 000千克，折合干草11 250～15 000千克。按其粗蛋白含量折算，每公顷产粗蛋白质2 250千克以上，是玉米等禾谷类作物的3.5倍左右，是大豆

的2倍左右。苜蓿赖氨酸含量为1.06%～1.38%，比玉米高4～5倍，矿物元素钙、磷及维生素含量很高。

苜蓿誉为“牧草之王”，是人工种草的首选草种，在世界上的种植面积越来越大。苜蓿草的收获、加工、贮藏与利用，已成为动物生产领域研究的热门课题。

二、紫花苜蓿的收获与利用技术

在奶牛生产中，采用高质量的苜蓿草取代其他质量较差的牧草，可以减少浓缩饲料（精饲料）的供给量。增大奶牛日粮中粗饲料的比例，不仅可以降低饲养成本，同时，有利于提高乳品质量。

1．收获期与营养价值

奶牛业发达国家对优质苜蓿的利用都倾向于常年舍饲，利用机械收获苜蓿，作为青饲料、青贮饲料及干草利用，以减少浪费，提高单位面积的牛奶产量（图4-54）。美国每年生产的干草中，1/3以上是苜蓿干草；法国栽培苜蓿也主要用作调制干草。苜蓿干草是奶牛冬春两季的良好饲料。试验研究表明，单位面积苜蓿干草产奶量的高低，因刈割时期而不同，不同生长期刈割制作的苜蓿干草，干物质产量差异不大，而在每头奶牛每天采食量大致相同的情况下，由于养分含量不同而产奶量差异明显（表4-8）。

图4-54　紫花苜蓿收获

表4-8 不同生长期苜蓿干草养分产量与产奶量

刈割制作干草的物候期	初花期	1/2开花期	盛花期
养分产量：干物质（千克/公顷）	8 883.0	8 375.3	8 819.0
消化总养分（千克/公顷）	5 242.5	4 965.0	4 678.0
消化蛋白质（千克/公顷）	1 245.0	1 143.0	812.3
标准牛奶（4%乳脂）产量（千克）	7 125.0	5 910.0	4 466.3
试验牛日消耗苜蓿干草量（千克）	18.5	18.7	18.6

苜蓿的营养价值与收获时期及加工方法关系很大。幼嫩苜蓿含水较高，随生长期的延长，蛋白质含量逐渐减少，粗纤维则显著增加。不同生长阶段苜蓿所含营养成分如表4-9所示。

表4-9 不同生长阶段苜蓿营养成分的变化

生长阶段	干物质（%）	占鲜重（%）					占干物质（%）				
		粗蛋白质	粗脂肪	粗纤维	无氮浸出物	灰分	粗蛋白质	粗脂肪	粗纤维	无氮浸出物	灰分
营养生长	18.0	4.7	0.8	3.1	7.6	1.8	26.1	4.5	17.2	42.2	10.0
花前期	19.9	4.4	0.7	4.7	8.2	1.9	22.1	3.5	23.6	41.2	9.6
初花期	22.5	4.6	0.7	5.8	9.3	2.1	20.5	3.1	25.8	41.3	9.3
1/2盛花	25.3	4.6	0.9	7.2	10.5	2.1	18.2	3.6	28.5	41.5	8.2
花后期	29.3	3.6	0.7	11.9	10.9	2.2	12.3	2.4	40.6	37.2	7.5

根据单位面积营养物质产量计算，中等现蕾期收割苜蓿干物质、可消化干物质及粗蛋白质产量均较高，且对植株寿命无不良影响。适时收割的消化率高，适口性好。

苜蓿草的质量受很多因素的影响，而苜蓿草收获时的成熟度即收割时所处的生育期，是影响苜蓿干草及半干青贮品质的最大因素。苜蓿草的品质随其生育期的进展即成熟度的提高而下降，随着生育期的延长，成熟度的提高，苜蓿草中的蛋白质含量下降，而纤维素含量增加，导致其采食量及消化率下降。

苜蓿草中纤维素的含量在始花期后迅速增长，延迟收割虽然可以增加各茬苜蓿的产量，但是，影响牧草的质量和饲用价值，降低了牧草的品质。苜蓿饲喂泌乳牛，应该在蓓蕾中后期收割，喂其他牛群可以在早花期

（10%～20%开花）收获。苜蓿草的质量可以通过春季第一茬收割的时间和以后各茬收割的间隔天数来控制。

2．苜蓿草的加工调制技术

（1）苜蓿干草的调制加工

① 刈割收获。苜蓿的收获（刈割）要选择在晴天的早晨进行，且越早越好，这样在当天就可晾晒整整一天，使其最大限度的干燥（脱水），以减轻由于植物细胞的呼吸使其碳水化合物氧化的损失。割草机的条幅可放到最大宽度，加大牧草的曝晒面积，同时，可采用橡胶镇压器，压扁茎秆（图4-55、图4-56）。

图4-55　紫花苜蓿干草

图4-56　紫花苜蓿草捆

② 加速干燥。在收割过程中，可应用干燥剂提高苜蓿的干燥速度。创造良好的干燥条件，将会有效的增加产品的数量。

③ 翻晒与搂集。摊草及翻草的次数要尽量减少，或仅在含水量大于40%时进行。这些操作在苜蓿含水量低于40%时，会增大叶片的脱落数量，而导致苜蓿的产量尤其是质量的降低。最好在苜蓿水分含量降至40%～50%时，改曝晒为晾晒，即把苜蓿搂拢成条，进行通风晾晒，以保持饲草质量。

④ 及时打捆。当苜蓿水分含量降到18%～20%时，要及时进行打捆。低水分含量条件下打捆会导致叶片脱落丢失而降低牧草品质，而高水分含量又会导致存放过程中变质，应创造条件，应用防腐剂或干燥棚舍存放。

⑤ 机械选择。根据牧草的质量及收获加工调制过程中的损失，科学选用捆草机械。对方捆捆草机和大圆捆捆草机的应用效果进行比较。当然，在销

路畅通时，大圆捆相对节省劳力和费用，如图4-57和图4-58所示。

图4-57　美国紫花苜蓿干草捆

图4-58　美国紫花苜蓿干草

⑥科学保存。苜蓿干草，无论是方捆还是大圆捆，都应贮存于防雨的建筑棚内或离开地面用塑料布保护，过于简陋的贮存条件或露天存放，会导致干物质损失过多及质量下降。

（2）苜蓿青贮制作技术　制作青贮，可以减少苜蓿在田间的脱水时间，减少了对气象条件的依赖；同时，也降低了苜蓿在刈割后的植物呼吸、细胞氧化等在收获期的营养损失。可以在其生育早期即养分含量最高的时期收获，也便于草地管理。要制作pH值4.0～4.5，具有酸、甜、香味，而不发黑（热害）和腐败的优质青贮饲料，可采用接种青贮的方法进行生产。

① 调整水分含量。青贮苜蓿原料的水分含量，可根据青贮设备的不同而异。采用青贮窖、地面堆贮等进行青贮，原料苜蓿的水分含量应控制在60%～70%；采用青贮塔青贮时，原料苜蓿的水分含量应控制在50%～65%，以减少渗出损失；苜蓿在限氧建筑物内青贮时，含水量应该控制在40%～50%；青贮原料水分含量小于40%时，可使热危害的可能性降低到最低限度。

② 加快发酵进程。苜蓿在收获切割后，尽快调整好水分含量，进行青贮的填窖装塔。尤其是不能在收运车上停留时间过长。在收运车上停留，将会因植物细胞呼吸导致苜蓿中碳水化合物氧化而降低质量，同时，下层发热，使乳酸菌活性降低。

③ 青贮接种。苜蓿青贮的接种剂可以是活的微生物，也可以是酶制剂。

接种可以促进青贮料的发酵进程。尤其是对自然乳酸发酵菌群数量偏低而作物碳水化合物保存良好的青贮原料进行接种是有益的。在苜蓿原料的干燥时间不超过48小时，实施接种青贮，是有很大益处的。活菌制剂必须在低温下保存，否则会降低活性甚至失活。要重视青贮接种剂的合理贮藏，保存其活力。接种量，一般要求提供青贮原料每克大于10万乳酸菌（如乳酸杆菌属）群单位。为确保接种有效，菌种必须均匀地接入青贮原料之中。干粉制剂可通过切割接入、而液剂则通过喷洒接种。

④ 切段长度。青贮苜蓿原料的切割长度，可选用其理论切割长度为3/8英寸（1厘米）的青贮切割机，同时，参入15%～20%（以干物质为基础）1.5英寸长（4厘米）的草段，是理想的切割长度。较短的草节，便于堆存青贮，可以排出较多的空气，利于青贮发酵。但切割投资费用较高。另外，如果切割的太短，则会减少牧草中的有效纤维素的含量，要选用适当的机械进行切割加工。

奶牛日粮中纤维素的一定长度，是维持反刍动物瘤胃机能正常、刺激反刍和咀嚼所必需。因而，青贮原料的切碎程度并非越短越好。研究表明，奶牛每天需要550～600分钟的咀嚼时间（采食和反刍），3/8英寸（1厘米）长的草段，既可维持奶牛瘤胃的正常机能，同时，也满足了青贮要求的堆积踏实的条件，保证了青贮制作过程的正常发酵，是理想的青贮切割长度。

（3）半干青贮制作技术。苜蓿蛋白质含量高，作为乳酸菌发酵基质的可溶性糖分相对不足，制作青贮的条件要求严格，因而可制作半干青贮，又称低水分青贮。

半干青贮料制作的基本原理是，原料含水少，造成对微生物的生理干燥。青饲料刈割后，经风干至水分含量为45%～50%时，植物细胞的渗透压达55～60个气压。这样的风干植物对腐败细菌，酪酸菌以致乳酸菌，均造成生理干燥状态，使其生长繁殖受到限制。因此，在青贮过程中，微生物发酵微弱，蛋白质不被分解，有机酸形成数量少。虽霉菌在风干植物体上仍可大量繁殖，但在切短镇压紧实的青贮厌氧条件下，其活动亦很快停止。

苜蓿刈割后首先在田间晾晒至半干状态，晴朗的天气约24小时，一般不超过36小时，使水分迅速降到55%～45%，然后进行铡切、装窖、镇压、密封保存。含水量的感官评定要凭经验。参照的标准为：当苜蓿晾晒至叶片卷缩，出现筒状，未脱落，同时，小枝变软不易折断时，水分约含50%。

3．紫花苜蓿饲喂奶牛

（1）2周龄至3月龄犊牛　早期训练犊牛采食优质牧草，可及早促进瘤胃发育。犊牛通常从2周龄开始消耗少量苜蓿。8周龄以后对苜蓿的采食量将大幅度增加。犊牛8～12周龄阶段，瘤胃机能还尚未发育完全，瘤胃容积有限，饲料中的纤维素含量也要限量。而优质苜蓿是犊牛特殊好的蛋白质、矿物质、维生素及易溶碳水化合物（糖及淀粉）之来源。可由苜蓿提供日粮多于18%的粗蛋白及低于42%的中性洗涤剂纤维。苜蓿喂犊牛可以加工成干草或低水分青贮（水分含量低于55%）。尽量避免高水分青贮，因为高水分含量会限制犊牛的进食量，并影响蛋白质的质量。

（2）4～12月龄育成牛　育成牛已具备充足的瘤胃机能及容积，可以采食大量的粗纤维。满足其部分营养需要。这一阶段的蛋白质需要量较犊牛期略有降低。可利用含粗纤维较多的、蛋白质含量偏低的苜蓿草，可饲喂含粗蛋白质16%～18%及含中性洗涤剂纤维41%～46%（酸性洗涤剂纤维33%～38%）的苜蓿草，添加少量浓缩饲料即可满足最佳生长发育之需要。

（3）13～18月龄育成牛　育成牛长到13～18月龄，已经具备了较大的消化道容积，在其日粮中可利用更多的饲草。育成牛体重在250～450千克时，可以从含粗蛋白质14%～16%、中性洗涤剂纤维45%～48%的苜蓿草日粮中，获取或满足各种营养成分的需要。

（4）19～24月龄育成牛及干乳牛　可以利用比其他类群牛要求质量略差的苜蓿草日粮。其含粗蛋白质12%～14%，中性洗涤剂纤维48%～52%的混生牧草日粮即可满足其营养需要。

对成年母牛妊娠后期要适量的饲喂一些高质量的苜蓿草，因为优质苜蓿草中含钙量高，适量饲喂高质量的苜蓿草，可以预防奶牛分娩时出现的产褥热及围产期综合症。

（5）泌乳早期奶牛　泌乳早期（泌乳期的前100天），奶牛开产后产奶量迅速上升，营养需要量高，要采用高蛋白质含量、低纤维素浓度的日粮。优质苜蓿草则成为泌乳早期奶牛最理想的饲草。产后100天以前的泌乳牛，应饲喂含粗蛋白质19%～24%、中性洗涤剂纤维38%～42%的苜蓿草日粮。若使用含较低粗蛋白质及较高中性洗涤剂纤维含量的苜蓿草时，日粮中要增加一定数量的浓缩饲料，方可满足泌乳早期奶牛高效生产的营养需求，维持奶牛的高产水平。若使用中性洗涤剂纤维浓度较低的苜蓿草日粮，或许不能提供足量的纤维素，以维持奶牛瘤胃的正常机能。

（6）泌乳中后期奶牛　泌乳中后期（即泌乳期的后200天），这时期泌乳牛的产奶量逐渐下降，对能量和蛋白质的需求量也随之下降。因而比泌乳早期奶牛对牧草的质量要求降低，可利用质量偏低的混生苜蓿草日粮，来满足其营养需要。

第五章　奶牛饲养管理

为便于饲养管理，通常对奶牛生长发育过程划分为3个阶段，即犊牛阶段、育成牛阶段和成母牛阶段。一般哺乳期称作犊牛，即出生到6月龄；7月龄以上到第一个分娩期之前统称为育成牛阶段；第一胎分娩后，开始泌乳，进入泌乳牛群，称成母牛阶段。

第一节　犊牛饲养管理

犊牛期的饲养管理，对奶牛成年体型的形成、采食粗饲料的能力以及成年后的产乳和繁殖能力都有极其重要的影响（图5-1）。

图5-1　犊牛单栏饲养

一、犊牛的消化特点及瘤网胃发育

1．犊牛的消化特点

初生犊牛的瘤网胃很小且柔软无力，仅占4个胃总容积的30%～35%。而皱胃却很发达，占胃总容积的50%～60%。与成年反刍动物有着较大的区别（表5-1）。从出生到2周龄，犊牛的瘤胃没有任何消化功能，皱胃是参与消化的唯一的活跃胃区，这种作用是通过食管沟来实现的。犊牛在吸吮乳汁时，体内产生一种条件反射，会使食管沟闭合，形成管状结构，使牛奶或液体食物由口腔经食管沟直接进入皱胃进行消化。此时，犊牛的食物消化方式与单胃动物相似，其营养物质主要是在皱胃和小肠内消化吸收。

表5-1　犊牛不同周龄期各个胃的变化

周龄	瘤网胃		瓣胃		皱胃	
	质量（克）	%	质量（克）	%	质量（克）	%
出生	95	35	40	14	140	51
2	180	40	65	15	200	45
4	335	55	70	11	210	34
8	770	65	160	14	250	21
12	1 150	66	265	15	330	19
17	2 040	68	550	18	425	14
成年	4 540	62	1 800	24	1 030	14

初生犊牛食入的牛奶由皱胃分泌的凝乳酶对其中的蛋白质进行消化。随着犊牛的生长发育，凝乳酶逐渐被胃蛋白酶所替代，在3周龄左右，犊牛才能有效地消化非乳蛋白质，如大豆蛋白、肉粉等。而在新生犊牛肠道内，存有足够的乳糖酶。所以，新生犊牛能够很好地消化牛奶中的乳糖。

犊牛出生后，最初几小时对初乳中的免疫球蛋白的吸收率最高，平均为20%，变化范围为6%～45%。而后急速下降，生后24小时的犊牛就无法吸收完整的免疫球蛋白抗体，犊牛在出生后12小时内没能吃上初乳，就很难使犊牛获得足够的抗体。生后24小时才饲喂初乳的犊牛，其中，会有50%的犊牛因不能吸收抗体，缺乏免疫力而难于成活。因此，初生犊牛饲养管理的重点是及时饲喂初乳，保证犊牛健康，提高犊牛成活率。

2．**犊牛瘤网胃的发育**

瘤网胃是成年反刍动物赖以生存的重要消化器官，而犊牛期是瘤网胃发育和健全的关键时期。促进瘤网胃发育和健全的关键措施是及早补饲植物性饲料。

犊牛瘤网胃的发育与采食植物性饲料密切相关。试验表明，犊牛从出生至12周龄饲喂全乳加植物性饲料，瘤网胃的容积和重量分别是单喂全乳组的2倍和2倍以上，尤其是瘤胃乳头的发育。而仅喂全乳的犊牛，其瘤胃的乳头在哺乳期间一直在退化。同时，大量的研究结果表明，仅喂全乳至12周龄，而未喂植物性饲料，则瘤胃的发育完全停滞；相反，如果生后及早饲喂植物性饲料，植物性饲料中的碳水化合物在瘤胃的发酵产物乙酸和丁酸可刺激瘤网胃的发育，尤其是瘤胃上皮组织的发育，而植物性饲料中的中性洗涤纤维有助于瘤网胃容积的发育。可见，植物性饲料的摄入对瘤网胃的发育至关重要。

二、新生犊牛护理

1. 清除黏液

犊牛出生后，立即用清洁的软布擦净鼻腔、口腔及其周围的黏液。对于倒生的犊牛，如果发现已经停止了呼吸，则应尽快两人合作，抓住犊牛后肢将其倒提起来，拍打胸部、脊背，以便把吸到气管里的胎水咳出，使其恢复正常呼吸。随后，让母牛舔舐犊牛3～10分钟（根据季节决定，一般夏季时间长一些，冬季时间短一些），以利于犊牛体表干燥和母牛排出胎衣；然后，把犊牛被毛上的黏液清除干净（图5-2）。

图5-2　新生犊牛红外线灯下干燥被毛

2. 断脐与脐部消毒

在离犊牛腹部约10厘米处握紧脐带，用大拇指和食指用力揉搓脐带1～2分钟，然后，用消毒的剪刀在经揉搓部位远离腹部的一侧把脐带剪断，无需包扎或结扎，用5%的碘酒浸泡脐带断口1～2分钟即可。

3．母、犊隔离与哺食初乳

犊牛出生后，应尽快将犊牛与母牛隔离，使其不再与母牛同圈，以免母牛认犊之后不利于挤奶。母牛分娩后，应尽早挤奶，保证犊牛在出生后较短的时间内能吃到初乳（图5-3）。如果母牛没有初乳或初乳受到污染，可用其他产犊日期相近母牛的初乳代替，也可用冷冻或发酵保存的健康牛初乳代替。

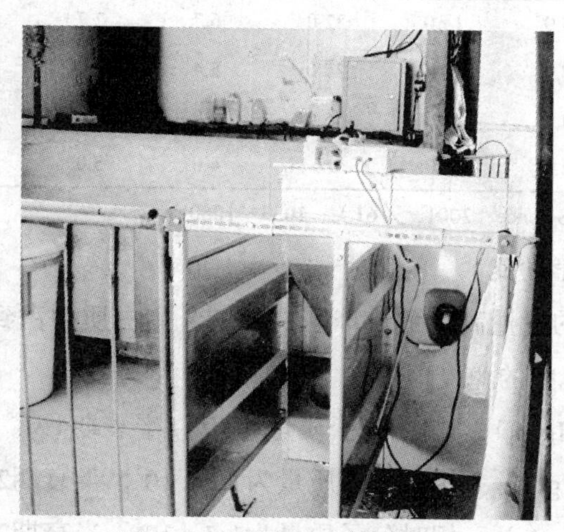

图5-3　犊牛自动定量哺乳期

三、初乳的特性与营养

初乳，顾名思义，就是犊牛出生后即母牛开产时分泌的乳汁。对初乳的具体定义目前还没有统一的划分，严格意义上的初乳应该是指母牛产后24小时内所产的奶汁。但通常把母牛产后3天内所产的奶称为初乳；也有的人将母牛产后7天内所产的奶统称为初乳。初乳与常乳在营养上有着很大的差异，初乳是犊牛获取抗体、适应外界环境的最佳营养来源。

1．初乳的特性和成分

初乳呈深黄色，较黏稠，并有特殊的气味。初乳含有的干物质是常乳的2倍，矿物质是常乳的3倍，蛋白质是常乳的5倍，在能量和维生素方面也比常乳高（表5-2）。初乳中含有较高的脂肪、维生素A、维生素D、维生素E对初生犊牛特别重要，因为新生犊牛这些营养物质的储备量很低。初乳中的乳糖含量相对较低，有助于减少腹泻的发生。初乳含有比常乳高得多的免疫球蛋白，这对给犊牛提供抵抗疾病感染的免疫性特别重要。这些抗体是犊牛自身免疫系统发育完全前为犊牛提供免疫力的主要来源，这种方式提供的免疫称为被动免疫。被动免疫保护犊牛一直到自身的免疫系统完全具备功能。

表5-2 初乳和常乳成分的组成

项目		乳固形物（%）	乳蛋白（%）	IgG（毫克/毫升）	乳脂肪（%）	乳糖（%）	矿物质（%）	维生素A（毫克/分升）
初乳	第一次挤奶	23.9	14.0	32.0	6.7	2.7	1.1	295.0
	第二次挤奶	17.9	8.4	25.0	5.4	3.9	1.0	190.0
	第三次挤奶	14.1	5.1	15.0	4.9	4.4	0.8	113.0
	常乳	12.9	3.1	0.6	4.0	5.0	0.7	34.0

资料来源：Journal of Dairy Science，2001，（61）：1033～1060

2．初乳的生物学功能

① 初乳中抗体的含量高。免疫球蛋白在初乳蛋白质中占到23%，而常乳中只占大约3%。初乳中的免疫球蛋白主要有3种。

免疫球蛋白M（IgM）：相对分子质量为10^6，半衰期4天。

免疫球蛋白G（IgG）：相对分子质量为1.5×10^5，半衰期21天。

免疫球蛋白A（IgA）：相对分子质量为1.7×10^5，半衰期2天。

初乳中的免疫球蛋白主要为IgG，在初乳免疫球蛋白中的比例为80%～85%；其次是IgA，约占8%～10%； IgM最少，约占5%～12%。 IgM可预防3日龄以前的初生犊牛败血症； IgG可有效预防犊牛全身和肠道感染；IgA对黏膜免疫有效。初乳中免疫球蛋白的含量随着母牛挤奶次数的增加而显著减少，以产后第1～3次挤的初乳中含量最高（表5-2）。

② 初乳具有肠壁黏膜的作用。初生牛犊由于胃肠空虚、皱胃及肠壁黏膜不发达，对有害细菌的抵抗力很弱。由于初乳中含有溶菌酶，能杀死多种细菌；含有K抗原凝集素，能颉颃特殊品系的大肠埃希菌，起到保护犊牛不受侵袭的作用。所以，当犊牛进食初乳后，初乳即覆盖在犊牛的胃肠壁上，可防止细菌通过胃肠壁侵入血液中，从而提高犊牛对疾病的抵抗力。

③ 初乳具有抗菌作用。初乳的酸度为45～50° T，氢离子浓度为1.0微摩尔/升（pH6.0），可使胃液与肠道形成不利于细菌生存的酸性环境，抑制有害细菌的繁殖，甚至可杀死有害细菌。初乳能促进犊牛第四胃分泌盐酸和凝乳酶，有利于对初乳的消化吸收。同时可促进真胃分泌大量的消化酶，使胃肠

机能尽早形成。

④ 初乳具有轻泻作用。初乳中含有较多的镁盐，具有轻泻作用，有利于犊牛胎粪的排出。

3．初乳的饲喂

犊牛第一次饲喂初乳的时间应在出生后1小时以内，喂量一般为1.5～2.0千克，约占体重的5%，不能太多，否则会引起犊牛消化紊乱。第二次饲喂初乳的时间一般在出生后6～9小时。初乳日喂3～4次，每天喂量一般不超过体重的8%～10%，饲喂4～5天；然后，逐步改为饲喂常乳，日喂3次。初乳最好即挤即喂，以保持乳温。适宜的初乳温度为38℃±1℃。如果饲喂冷冻保存的初乳或已经降温的初乳，应加热到38℃左右再饲喂。初乳的温度过低会引起犊牛胃肠消化机能紊乱，导致腹泻。初乳加热最好采用水浴加热，加热温度不能过高。过高的初乳温度会使初乳中的免疫球蛋白变性而失去作用，同时还容易使犊牛患口腔炎、胃肠炎。饲喂发酵初乳时，在初乳中加入少量小苏打（碳酸氢钠），可提高犊牛对初乳中抗体的吸收率。对于人工初乳，饲喂前应充分搅拌，加热至38℃饲喂，最初1～2天犊牛每天第一次喂奶后灌服液体石蜡或蓖麻油30～50毫升，以促其排净胎粪，胎粪排净后停喂；从第五天起抗生素添加量减半，到犊牛生长发育正常或15～20天时停用。犊牛每次哺乳1～2小时后，应给35～38℃的温开水一次，防止犊牛因渴饮尿而发病。

奶牛一般不采用母牛带犊哺乳，而应采用母牛与犊牛分开的人工哺乳法。人工哺乳法主要有两种：桶式哺乳法和哺乳壶哺乳法，如图5-4、图5-5、图5-6和图5-7所示。

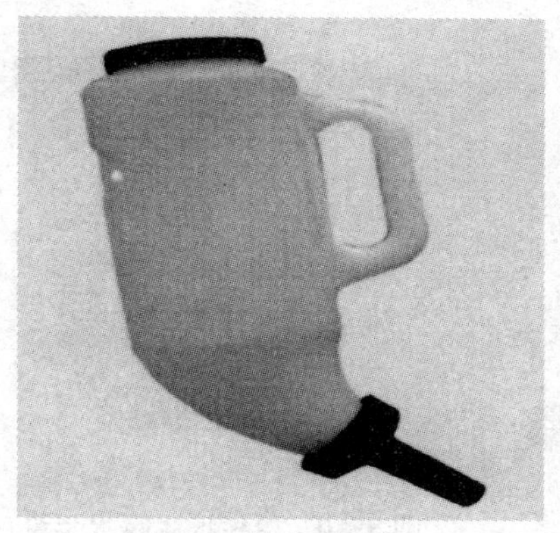
图5-4 手持喂奶瓶

图5-5 挂柱式奶瓶

图 5-6　挂板式奶瓶

图 5-7　手持喂料瓶

① 哺乳壶哺乳法。即采用专用奶壶或自制奶壶进行犊牛哺乳。要求奶嘴质量要好，固定结实，防止犊牛撕破或扯下。哺乳时，要尽量诱导犊牛自己吮吸，不能强灌。

② 桶式哺乳法。即采用奶桶哺乳犊牛。奶桶应固定结实。第一次饲喂时，通常一手持桶，用另一手食指和中指（预先清洗干净）蘸乳放入犊牛口中使其吮吸，慢慢抬高奶桶或诱使犊牛嘴紧贴牛乳吮吸。习惯后，将手指从犊牛口中拔出，犊牛即会自行吮吸。如果不行就要重复数次，直至犊牛可自行吮吸为止。也可如图5-8、图5-9和图5-10所示，利用无毒橡胶奶嘴，供犊牛吮吸。

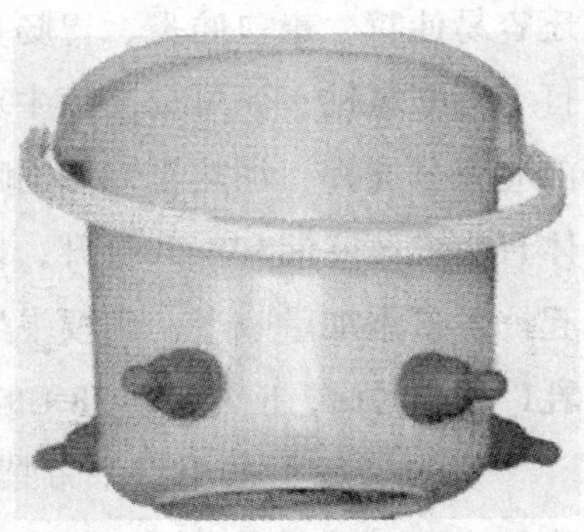

图5-8　犊牛喂奶桶

图 5-9　多头式犊牛喂水桶

图 5-10　单栏犊牛喂水装置

四、哺乳期犊牛的饲养

哺乳期内犊牛可完全以混合乳作为日粮。但由于大量哺喂常乳成本高、投入大，现代化的规模牛场多采用代乳品代替部分或全部常乳。特别是对用于育肥的奶公犊，普遍采用代乳料替代常乳饲喂。饲喂天然初乳或人工初乳的犊牛在初生期的后期即可开始用常乳或代乳料逐步替代初乳。4～7日龄即可开始补饲优质青干草，7～10日龄可开始补饲精饲料，20日龄以后可开始饲喂优质青绿多汁饲料。在更换乳品时，要有4～5天的过渡期。补饲饲料时要由少到多。对于体质较弱的犊牛，应饲喂一段时间的常乳后再饲喂代乳品（图5-11）。

图5-11　犊牛单栏饲养

1. 哺乳量

犊牛哺乳期的长短和哺乳量因培育方向、所处的环境条件、饲养条件不同，各地不尽相同。传统的哺喂方案是采用高奶量，哺喂期长达5～6月龄，哺乳量达到600～800千克。实践证明，过多的哺乳量和过长的哺喂期，虽然犊牛增重较快，但对犊牛消化器官发育不利，而且加大了犊牛培育成本。所以，目前大多数奶牛场已在逐渐减少哺乳量和缩短哺乳期。一般全期哺乳量300千克左右，哺乳期两个月左右。规模奶牛场，哺乳期多为45～60天，哺乳量为200～250千克。

常乳喂量：1～4周龄约为体重的10%，5～6周龄约为体重的10%～12%，7～8周龄约为体重的8%～10%，8周龄后逐步减少喂量，直至断奶。对采用4～6周龄早期断奶的母犊，断奶前喂量为体重的10%。如果使用代乳品，则喂量应根据产品标签说明确定。使用代乳品时，由于对质量要求高，加上代乳品配制技术和工艺比较复杂，一般不提倡养牛户自己配制，而应购买质量可靠厂家生产的代乳品。

2．犊牛的饲喂

饲喂牛乳和/或代乳品时，必须做到定质、定时、定温、定人。定质是要求必须保证常乳和代乳品的质量，变质的乳品会导致犊牛腹泻或中毒。低质量的乳品不能为犊牛提供所需要的必需养分，会导致犊牛生长发育缓慢、患病甚至死亡。定时即每天的饲喂时间要求相对固定，同时，两次饲喂应保持一个合适的时间间隔。这样既有利于犊牛形成稳定的消化酶分泌规律，又可避免犊牛因时间间隔过长而暴饮或时间过短吃进的乳来不及消化而造成消化不良。哺乳期一般日喂2次，间隔8小时。定温是要保证饲喂时乳品的温度，牛乳的饲喂温度以及加温方法应和初乳饲喂时一样。定人即固定饲养人员，以减少应激和意外发生。经常更换饲养员，会使犊牛出现拒食或采食量下降等情况。同时，新更换的饲养员需要一段时间才能熟悉牛的状况，不利于犊牛疾病或异常情况的及时发现。

3．早期补料

早期补饲干草的时间可以提早到出生后4～7天，7～10日龄可以补喂精饲料，20日龄以后可开始饲喂优质青绿多汁饲料。

① 早期补料具有众多的优点：一是可以促进瘤胃的早期发育。犊牛吃乳时，乳汁通过食管沟直接进入真胃消化吸收，前胃得不到刺激，正常的瘤胃微生物菌群无法建立，会影响前胃的发育，而早期补料会刺激前胃的早期发育。早期补料的犊牛在6～8周龄时，瘤网胃发育即达到相当的程度，成年后瘤胃的体积更大，从而为高产或高生长速度奠定良好的基础。补料应包括精饲料和粗饲料，6周龄喂乳并补饲精饲料的犊牛与只饲喂乳和代乳品的犊牛相比具有更多的瘤胃乳头，瘤胃壁也更厚、更黑，血管更多，瘤胃体积更大；与喂乳并补饲优质干草的犊牛相比，补饲干草的犊牛虽然在瘤胃尺寸上有一个相当的增加，但这种增加主要归因于拉伸而不是真正的生长，瘤胃乳头则没有显著发育。这是由于干草消化的终产物含有大量的乙酸，而乙酸不能刺激瘤胃乳头的生长和发育。二是可以提高犊牛断奶重和断奶后的增重速度，降低饲养成本，早期补料的犊牛周岁重量、断奶重量比不补料的犊牛高30～50千克；早期补料的饲料报酬很高，料重比可以高达2.8～3.2：1；早期补料可以替代大量全乳或代乳品的使用，而补饲的饲料成本要低于全乳或代

乳品；同时，早期补料可以早期断奶，从而节约乳或代乳品。早期补料还是早期断奶的前提，早期断奶具有众多优点。但如果没有早期补料，早期断奶是不可能实现的。犊牛开始补饲精料过晚或过少，对犊牛的不利影响是确定无疑的。

② 早期补料的方法。干草补饲时可直接饲喂，但要保证质量，应以优质豆科和禾本科牧草为主。精饲料补饲时必须先进行调教。方法是：首先，将精饲料用温水调制成糊状，加入少量牛奶、糖蜜或其他适口性好的饲料，在犊牛鼻镜、嘴唇上涂抹少量，或直接将少量精饲料放入奶桶底使其自然舔食，大约3～5天犊牛适应采食后，即可在犊牛旁边设置料盘，将精饲料放入任其舔食。开始每天给10～20克，以后逐渐增加喂量。对采用60日龄左右断奶的犊牛，到30日龄时每天精饲料采食量应达到0.5千克左右，60日龄时采食量应达到1千克以上。对采用30～45日龄断奶的犊牛，断奶前每天精饲料进食量应达到0.7千克以上。饲喂的精饲料一定要保证适口性好、营养均衡、易消化，这是早期断奶成功的关键。精饲料参考配方如表5-3所示。

表5-3 犊牛早期补料配方参考

成分	含量	成分	含量
玉米（%）	50～55	食盐（%）	1
豆饼（%）	25～30	矿物质元素（%）	1
麸皮（%）	10～15	磷酸氢钙（%）	1～2
糖蜜（%）	3～5	维生素A（微克/千克）	1 320
酵母粉（%）	2～3	维生素D（微克/千克）	174

注：适当添加B族维生素、抗生素（如新霉素、金霉素、土霉素）、驱虫药

由于断奶前饲喂的精饲料的质量对于早期断奶成功与否至关重要，因此，对饲料配制技术要求很高，养殖场应遵从动物营养师的指导配制或购买高质量的商品饲料。青绿多汁饲料，如胡萝卜、甜菜等，饲喂时应切碎。青贮饲料应保证质量，不能饲喂发霉、变质、冰冻的饲料。

4．早期断奶

传统的犊牛哺乳时间一般为6个月，喂奶量800千克以上。随着科学技术的进步，人们发现缩短哺乳期不仅不会对母犊产生不利影响，反而可以节约

乳品，降低犊牛培育成本，增加犊牛的后期增重，促进犊牛的提早发情，改善成年后的繁殖率和健康状况。当前，犊牛的哺乳期已经大大缩短，喂乳量不断下降。现普遍采用的为母犊60日龄断奶，但饲养技术先进的奶牛场已普遍采用30～45日龄断奶。目前，已有喂完初乳即断奶的报道。早期断奶的时间不能采用一刀切的办法，需要根据饲养者的技术水平、犊牛的体况和补饲饲料的质量及其进食量确定。在当前饲养水平下，采用总喂乳量250～300千克、60日龄断奶比较合适。对少数饲养水平高、饲料条件好的奶牛场，可采用30～45日龄断奶，喂乳量可降低到200千克以内。

五、哺乳期犊牛的管理

1．卫生

由于犊牛到20日龄前后自身免疫系统才能承担起抵抗外部疾病感染的能力，而在出生后3～4天母源抗体活性就迅速下降。在这一过渡期，犊牛最容易患病。因此，在常乳期的最初一段时间，一定要加强卫生管理。要经常清扫、消毒牛舍，勤换垫草，保证犊牛生活环境的清洁和干燥。犊牛舍每周消毒一次，犊牛舍要尽量保持宽敞，阳光充足，冬暖夏凉。犊牛用具、饲槽、草料以及犊牛自身都要保持清洁卫生（图5-12）。

图5-12　犊牛栏舍应每日清洁一次

2．饮水

充足的饮水对犊牛非常重要。瘤胃微生物的生长需要水分，乳和代乳品中的水由于直接进入皱胃而不能被微生物利用。如果在犊牛早期补饲而不提供充足的饮水，瘤胃微生物的生长被限制，从而影响饲料的利用。因此，每次喂后要给犊牛提供充足、新鲜、清洁、卫生的饮水。除了天气寒冷的季节外，最好全天提供饮水，天气寒冷时，应提供温水，防止犊牛受凉导致腹泻（图5-13）。

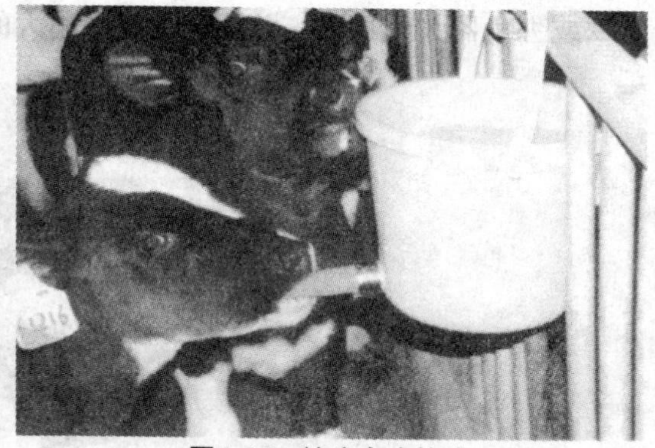
图5-13　犊牛自由饮水

3．运动

哺乳期是犊牛生长发育最快的时期，适宜的运动对于增强犊牛体质、提高抗病力、促进生长十分有益。犊牛出生后8～10天，即可在运动场作适当运动（阴冷天气除外）。最初每天不超过1小时，随着日龄的增加逐步延长运动时间，直至自由运动。

4．打耳号和记录

犊牛10日龄前后可以打耳标，耳标一般为塑料或金属材料制作。打耳号前先用不褪色的记号笔或打号器在耳标上打上号码，号码一般按照标准规定编写。写上号码的耳标用专用工具——耳标钳牢固地固定在犊牛的耳朵上。每月称重，记录牛的体重，每天观察牛的健康和采食状况，做好翔实记录（图5-14）。

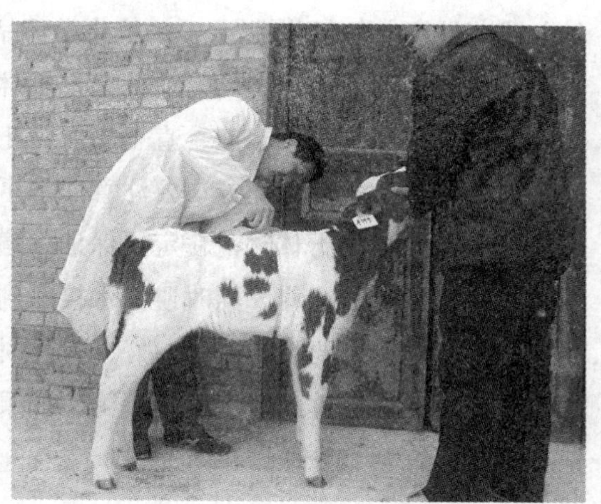
图5-14　犊牛带耳号、量体尺

5．去角

成年母牛带角一是不利于管理，二是牛经常用角争斗，容易造成抵伤。因此，要给母犊去角。去角的最佳时间为出生后7～14天。此时去角对牛造成的应激较小，不会造成犊牛的昏迷，对采食和以后的生长影响也较小。去角常用的方法有加热法和药物法两种。

加热法是采用高温杀死角基细胞，使角失去继续生长能力的方法。一般常用烧红的烙铁或加热到480℃特制电去角器处理角基，使整个角基充分接触烙铁或去角器大约10秒。此法适于日龄稍大的牛（图5-15）。

图5-15 犊牛去角器

药物法是采用药物处理角基的方法。常用药物为棒状苛性钠（氢氧化钠）或苛性钾（氢氧化钾），一般化学药品店都有销售。具体方法是，先将牛角基部周围的毛剪掉，均匀涂抹上凡士林；然后，手持一端用布或纸包裹的药棒在角根周围轻轻摩擦，直至出血为止，约1～2周该处形成的结痂便会脱落，不再长角。使用此方法要注意以下事项：一是防止药物流入犊牛眼中灼伤犊牛。涂抹凡士林时，一定要保证涂遍牛角四周。去角操作结束后，最初几天将犊牛单独饲养，同时避免水接触到角周围。二是防止灼伤操作员。药棒的手持端一定要用布或纸包好，操作时注意手不要接触药品。三是药棒摩擦时，要保证处理到整个角基周围。如果涂抹不全，角仍会长出。此法适于日龄较小的牛（图5-16和图5-17）。

图5-16 犊牛早期补草补料

图5-17 犊牛分群饲养

6．去副乳头

很多牛除了正常的4个乳头外，还有1～2个副乳头。副乳头不仅不能用于挤奶，而且它的存在不利于乳房清洗，容易导致乳房炎。因此，在犊牛阶段应剪除副乳头。剪除副乳头的最佳时间是2～6周龄，尽量避开夏季。剪除方法是，先清洗、消毒乳房周围部位；然后，轻轻下拉副乳头，用锐利的剪刀（最好用弯剪）沿着基部剪掉副乳头，伤口用2%碘酒消毒或涂抹少许消炎药，有蚊蝇的季节可涂抹少许驱蝇剂。剪副乳头时一定不要剪错，如果不能准确区分副乳头，可推迟至能够辨认清楚时再进行。

六、断奶期犊牛的饲养管理

断奶期是指母犊从断奶至6月龄之间的时期。

1．断奶期犊牛的特点

断奶后，犊牛要完成从依靠乳品和植物性饲料到完全依靠植物性饲料的转变，瘤网胃继续快速发育，容积进一步增大，到6月龄时瘤网胃体积已经占到总胃容积的75%，而成年牛瘤网胃容积仅占到总胃容积的85%。同时，各种瘤胃微生物的活动也日趋活跃，消化、利用粗饲料的能力逐步完善。断奶期犊牛的体重和体尺快速增长，必须加强培育，使其达到合理的体重，初步形成理想的泌乳牛体型。

2．断奶期犊牛的饲养

断奶后，犊牛继续饲喂断奶前饲喂的精、粗饲料。随着月龄的增长，逐渐增加精饲料喂量。至3～4月龄时，精饲料喂量增加到每天1.5～2.0千克。如果粗饲料质量差，犊牛增重慢，可将精饲料喂量提高到2.5千克左右。同时，选择优质干草、苜蓿供犊牛自由采食。4月龄前，尽量少喂或不喂青绿多汁饲料和青贮饲料。3～4月龄以后，可改为饲喂育成牛精饲料。母犊牛生长速度以日增重650克以上，4月龄体重110千克，6月龄体重170千克以上比较理想。很多犊牛断奶后1～2周内日增重较低，同时表现出消瘦、被毛凌乱、没有光泽等症状。这主要是由于断奶应激造成，不必担心。随着犊牛适应全植物性饲料后，饲料的进食量增加，很快就会恢复（图5-18）。

由于断奶犊牛的特殊特点，精饲料要兼顾营养和瘤胃发育的需要。精饲料的营养浓度要高，养分要全面、均衡。喂量不能抬高，要保证日粮中中性洗涤纤维含量不低于30%。同时，适当增加优质牧草的喂量，以促进瘤网胃的发育。4月龄以前，精粗比例一般为1∶1～1.5；4月龄以后，调整为1∶1.5～2。精饲料参考配方如表5-4所示。

图5-18　断奶犊牛单独组群饲养

表5-4　精饲料参考配方表

成分	含量（%）	成分	含量（%）
玉米	50～55	饲用酵母	3～5
豆粕（饼）	30～35	磷酸氢钙	1～2
麸皮	5～10	食盐	0.5～1.0

3．断奶期犊牛的管理

断奶后的犊牛，除刚断奶时需要特别精心的管理外，以后随着犊牛的逐渐长大，而对管理的要求相对降低。

断奶后的母犊，如果原来是单圈饲养则需要合群，如果是混合饲养则需要分群。合理分群可以方便饲养，同时，避免个体差异太大造成的采食不均。合群和分群的原则一样，即月龄和体重相近的犊牛分为一群，每群10～15头。

犊牛一般采取散放饲养、自由采食、自由饮水，但应保证饮水和饲料的新鲜、清洁、卫生。注意保持牛舍清洁、干燥、定期消毒。每天保证犊牛不少于2小时的户外运动。夏天要避开中午太阳强烈的时候；冬天要避开阴冷天气，最好利用中午较暖和的时间进行户外运动。

每月称重，并做好记录，对生长发育缓慢的犊牛要找出原因。同时，定期测定体尺，根据体尺和体重来评定犊牛生长发育的好坏。目前已有研究认为，体高比体重对后备母牛初次产奶量的影响更大。荷斯坦母犊3月龄的理想体高为92厘米；6月龄理想体高为102～105厘米，胸围124厘米，体重170千克左右。

第二节　育成牛饲养管理

育成牛系指从7月龄后到第一次分娩之间的一段时期。而精细化管理，又把育成牛分为育成期和青年期两个阶段。

育成期母牛是指从7月龄至配种（一般为15～16月龄）的一段时期。青年期又称青年牛系指育成牛配种妊娠后到分娩的一段时间。即育成牛的妊娠期或妊娠阶段的育成牛。

犊牛6月龄后即由犊牛舍转入育成牛舍。育成母牛培育的任务是保证母牛正常的生长发育和适时配种。发育正常、健康体壮、体型优良的育成母牛是提高牛群质量、适时配种、保证奶牛高产的基础。育成期是母牛体尺和体重快速增加的时期，饲养管理不当会导致母牛体躯狭浅、四肢细高，达不到培育的预期要求，从而影响以后的泌乳和利用年限。育成期良好的饲养管理可以部分补偿犊牛期受到的生长抑制。因此，从体型、泌乳和适应性的培育上讲，应高度重视育成期母牛的饲养管理（图5-19）。

图5-19　育成牛分阶段组群饲养

一、育成母牛的饲养

育成母牛的性器官和第二性征发育很快，至12月龄已经达到性成熟。同时，消化系统特别是瘤网胃的体积迅速增大，到配种前瘤网胃容积比6月龄时增大一倍多，瘤网胃占总胃容积的比例接近成年。因此，要提供合理的饲养，既要保证饲料有足够的营养物质，以获得较高的日增重；又要具有一定的容积，以促进瘤网胃的发育。

育成牛的营养要求和采食量随月龄的不同而变化。因此，要根据需要，采取不同的措施。

1．7~12月龄牛的饲养

7~12月龄是生长速度最快的时期，尤其在6~9月龄时更是如此。此阶段母牛处于性成熟期，性器官和第二性征的发育很快。尤其是乳腺系统在体重150~300千克时发育最快。体躯则向高度和长度方面急剧生长。前胃已相当发达，具有相当的容积和消化青饲料的能力，但还保证不了采食足够的青粗饲料来满足此期快速发育的营养需要。同时，消化器官本身也处于强烈的生长发育阶段，需要继续锻炼。因此，此期除供给优质牧草和青绿饲料外，还必须适当补充精料。精饲料的喂量主要根据粗饲料的质量确定。一般来说，日粮中75%的干物质应来源于青粗饲料或青干草，25%来源于精饲料，日增重应达到700~800克。中国荷斯坦牛12月龄理想体重为300千克，体高115~120厘米，胸围158厘米。

在性成熟期间的饲养应注意两点：一是控制饲料中能量饲料的含量。如果能量过高会导致母牛过肥，大量的脂肪沉积于乳房中，影响乳腺组织发育和日后的泌乳量。二是控制饲料中低质粗饲料的用量。如果日粮中低质粗饲料用量过高，有可能会导致瘤网胃过度发育，而营养供应不足，形成“肚大、体矮”的不良体形。此阶段精饲料参考配方如表5-5所示。

表5-5　7~12月龄牛的精饲料参考配方

成分	含量（%）	成分	含量（%）
玉米	48	食盐	1
豆粕（饼）	25	磷酸氢钙	1
棉粕（饼）	10	石粉	1
麸皮	10	添加剂	2
饲用酵母	2		

2．12月龄至初次配种的饲养

此阶段育成母牛消化器官的容积进一步增大，消化器官发育接近成熟，消化能力日趋完善，可大量利用低质粗饲料。同时，母牛的相对生长速度放缓，但日增重仍要求高于800克。以使母牛在14～15月龄达到成年体重的70%左右（即350～400千克）。配种前的母牛没有妊娠和产奶负担，而利用粗饲料的能力大大提高。因此，只提供优质青粗饲料基本能满足其营养需要，只需少量补饲精饲料。此期间饲养的要点是保证适度的营养供给。营养过高会导致母牛配种时体况过肥，易造成不孕或以后的难产；营养过差会使母牛生长发育抑制，发情延迟，15～16月龄无法达到配种体重，从而影响配种时间。配种前，中国荷斯坦牛理想体重为350～400千克，体高122～126厘米，胸围148～152厘米。此期精饲料参考配方如表5-6所示。

表5-6　12月龄至初次配种的精饲料参考配方

成分	含量（%）	成分	含量（%）
玉米	48	食盐	1
豆粕（饼）	15	磷酸氢钙	1
棉粕（饼）	5	石粉	1
麸皮	22	添加剂	2
饲用酵母	5		

注：在整个育成期都应保证充足的清洁、卫生饮水，供育成母牛自由饮用

二、育成母牛的管理

1．分群

育成牛除非体重差异过大，一般不重新分群，以减少频繁转群对牛造成的应激。如果原有群过小，可将几个群合并，或将小群转入原有育成牛群，但每个群体要求月龄相差不能超过3个月（图5-20）。

图5-20　育成母牛分群管理

2．运动和刷拭

充足的运动对于维持育成母牛的健康发育和良好体型具有非常重要的作用。如果运动不足，容易形成体短、肉厚的肉用牛体型。不仅产奶量低，而且利用年限短。舍饲育成母牛每头运动场面积应在15平方米左右。每天运动不少于2小时，育成母牛一般采用散养，除恶劣天气外，可终日在运动场自由活动。同时，在运动场设食槽和水槽，供母牛自由采食青粗饲料和饮水。

刷拭牛体既可以保持牛体清洁，促进血液循环和皮肤代谢，保证牛的健康成长；还可培养母牛养成温驯的性格，便于日后管理。因此，每天应刷拭牛体1～2次，每次不少于5分钟。

3．修蹄

育成母牛生长速度快，蹄质较软，易磨损。因此，从10月龄开始，每年春、秋季节应各修蹄一次，以保证牛蹄的健康。

4．乳房按摩

乳房按摩可促进乳腺的发育和产后泌乳量的提高。对于育成母牛，12月龄以后即可每天进行乳房按摩，每天一次。按摩时，用热毛巾轻轻揉擦，避免用力过猛而损伤乳房。

5．称重和测定体尺

育成母牛应每月称重一次，并测量12月龄、16月龄的体尺，详细记入母牛档案，作为评判育成母牛生长发育状况的依据。一旦发现异常，应及时查明原因，并采取相应措施进行调整（图5-21）。

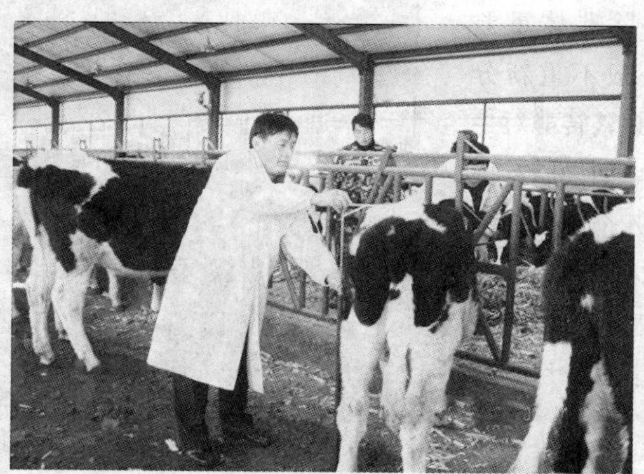

图5-21　育成母牛各阶段的体尺测量

6．适时配种

适时配种对于延长母牛利用年限，增加泌乳量和经济效益非常重要。育成母牛的适宜配种年龄应依据发育情况而定。过早配种会影响母牛正常的生长发育，降低整个饲养期的泌乳量，利用年限也会大大缩短；过晚配种则会增加饲养成本，同样缩短利用年限。奶牛传统的初次配种时间为16～18月龄，现在随着饲养条件和管理水平的改善，育成母牛15～16月龄体重即可达到成年体重的70%，可以进行配种。这将大大提高奶牛的终生产奶量，显著增加经济效益。

三、初产母牛的饲养管理

育成牛妊娠后转入初产母牛群（部分资料划归青年中群）。通常奶牛根据产奶胎次可分为初产母牛和经产母牛。初产母牛是指第一次怀孕并产犊的牛，而经产母牛是指已经产过犊的牛。

初产母牛由于是初次怀孕，其饲养管理有许多值得注意的事项，本节将着重介绍初产母牛的饲养管理。经产怀孕母牛的饲养管理除应额外考虑泌乳的营养需要外，其他可参照初产怀孕母牛的饲养管理方法。

妊娠期是指母牛从怀孕到产犊之间的时期。初产母牛怀孕期饲养管理的要点是保证胎儿健康发育，并保持母牛一定的体况，以确保母牛产犊后获得尽可能高的泌乳量。母牛妊娠期的饲养管理一般分为妊娠前期和妊娠后期两个阶段。

1．妊娠前期的饲养管理

妊娠前期一般是指奶牛从受胎到怀孕6个月之间的时期，此时期是胎儿各组织器官发生、形成的阶段（图5-22）。

图5-22　妊娠母牛群

（1）妊娠前期的饲养　妊娠前期胎儿生长速度缓慢，对营养的需要量不大。但此阶段是胚胎发育的关键时期，对饲料的质量要求很高。怀孕前两个月，胎儿在子宫内处于游离状态，依靠胎膜渗透子宫乳吸收养分。这时，如果营养不良或某些养分缺乏，会造成子宫乳分泌不足，影响胎儿着床和发育，导致胚胎死亡或先天性发育畸形。因此，要保证饲料质量高，营养成分均衡。尤其是要保证能量、蛋白质、矿物元素和维生素A、维生素D、维生素E的供给。在碘缺乏地区，要特别注意碘的补充，可以喂适量加碘食盐或碘化钾片。对于初产母牛，还处于生长阶段，所以还应满足母牛自身生长发育的营养需要。胚胎着床后至6个月，对营养需求没有额外增加，不需要增加饲料喂量。

母牛舍饲时，饲料应遵循以优质青粗饲料为主、精饲料为辅的原则。放牧时，应根据草场质量，适当补充精饲料，确保蛋白质、维生素和微量元素的充足供应。混合精料日喂量以2.0～2.5千克为宜。精饲料参考配方如表5-7所示。

表5-7　妊娠前期母牛精饲料参考配方

成分	含量（%）	成分	含量（%）
玉米	48	磷酸氢钙	1
豆粕（饼）	22	石粉	1
麸皮	25	添加剂	2
食盐	1		

（2）妊娠前期的管理　母牛配种后，对不再发情的牛应在配种后20～30天和60天进行早期妊娠检查，以确定其是否妊娠。检查最常用的方法为直肠检查法或B超检查，技术熟练的人员通过这两次检查即可确定母牛是否妊娠。对于配种后又出现发情的母牛，应仔细进行检查，以确定是否假发情，防止误配导致流产。对配种未孕的青年牛，要及时进行复配；而对屡配不孕的牛或月龄、体重均达到配种阶段而未发情的牛，要及时采取技术措施，使之尽快妊娠。

图5-23　妊娠母牛体尺测量

确诊怀孕后，要特别注意母牛的安全，重点做好保胎工作，预防流产或早产（图5-23）。初产母牛往往不如经产母牛温顺，在管理上必须特别耐心，应通过每天刷拭、按摩等与之接触，使其养成温顺的性格。怀孕牛要与其他牛只分开，单独组群饲养。无论舍饲或放牧，都要防止相互挤撞、滑倒、猛跑、转弯过急、饮冰水、喂霉败饲料，放牧应在较平坦的草地。对孕牛保胎要做到六不：一不混群饲养；二不打冷鞭，不打头部和腹部；三不吃霜、冻、霉烂变质草料；四不饮冷水、冰水，大汗不饮水，饥饿不饮水；五不赶，吃饱饮足之后不赶，使役不强赶，天气不好不急赶，路滑难走不驱赶，快到牛舍不快赶；六不用：刚配种后不用，临产前不用，产后不用，过饱、过饥不用，有病不用。

对舍饲牛，要保证有充分采食青粗饲料的时间。饮水、光照和运动也要充足，每天需让其自由活动3～4小时，或驱赶运动1～2小时。适当的运动和光照可以增强牛体质，增进食欲，保证产后正常发情，预防胎衣不下、难产和肢蹄疾病，有利于维生素D的合成。每天梳刮牛体一次，保持牛体清洁。每年春、秋修蹄各一次，以保持肢蹄姿势正常，修蹄应在怀孕的5～6个月进行。要进行乳房按摩，每天一次，每次5分钟，以促进乳腺发育，为产后泌乳奠定良好的基础。

要保证牛舍和运动场的卫生。给以充足清洁的饮水供母牛自由饮用，有条件者应安装自动饮水器。

2．妊娠后期的饲养管理

妊娠后期一般是指奶牛从怀孕7个月到分娩前的一段时间，此期是胎儿快速生长发育的时期。

（1）妊娠后期的饲养　妊娠后期是胎儿迅速生长发育和需要大量营养的时期。胎儿的生长发育速度逐渐加快，到分娩前达到最高，妊娠期最后两个月胎儿的增重占到胎儿总重量的75%以上。因此，需要母体供给大量的营养，精饲料供给量应逐渐加大。同时，母体也需要贮存一定的营养物质，使母牛有一定的妊娠期增重，以保证产后正常泌乳和发情。妊娠期增重良好的母牛，犊牛初生重、断奶重和泌乳量均高，犊牛断奶重约提高16%，断奶时间可缩短7天。初产母牛由于自身还处于生长发育阶段，饲养上应考虑其自身生长发育所需的营养。这时，如果营养缺乏会导致胎儿生长发育减缓、活力不足，母牛体况较差。但也要注意防止母牛过肥。对于初产母牛保持中上等膘情即可，过肥容易造成难产，而且产后发生代谢紊乱的比例增加。体况评分是帮助调整妊娠母牛膘情的一个理想指标，分娩前理想的体况评分为3.5。

舍饲时，饲料除优质青粗饲料以外，混合精料每天不应少于2～3千克。放牧时，由于怀孕后期多处于冬季和早春，应注意加强补饲；否则，引起初生犊牛发育不良，体质虚弱，母牛泌乳量低。为了满足冬季母牛对蛋白质的需求，在缺乏植物性蛋白饲料的地区，可以采用补充尿素的方法，每头牛每天30～50克，分两次拌入精料中干喂，喂后60分钟内不能饮水。严禁饲喂冰冻、霉烂变质饲料和酸性过大的饲料。在分娩前30天进一步增加精饲料喂量，以不超过体重的1%为宜。同时，增加饲料中维生素、钙、磷和其他常量元素、微量元素的含量。在预产期前2～3周开始降低日粮中钙的含量，一般比营养需要量低20%。同时，保证日粮中磷的含量低于钙的含量，有条件的可改喂围产期日粮，这样有利于防止母牛出现乳热症。分娩前最后一周，精饲料喂量降低一半。

（2）妊娠后期的管理　妊娠后期管理的重点是为了获得健康的犊牛，同时，保持母牛有一个良好的产后体况。为此，要加强妊娠母牛的运动锻炼，特别是在分娩前一个月这段时间，这样可以有效地减少难产。但应避免驱赶运动，防止早产。同时，在运动场提供充足、清洁的饮水供其自由饮用。分娩前两个月的初孕母牛，应转入干奶牛群进行饲养。对妊娠180～220天的牛应明确标记、重点饲养，有条件的单独组群饲养。

妊娠后期初产母牛的乳腺组织处于快速发育阶段，应增加每天乳房按摩的次数，一般每天2次，每次5分钟，至产前半个月停止。按摩乳房时，要注意不要擦拭乳头。乳头的周围有蜡状保护物，如果擦掉有可能导致乳头龟裂，严重的可能擦掉“乳头塞”。这会使病原菌侵入乳头，造成乳房炎或产后乳头坏死。

要计算好预产期，预产期前2周将母牛转移至产房内，产房要预先做好消毒。预产期前2～3天再次对产房进行清理消毒。初产母牛难产率较高，要提前准备齐全助产器械，洗净、消毒，做好助产和接产准备工作。

第三节 泌乳期饲养管理

泌乳牛是指处于泌乳期内的奶牛。母牛分娩后，进入泌乳阶段，划归泌乳牛群。

泌乳期饲养管理的好坏直接影响到奶牛产乳性能的高低和繁殖性能的好坏，从而对经济效益产生影响。因此，必须加强奶牛泌乳期的饲养管理。

一、泌乳期奶牛饲养管理的基本原则

正确的饲养管理是维护奶牛健康，发挥泌乳潜力，保持正常繁殖机能的基础工作。再好的奶牛，如果没有精心的饲养管理也难以达到高的泌乳量；相反，还极易造成奶牛患各种疾病，产生巨大经济损失。虽然在泌乳期的不同阶段有不同的饲养管理重点，但有许多基本的饲养管理技术在整个泌乳期都应该遵照执行（图5–24）。

图5–24 泌乳牛饲养

1. 泌乳期饲养的基本原则

合理的饲养技术可以为奶牛提供营养均衡的养分，维持良好的体况，提高泌乳量，改善饲料报酬，降低饲养成本，增加经济效益。

（1）科学确定和调制日粮

① 瘤胃发酵的日粮消化特点。奶牛是反刍动物，瘤胃在营养物质的消化过程中扮演着重要作用。瘤胃中含有各种微生物，可以大量消化、分解、利用含有高粗纤维的青粗饲料。因而奶牛的日粮应以青粗饲料为主，根据产奶量适当补充精饲料。瘤胃微生物能够利用尿素、氨等非蛋白氮合成瘤胃微生物蛋白，然后供机体利用。在奶牛日粮中，可以用非蛋白氮饲料代替部分优质蛋白饲料。

② 科学合理的日粮精粗比例。瘤胃的正常蠕动和发酵需要一定量的粗

纤维。因此，在奶牛的日粮中必须含有适当比例的青粗饲料，以维持瘤胃正常机能。根据瘤胃的生理特点，以干物质计算精粗饲料的比例保持50：50即精粗各半比较理想。切忌大量使用精饲料催奶。精饲料比例最高不应超过65%，如果超过这个比例会使瘤胃内丙酸含量增加，瘤胃pH值下降，将影响奶牛食欲和采食量。进而引起瘤胃迟缓、厌食、瘤胃酸中毒、皱胃移位、奶牛肥胖、繁殖性能下降、乳脂率下降等问题。严重损害奶牛的健康、产奶、繁殖和利用年限，降低经济效益。

青绿、多汁饲料由于体积较大，其喂量应有一定的限度。如果饲喂过多，将会使精饲料采食不足，如果日粮中精饲料的比例低于40%，就会导致奶牛能量和蛋白质摄入不足，乳中乳脂率虽然会增加，但乳蛋白和乳产量会大幅度下降，奶牛体重损失加剧，体况变差，影响健康。

③ 选择合适的饲料原料。奶牛喜食青绿、多汁饲料和精饲料，其次为青干草和低水分青贮饲料，对低质秸秆等饲料的采食性差。在以秸秆为主要粗饲料的日粮中，应将秸秆切短，最好用揉搓机揉成丝状物，然后，与精饲料或切碎的青绿、多汁饲料混合饲喂。对于谷物类饲料应先加工处理，然后制成配合饲料饲喂，一般不提倡整粒饲喂，这样会降低饲料利用率。但也不要粉碎过细，过细同样会使饲料利用率降低。有条件的地方可以对谷物饲料采用压扁或粗粉碎处理，对豆类饲料采用膨化处理，这样可以明显提高饲料的利用效率。泌乳牛的饲料组分应尽量多样化，各种饲料合理搭配，这样就可以弥补各种饲料自身养分的不均衡，又可以刺激奶牛的食欲，增加采食量。

④ 选用科学的饲料配制方案。尽管在泌乳期的不同阶段使用不同的饲料。但不管使用何种饲料都应遵守一个基本原则，即保证日粮中各种养分的比例均衡，能满足奶牛的维持和泌乳需要。饲料中任何一种养分缺乏都可能导致泌乳量下降或疾病的发生，即使不表现临床症状，也可能导致奶牛利用年限下降。因此，在饲养过程中，要严格按照奶牛饲养标准，科学配制不同饲养阶段的饲料，使其达到营养均衡。

⑤ 保持饲料的新鲜和洁净。奶牛习性喜欢新饲料，对受到唾液污染的饲料经常拒绝采食。所以，饲喂日粮时，应尽量采用少喂勤添的饲喂方法，以使日粮具有良好的适口性，奶牛保持旺盛的食欲。同时，可有效减少饲料浪

费。饲料发霉、变质会严重损害奶牛的健康，轻者会导致泌乳量下降，严重的会导致死胎、流产。因此，必须保证饲料原料的新鲜。在饲料原料保存过程中，要做好防霉、防腐工作。如果出现发霉、变质现象，严禁在饲料中使用。奶牛对饲料中的异物不敏感，这是由于奶牛采食时不经仔细咀嚼就直接吞咽，采食结束后再通过反刍进行仔细咀嚼的采食特性所造成。饲料中含有泥沙过多会引起瘤胃消化机能障碍；含有塑料等难以消化的物品可能会导致网胃、瓣胃堵塞；含有铁钉、铁丝、玻璃等物品，轻者会导致瘤网胃发炎、穿孔，严重时会刺伤心包，引起心包炎，导致死亡。所以，必须保证饲料的洁净。对于含泥沙较多的青粗饲料必须过筛或水洗、晾干后再饲喂；对于精饲料，应过筛除去泥沙后再使用。在饲料原料粉碎和铡短过程中，应使用磁铁等除去可能含有的铁丝等铁制物品。在饲料原料的收割、加工过程中，严禁将玻璃、石块、塑料等异物混入。

⑥ 维护饲料供应的均衡和稳定。奶牛的日粮一旦确定后应尽量保持稳定，这是因为瘤胃微生物的种类和数量会随着日粮的变化而变化，但这种变化不像饲料类型的变化那么快。瘤胃微生物区系适应一种新的饲料约需30天。因此，饲养泌乳牛不应频繁改变日粮（图5-25）。如果确需改变，一定要遵守逐渐替换的原则，即每两天用20%～30%的新饲料替代原有饲料饲喂，以使瘤胃微生物有一个逐渐适应的过程，避免产生消化代谢紊乱。

图5-25　泌乳牛采食后运动场休息

（2）定时、定量饲喂　定时饲喂会使奶牛消化腺体的分泌形成固定规律，这对于保持消化道内环境的稳定性，维持良好的消化机能，提高饲料的利用率非常重要。不定时饲喂会使消化酶的分泌失调，影响饲料的消化吸收，严重时会导致消化紊乱。奶牛每天的饲喂时间因饲喂次数不同而不同。饲喂次数增加有利于保持瘤胃内环境的稳定，增加饲料采食量和饲料特别是粗纤维、非蛋白氮的利用率，提高乳脂率，降低酮病、乳房炎和蹄叶炎等的发病率。但饲喂次数增加会加大劳动强度和工作量。国内养殖场普遍采用日喂3次，部分养殖场采用日喂2次。对高产奶牛最好采用日喂3次，泌乳期产奶量低于4 000千克的奶牛可采用日喂2次。但不管采用几次饲喂，都应尽量使两次饲喂的时间间隔保持一致或相近。例如，日喂3次，可采用早5: 00，下午1: 00，晚上9: 00饲喂。比较理想的方法是精饲料定时饲喂，粗饲料自由采食或采用全混合日粮定时饲喂。

奶牛在不同的泌乳阶段所需要的养分不同。因此，饲料的供给需要根据这种不同的需要定量饲喂。在奶牛需要大量养分时，如果饲料供给不足，会导致泌乳量大幅度下降，体况变差，甚至患各种疾病；反之，如果饲料供给过量，则会造成饲料浪费，奶牛体况过肥，影响以后的泌乳和繁殖机能。

（3）合理的饲喂顺序　对于没有采用全混合日粮饲喂的奶牛场，应确定合理的精粗饲料的饲喂次序。饲喂次序不同会影响饲料采食量和饲料利用率，应根据不同奶牛场的实际情况和饲料种类以及季节确定精粗饲料的饲喂顺序。从营养生理的角度考虑，较理想的饲喂次序是粗饲料——精饲料——块根类多汁饲料——粗饲料。采用这种饲喂次序有助于促进唾液分泌，使精粗饲料充分混匀，增大饲料与瘤胃微生物的接触面，保持瘤胃内环境稳定，增加饲料的采食量，提高饲料利用率。在大量使用青绿饲料的夏天，由于奶牛食欲较差，为了保证足量的养分摄入，应采用先精后粗的饲喂方法。为了提高生产效率，保证奶牛的营养需要，现代化的奶牛场多采用挤奶时饲喂精饲料，挤完奶后饲喂粗饲料的方法。在大量使用青贮饲料的牛场，多采用先饲喂青贮，然后饲喂精饲料，最后饲喂优质牧草的方法。但不管采用哪种饲喂次序，一旦确定后要尽量保持稳定，否则会打乱奶牛采食饲料的正常生理反应。

（4）充足、清洁、优质的饮水　水对于奶牛健康和泌乳性能的重要性比饲料更为重要。奶牛每天需水量约60～100升，是干物质采食量的5～7倍。良好的水质和饮水条件能提高泌乳量5%～20%。奶牛的饮用水水质必须符合国家饮用水标准，衡量水质的常用指标有如下。

① 感观指标。主要包括气味和滋味。奶牛的饮用水要求没有异味，口感较好。如果矿物质等含量过高，会导致水发涩、发苦，使奶牛饮水量下降。

② pH值。适宜饮用水的pH值应接近中性，适当偏碱性，变化幅度应在6.5～8.5之间。

③ 可溶性盐。水中主要的可溶性盐为氯化钠，其次为钙、镁等的氯化盐或硫酸盐。各中盐类的含量因地区不同差异很大，对奶牛饮用水的总可溶性盐含量要求如表5-8所示。

表5-8　奶牛饮用水总可溶性盐含量要求

总可溶性盐含量（毫克/升）	使用说明
<1 000	安全无健康问题
1 000～2 999	一般是安全的，但由于奶牛不适应，首次饮用可能引起奶牛轻微腹泻
3 000～4 999	首次奶牛可能会拒绝饮用或引起轻微腹泻。饮水量下降，会引起奶牛泌乳量下降
5 000～6 999	或许能用于生产性能不高的牛，但妊娠和泌乳牛禁止饮用
>7 000	不能饮用，否则会影响奶牛的健康和生产性能

④ 有毒有害物质。水中的有毒有害物质的种类很多，主要有重金属、硝酸盐、有害细菌等。水中重金属和硝酸盐的最高含量不能超过表5-9中规定的含量，大肠埃希菌、沙门氏菌等有害细菌不能检出。

表5-9　奶牛饮用水中重金属和硝酸盐的允许含量

元素	推荐的限量（毫克/升）	元素	推荐的限量（毫克/升）
铝	<0.5	铅	<0.015
砷	<0.05	锰	<0.05
硼	<5.0	汞	<0.01
镉	<0.005	镍	<0.25
铬	<0.1	硒	<0.055
钴	<1.0	钒	<0.1
铜	<1.0	锌	<5.6
氟	<2.0	硝酸盐	<44

奶牛的饮用水必须保持清洁，有条件的奶牛场最好采用自动饮水器。没有自动饮水器的养殖场除在饲喂后饮水外，还应在运动场设置饮水槽，供牛自由饮水，并及时更换，保持水的新鲜。

饮用水的温度对奶牛也有很大的影响。体重400千克的奶牛饮用冰水需要增加15%的饲料总能消耗。水温过高或过低，都会影响奶牛的饮水量、饲料利用率和健康，特别是冰水能导致妊娠母牛流产。饮用水温度的高低因季节不同而不同。夏季温度稍微低一点有利于奶牛散热，冬季普通奶牛不应低于8.0℃，高产奶牛不应低于14.0℃。水温也不是越高越好，奶牛长期饮用温水会降低其对环境温度急剧变化的抵抗力，更容易患感冒等疾病。

2．泌乳期管理的基本原则

良好的管理可以保证饲料的高效利用，发挥奶牛的泌乳潜力，维护奶牛的健康。因此，必须加强奶牛泌乳期的管理工作。

（1）保持良好的卫生环境　良好的卫生对于奶牛场养殖成功与否有重要的影响。在养殖过程中，既要保证整个牛场的环境卫生，又要保证牛舍的卫生；既要保持牛体的卫生，也要保证所用器具的卫生。

对牛场应在大门口设消毒池，并经常更换消毒液或生石灰，进出车辆和人员都要执行严格的消毒程序。牛场（包括牛舍）冬季每两个月消毒一次，其他季节每月消毒一次，夏季根据需要适当增加消毒次数。

牛舍要保持干燥、清洁、舒适，空气要保持新鲜。各种有害气体，特别是氨气，不能超过国家标准。粪尿、污水不得在牛舍积存。牛床如果使用垫草，要定期更换。

饲槽每天要刷洗一次，以避免剩余饲料发霉、变质后被牛采食，引起中毒。运动场上的饮水槽要每周清洗、消毒。其他用具（如饲喂用具、挤奶用具）也要定期消毒。

要保持牛体卫生，每天应刷拭牛体2～3次。对牛体刷拭不仅能保证奶牛皮肤清洁和挤奶卫生，减少寄生虫的发生，促进牛体血液循环和新陈代谢，夏天则有利于加快皮肤散热。经常刷拭牛体，还能培养奶牛温驯的性格，以及与人的亲和力，有利于挤奶和管理。

刷拭方法为：饲养员左手持铁刷，右手持毛刷（毛刷要求用毛质较硬的刷）。刷拭顺序为从颈部开始，由前到后，自上而下，先逆毛刷，后顺毛刷，刷完一侧再刷另一侧，要求刷遍全身，不可疏漏。刷拭时，要用毛刷，铁刷主要用于除去毛刷上的毛和碰到的坚硬结块。对于难以刷掉的坚硬结块，应先用水软化，然后用铁刷轻轻刮掉，再用毛刷清理干净。对于乳房，应用温水清洗干净，再用毛刷刷。刷下的污物和毛发要及时清理干净，防止牛舔食在胃内形成毛团，影响消化。刷下的灰尘要避免污染饲料。对有皮肤病和寄生虫病的牛要采用单独的刷子，每次刷完后对刷子进行消毒。刷拭应在挤奶前0.5～1小时完成。有条件的牛场应安装牛体自动刷拭器，进行自动刷拭。

（2）加强运动　对于拴系饲养的奶牛，每天要进行2～3小时的户外运动。对于散养的奶牛，每天在运动场自由活动的时间不应少于8小时。适宜的运动对于促进血液循环，增进食欲，增强体质，防止腐蹄病和体况过肥，提高产奶性能等都具有良好的作用。户外运动还有利于促进维生素D的合成，提高钙的利用率，也便于观察发情和发现疾病。但应避免剧烈运动，特别是对于处于妊娠后期的奶牛。

（3）肢蹄护理　肢蹄的好坏对于奶牛至关重要。在部分奶牛场肢蹄病造成的经济损失仅次于乳房炎。奶牛患肢蹄病轻者会引起行走困难，采食量和饮水量下降，导致泌乳量下降，严重的会使奶牛无法站立而被迫淘汰。我国奶牛肢蹄病的发病率较高，在多雨的季节最高淘汰率高达1/5。因此，必须对奶牛进行肢蹄护理，以保持蹄形端正，肢势良好。

进行肢蹄护理的最好方法就是定时修蹄。及时修蹄的牛平均产奶量比不修蹄的牛高200千克以上。修蹄应由专业人员使用专用工具（图5-26）进行。修蹄时，要避免引起奶牛损伤。对于妊娠6个月以上的牛，不能进行修蹄。修蹄一般在春、秋季节进行，每年2次。肢蹄护理的另一个重要方法是定期进行蹄浴。较好的蹄浴溶液为3%～5%福尔马林；也可用10%硫酸铜溶液。蹄浴时，将福尔马林溶液加热到15℃以上，置于容器内，溶液深10厘米以上，让牛自动进入；然后，在干燥的地方站立0.5小时。蹄浴时，应保持浴液温度在

图5-26　奶牛修蹄棚（床）

15℃以上，否则会失去作用。如果浴液太脏，应及时更换。浴蹄池可设在挤奶厅的出牛通道上，即牛由挤奶厅回归牛舍或运动场的途中。每次蹄浴需要2~3天，间隔一个月再进行一次效果更好。

除了以上措施外，平时还应注意保持牛舍和运动场的干燥、清洁。牛蹄夹住的污泥和粪便要及时清洗，潮湿是奶牛患肢蹄病的一个重要原因。奶牛的活动场地不能有尖锐的石块、铁钉等物品，防止损坏蹄底，引起炎症。同时，要保持饲料营养协调，不使用过高比例的精饲料。这些措施都有助于减少肢蹄病的发生。

（4）乳房护理　乳房是奶牛的泌乳器官，直接决定经济效益的好坏。为此，必须加强乳房的护理工作。首先，要保持乳房的清洁，这样可以有效减少乳房炎的发生；其次，要经常按摩乳房，以促进乳腺细胞的发育。

在以下几种情况下，可以使用乳罩保护乳房：泌乳初期使用乳罩吊起乳房，可以有效避免损伤；患有乳房炎的奶牛使用外置热水袋，可以减轻肿痛，缓解炎症；高产奶牛使用乳罩，可以减轻乳房负担；严寒的冬季使用棉乳罩，可以避免乳头冻伤，增加乳腺活力；炎热的夏天使用纱布乳罩外涂驱蚊蝇药，可以避免蚊虫叮咬，减少乳房炎发病率，提高产奶量。要充分利用干乳期预防和治疗乳房炎。定期进行隐性乳房炎检测，一旦检出及时对症治疗。

（5）做好观察和记录　饲养员每天要认真观察每头牛的精神、采食、粪便和发情状况，以便及时发现异常情况。对于出现的情况，要做好详细记录。对可能患病的牛，要及时请兽医诊治；对于发情的牛，要及时请配种人员适时输精；对体弱、妊娠的牛，要给予特殊照顾，注意观察可能出现的流产、早产等征兆，以便及时采取保胎等措施。同时，要做好每天的采食和泌乳记录。发现采食或泌乳异常，要及时找出原因，并采取相关措施纠正。

图5-27　泌乳牛挤奶管理

（6）正确的挤奶技术　在同样的饲养管理条件下，挤奶技术的好坏对奶牛的泌乳量和乳房炎的发生率影响很大。正确而熟练的挤奶技术可显著提高泌乳量，并大幅度减少乳房炎的发生（图5-27）。

① 挤奶次数。国外为了降低劳动强度，提高工作效率，多采用每天2次挤奶。国内为了提高奶牛的单产，绝大多数采用每天3次挤奶。但对于日产奶量低于15千克的奶牛，可以采用每天2次挤奶。两次挤奶之间的间隔应与饲喂时间间隔相同。在应用全混合日粮，全天候自由采食的牛场，每天两次挤奶或三次挤奶，每天的挤奶时间与间隔尽量保持一致。

② 挤奶方法。目前，通用的挤奶方法有两种：一是手工挤奶，二是机械挤奶。最早挤奶全部采用手工挤奶。随着挤奶机械的发展，特别是由于机械挤奶具有劳动强度小、生产效率高、不易污染牛奶、乳房炎发病率低等众多优点，逐渐替代人工挤奶得到普遍应用。机械挤奶的操作程序如下。

准备：首先，做好牛、牛床和挤奶员的清洁卫生，操作过程与手工挤奶一样。然后，检查挤奶机的真空度和脉冲频率是否符合要求，绝大多数挤奶机的真空度为40～44千帕，脉动频率一般为55～65次/分（根据犊牛吮奶的频率一般为45～70次/分确定）。按照手工挤奶相同的方法洗净，并擦干乳房，检查头两把奶。对出现异常乳的牛立即隔离饲养，并进行治疗。对乳正常的牛药浴各乳头20～30秒，然后用纸巾擦干，按摩乳房40～60秒（最长不超过90秒）后，立即按正确方式套上挤奶杯开始挤奶。挤奶机的正确安装方式参见所使用的机器使用说明书，并遵从机器销售厂家技术支持人员的指导。

挤奶：整个挤奶过程由机器自动完成，不需要挤奶员参与。完成一次挤奶所需的时间一般为4～5分钟。在这个过程中，挤奶员应密切注意挤奶进程，及时发现并调整不合适的挤奶杯。在挤奶过程中，可能出现挤奶杯脱落、挤奶杯向乳头基部爬升等现象。挤奶杯上爬极易导致乳房伤害。使用挤奶杯自动脱落的机械时，在挤奶杯脱落后立即擦干乳头残留的乳汁，然后进行药浴，浴液与手工挤奶的相同。使用不具备挤奶杯自动脱落装置的挤奶机时，在挤奶快要完成时（乳区的下乳速度明显降低）用手向下按摩乳区，帮助挤干奶，等下乳最慢的乳区挤干后关闭集乳器真空2～3秒（让空气进入乳头和挤奶杯内套之间），卸下挤奶杯；如果奶杯吸附乳头太紧，则用一个手

指轻轻插入乳头和挤奶杯内套之间，使空气进入，便可卸下。然后，立即按相同的方法进行乳头药浴。对挤奶器械按照生产厂家规定的程序进行清洗、消毒，以备下次使用。

③ 注意事项。挤奶看似简单，但在实际操作过程中存在的问题很多，其好坏直接关系到奶牛健康、泌乳量、牛奶质量、挤奶机寿命和牛场的经济效益。因此，在挤奶过程中要密切注意以下事项。

A. 要建立完善合理的挤奶规程。在操作过程中严格遵守，并建立一套行之有效的检验、考核和奖惩制度。要加强对挤奶人员的培训，使其不仅掌握熟练的手工挤奶技术，同时了解奶牛的行为科学、泌乳生理和奶牛的饲养管理技术，以便及时发现异常情况，并根据不同情况对奶牛进行及时处理。

B. 要保持奶牛、挤奶员和挤奶环境的清洁、卫生。挤奶环境还要保持安静，避免奶牛受惊。挤奶员要和奶牛建立亲和关系，严禁粗暴对待奶牛。

C. 挤奶次数和挤奶间隔确定后应严格遵守，不要轻易改变，否则会影响泌乳量。

D. 产犊后5～7日内的母牛和患乳房炎的母牛不能采用大型机械挤奶，应该使用手工挤奶或移动式挤奶桶挤奶。使用机械挤奶时，安装挤奶杯的速度要快，不能超过45秒。挤奶杯的位置要适当，应保持奶杯布局均匀，向前向下倾斜。

E. 挤奶时，既要避免过度挤奶，又要避免挤奶不足。过度挤奶，不仅使挤奶时间延长，还易导致乳房疲劳，影响以后排乳速度；挤奶不足，会使乳房中余乳过多，不仅影响泌乳量，还容易导致奶牛患乳房炎。关于余乳多少最合适，目前有很大争议。原来的观点认为，挤奶越彻底越好，这样会降低奶牛患乳房炎的机会。但最新的研究却表明，适当余乳有利于降低乳房炎的发病率。因此，还需要进行更深入的研究，以确定合适的挤奶时间。

F. 挤乳后，尽量保持母牛站立1小时左右。这样可以防止乳头过早与地面接触，使乳头括约肌完全收缩，有利于降低乳房炎发病率。常用的方法是挤奶后供给新鲜饲料。

G. 有条件的奶牛场尽量参加DHI测定。根据DHI测定的体细胞（SCC）计数，可以做到早期发现乳房炎和隐性乳房炎，有利于乳房炎的早期治疗。

二、泌乳初期的饲养管理

泌乳初期一般是指从产犊到产犊后15天以内的一段时间。也有人认为，应将时间延长到产后21天。对于经产牛，泌乳初期通常划入围产期，称为围产后期。

泌乳初期母牛一般仍应在产房内进行饲养。分娩后，母牛体质较弱，消化机能较差。因此，此阶段饲养管理的重点是促进母牛体质尽快恢复，为泌乳盛期的到来打下良好的基础。

1．泌乳初期的饲养

奶牛产后泌乳量迅速增加，代谢异常旺盛。如果精饲料饲喂过多，极易导致瘤胃酸中毒，并诱发其他疾病，特别是蹄叶炎。因此，泌乳初期传统的饲养方法多采用保守方法，即以恢复体质为主要目的，以恶露排净、乳房消肿等为主要标志。主要手段是在饲喂上有意识降低日粮营养浓度，以粗饲料为主，延长增喂精料的时间，不喂或少喂块根等多汁类饲料、青贮饲料和糟渣类饲料。但传统饲养方法存在一个严重问题，特别是对高产奶牛。奶牛产后体况损失大，食欲差，采食量低，加上泌乳量快速增加对营养物质需求量急剧增加，即使采用高营养浓度的日粮仍不能满足奶牛的需要，而保守饲养方法使用的日粮营养浓度很低，这就会导致奶牛体况严重下降，影响奶牛健康和泌乳量。因此，在实际饲养中，必须根据奶牛消化机能、乳房水肿及恶露排出等情况灵活饲养，切忌生搬硬套饲养标准或饲养方案。

（1）饮水　奶牛分娩过程中大量失水。因此，分娩后，要立即喂给温热、充足的麸皮水（表5-10），可以起到暖腹、充饥及增加腹压的作用，有利于体况恢复和胎衣排出。为促进子宫恢复和恶露排出，有条件的可补饮益母草红糖水（表5-11）。整个泌乳初期都要保持充足、清洁、适温的饮水，一般产后一周内应饮给37～40℃的温水，以后逐步降至常温。但对于乳房水肿严重的奶牛，应适当控制饮水量。

表5-10 麸皮水的配制

成分	用量（千克）	成分	用量（千克）
麸皮	1～2	碳酸钙	0.05～0.10
食盐	0.10～0.15	温水	15.0～20.0
混合均匀，喂时温度调到35～40℃			

表5-11 益母草、红糖水的配制

成份	用量（千克）	备注
益母草	0.25～0.50	煎制成水剂
水	1.5～2.0	
红糖	1.00	与益母草水剂混合混匀凉至
水	3.00	40℃饮服
每天一剂，连饮3天		

（2）饲料　奶牛分娩后消化机能差，食欲低，在日粮调配上要加强其适口性，以刺激食欲。必要时，可添加一些增味物质（如糖类、牛型饲料香味素等），同时要保证日粮及其组分的优质、全价。

① 粗饲料。在产后2～3天内以供给优质牧草为主，让牛自由采食。不要饲喂多汁类饲料、青贮饲料和糟渣类饲料，以免加重乳房水肿。3～4天后，可以逐步增加青贮饲料喂量，7天后，在乳房消肿良好的情况下，可逐渐增加块根类和糟渣类饲料的喂量。至泌乳初期结束，达到每天青贮喂量20千克，优质干草3～4千克，块根类5～10千克，糟渣类15千克。

② 精饲料。分娩后，日粮应立即改喂阳离子型的高钙日粮（钙占日粮干物质的 0.7%～1%）。从第二天开始逐步增加精料，每天约增加1～1.5千克。至产后第7～8天达到奶牛的给料标准，但喂量以不超过体重的1.5%为宜。产后8～15天根据奶牛的健康状况，增加精料喂量，直至泌乳高峰到来。到产后15天，日粮干物质中精料比例应达到50%～55%，精料中饼类饲料应占到25%～30%。每头牛每天还可补加1～1.5千克全脂膨化大豆，以补充过瘤胃蛋白和能量的不足。快速增加精饲料，目的主要是为了迎接泌乳高峰的到来，并尽量减轻体况的负平衡。在整个精料增加过程中，要注意观察奶牛的变化。如果出现消化不良和乳房水肿迟迟不消的现象，要降低精饲料喂量，待恢复正常后再增加。精饲料的增加幅度应根据不同的个体区别对

待。对产后健康状况良好，泌乳潜力大，乳房水肿轻的奶牛可加大增加幅度。反之，则应减小增加幅度。

③ 钙、磷。虽然各种必需矿物质对奶牛都很重要，但钙、磷具有特别重要的意义。这是由于分娩后奶牛体内的钙、磷处于负平衡状态，再加上泌乳量迅速增加，钙、磷消耗增大。如果日粮不能提供充足的钙、磷，就会导致各种疾病，如乳热症、软骨症、肢蹄症和奶牛倒地综合征等。因此，日粮中必须提供充足的钙、磷和维生素D。产后10天，每头每天钙摄入量不应低于150克，磷不应低于100克。

（3）注意事项　在配制饲料时，为防止瘤胃酸中毒，必须限制饲料中能量的含量，加上在泌乳初期很难配出满足过瘤胃非降解蛋白需求的饲料，因此，在此期内奶牛动用体能和体蛋白储备不可避免。另外，高钾日粮和过高的非蛋白氮会抑制镁的吸收。在这种情况下，应增加日粮镁的含量。在热应激时应增加钾的供给量。日粮高钼、铁、硫会影响铜的吸收。在此情况下，应增加铜的供给量。当日粮中含有高浓度的致甲状腺肿物质时，应增加碘的供给量。体重680千克、日产乳脂率3.5%、乳蛋白率3.0%、乳糖4.8%的乳汁25千克的荷斯坦奶牛产后11天典型日粮配方列于表5-12，供参考。

表5-12　产后11天的典型日粮配方

日粮组成	用量（千克）
玉米青贮（普通）	36.44
玉米籽实（蒸汽压扁）	18.29
螺旋压榨饼（大豆）	7.65
大豆粕（浸提、CP48%）	2.53
干豆科牧草（未熟）	20.17
棉籽（整粒、未脱绒）	8.41
脂肪酸钙	0.65
血粉（连续干燥）	1.02
碳酸钙	0.56
磷酸二氢钠（含一个结晶水）	0.40
食盐	0.70
维生素—矿物质添加剂	3.18

（续表）

营养水平	含量
中性洗涤纤维（NDF）（%）	31.6
粗饲料（NDF）（%）	23.7
酸性洗涤纤维（ADF）（%）	21.0
非纤维性碳水化合物（NFC）（%）	41.4
无折扣总可消化养分（TDN）（%）	71.0
泌乳净能（NEL）（兆焦/千克）（按DMI计）	7.32
粗蛋白质（%）	17.4
干物质采食量（千克/天）	13.5
钙（%）	0.74
磷（%）	0.38
镁（%）	0.27
氯（%）	0.36
钾（%）	1.19
钠（%）	0.34
硫（%）	0.20
钴（毫克/千克）	0.11
铜（毫克/千克）	16.0
碘（毫克/千克）	0.88
铁（毫克/千克）	19.0
锰（毫克/千克）	21.0
硒（毫克/千克）	0.30
锌（毫克/千克）	65.0
维生素A（毫克/千克）	22.5
维生素D（毫克/千克）	12.2
维生素E（毫克/千克）	13.6

2．泌乳初期的管理

泌乳初期管理的好坏直接关系到以后各阶段的泌乳量和奶牛的健康。因此，必须高度重视泌乳初期的管理。

（1）分娩　在产前，要准备好用于接产和助产的用具、器械、药品。在母牛分娩时，要细心照顾，合理助产，严禁粗暴。对于初产牛，因产程较长，更应仔细看管，耐心等待。牛分娩时，应使其采用左侧躺卧体位，以免胎儿受瘤胃压迫导致难产。母牛分娩后，尽早驱使其站立，有利于子宫复位和防止子宫外翻。但由于母牛在分娩过程中体力消耗，应尽量保证奶牛的安

静休息。对初生犊牛，要进行良好的护理。

（2）挤奶　奶牛分娩后，第一次挤奶的时间越早越好。提前挤奶，有助于产后胎衣的排出。同时，能使初生犊牛及早吃上初乳，有利于犊牛的健康。一般在产后0.5～1小时开始挤奶。挤奶前，先用温水清洗牛体两侧、后躯、尾部，并把污染的垫草清除干净；然后，对乳房进行热敷和按摩；最后，用0.1%～0.2%的高锰酸钾溶液药浴乳房。挤奶时，每个乳区挤出的头两把乳必须废弃。

分娩后，最初几天挤奶量的多少目前存在争议。过去的研究比较倾向于一致，认为产后最初几天挤奶切忌挤净，应保持乳房内有一定的余乳。如果把乳挤干，由于乳房内血液循环和乳腺细胞活动尚未适应大量泌乳，会使乳房内压显著降低，钙流失加剧，极易引起产后瘫痪。一般程序为：第一天每次只要挤出够小牛吃的即可，约2～2.5千克；第二天每次挤奶量约为产乳量的1/3；第三天约为1/2；第四天约为3/4；从第五天开始，可将奶全部挤出。但最新研究表明，奶牛分娩后立即挤净初乳，可刺激奶牛加速泌乳，增进食欲，降低乳房炎的发病率，促使泌乳高峰提前到达，而且不会引起产后瘫痪。但对于体弱或三胎以上奶牛，应视情况补充葡萄糖酸钙500～1 500毫升。

（3）乳房护理　分娩后，乳房水肿严重，在每次挤奶时都应加强热敷和按摩，并适当增加挤奶次数。每天最好挤奶4次以上，这样能促进乳房水肿更快消失。如果乳房消肿较慢，可用40%的硫酸镁温水洗涤，并按摩乳房，可以加快乳房水肿的消失。

（4）胎衣检查　分娩后，要仔细观察胎衣排出情况。一般分娩后4～8小时胎衣即可自行脱落，脱落后应立即移走，以防奶牛吃掉，引起瓣胃堵塞。胎衣排出后，应将外阴部清除干净，用1%～2%新洁尔灭彻底消毒，以防生殖道感染。如果分娩后12小时胎衣仍未排出或排出不完整，则为胎衣滞溜，需要请兽医处理。

（5）消毒　产后4～5天内，每天坚持消毒后躯一次，重点是臀部、尾根和外阴部，要将恶露彻底洗净。同时，加强监护，注意观察恶露排出情况。如有恶露闭塞现象，即产后几天内仅见稠密透明分泌物而不见暗红色液态恶露，应及时处理，以防发生产后败血症或子宫炎等生殖道感染疾病。

（6）日常观测　奶牛分娩后，要注意观察阴门、乳房、乳头等部位是否有损伤，以及有无瘫痪等疾病发生征兆。每天测1～2次体温，若有升高要及时查明原因，并请兽医对症处理。同时，要详细记录奶牛在分娩过程中是否出现难产、助产、胎衣排出情况、恶露排出情况以及分娩时奶牛的体况等资料，以备以后根据上述情况有针对性的处理。

（7）其他　奶牛分娩后12～14天肌肉注射促性腺激素释放激素激动剂（GnRH－α），可有效预防产后早期卵巢囊肿，并使子宫提早康复。夏季注意产房的通风与降温，冬季注意保温和换气。

一般奶牛经过泌乳初期后身体即能康复，食欲日趋旺盛，消化恢复正常，乳房水肿消退，恶露排尽。此时，可调出产房转入大群饲养。

三、泌乳盛期的饲养管理

泌乳盛期又称泌乳高峰期。泌乳盛期一般是指母牛分娩后16天到泌乳高峰期结束之间的一段时间（产后16～100天）。但也有人认为，应将泌乳期21～100天称为泌乳盛期。

泌乳盛期是奶牛平均日泌乳量最高的一个阶段，峰值泌乳量的高低直接影响整个泌乳期的泌乳量。一般峰值泌乳量每增加1千克，全期泌乳量能增加200～300千克。因此，必须加强泌乳盛期的管理，精心饲养。

1．泌乳盛期的饲养

泌乳盛期是饲养难度最大的阶段，因为此时泌乳处于高峰期，而母牛的采食量尚未达到高峰期。采食峰值滞后于泌乳峰值约一个半月，使奶牛摄入的养分不能满足泌乳的需要，不得不动用体储备来支撑泌乳。因此，泌乳盛期开始阶段体重仍有下降，最早动用的体储备是体脂肪，在整个泌乳盛期和泌乳中期的奶牛动用的体脂肪约可合成1 000千克乳。如果体脂肪动用过多，在葡萄糖不足和糖代谢障碍的情况下，脂肪会氧化不全，导致奶牛暴发酮病，对牛体损害极大。

（1）饲养要点

① 优质的粗饲料。泌乳盛期奶牛日粮中所使用的粗饲料必须保证优质、适口性好。干草以优质牧草为主，如优质苜蓿、羊草；青贮最好是全株

玉米青贮。同时，可饲喂一定数量的啤酒糟、白酒糟或其他青绿多汁饲料，以保持奶牛良好的食欲，增加干物质采食量。饲料喂量，以干物质计，不能低于奶牛体重的1%。冬季加喂胡萝卜、甜菜等多汁饲料。每天喂量可达15千克。

② 优质全价配合精料。必须保证足够的优质全价配合精料的供给。喂量要逐渐增加，每天以增加0.5千克左右为宜。但精料的供给量不是越多越好。一般认为，精料的喂量最多不超过15千克，精料占日粮总干物质的最大比例不宜超过60%。在精料比例高时，要适当增加精料饲喂次数，采取少量多次饲喂的方法或使用TMR日粮，可有效改善瘤胃微生物的活动环境，减少消化障碍、酮血症、产后瘫痪等的发病率。

③ 满足能量的需要。在泌乳盛期，奶牛对能量的需求量很大。即使达到最大采食量，仍无法满足泌乳的能量需要，奶牛必须动用体脂肪贮备。饲养的重点是供给适口性好的高能量饲料，并适当增加喂量，将体脂肪储备的动用量降到最低。但由于高能量饲料基本为精料，而精料饲喂过多对奶牛健康有很大的损害，在这种情况下，可以通过添加过瘤胃脂肪酸、植物油脂、全脂大豆、整粒棉籽等方法提高日粮能量浓度，而不增加精料喂量。但由于添加油脂，特别是非过瘤胃油脂，会影响奶牛采食量，抑制瘤胃微生物的活动，降低乳蛋白含量。因此，也要适当限制脂肪的添加量，以维持尽可能大的干物质采食量。脂肪的供给量每天以0.5千克以内为宜，禁止使用动物性脂肪。

④ 满足蛋白质的需要。虽然奶牛最早动用的体储备是脂肪，但在营养负平衡中缺乏最严重的养分是蛋白质，这是由于体蛋白用于合成乳的效率不如体脂肪高，体储备量又少。奶牛每减重1千克所含有的能量约可合成6. 56千克乳，而所含的蛋白仅能合成4.8千克 。奶牛可动用的体蛋白储备合成150千克左右的乳，仅为体脂肪储备合成能力的1/7。因此，必须高度重视日粮蛋白质的供应。如果蛋白质供应不足，会严重影响整个日粮的利用率和泌乳量。日粮蛋白质含量也不是越高越好，过高不仅会造成蛋白质浪费，还会影响奶牛健康。如个别奶牛场所用混合精料中豆饼比例高达50%～60%，结果造成牛群暴发酮病。实践表明，高产奶牛以饲喂高能量、满足蛋白需要的日粮，效果

最好。

奶牛日粮蛋白质中必须含有足量的不可降解蛋白，如过瘤胃蛋白、过瘤胃氨基酸等以满足奶牛对氨基酸特别是赖氨酸和蛋氨酸的需要。日粮中过瘤胃蛋白含量应占到日粮总蛋白质的45%左右为宜。目前已知的过瘤胃蛋白含量较高的饲料有：玉米蛋白粉、小麦面筋粉、啤酒糟、白酒糟等，这些饲料适当多喂对增加奶牛泌乳量有良好效果。

⑤ 满足钙、磷的需要及适当的钙磷比例。泌乳盛期奶牛对钙、磷的需要量大幅度增加。必须及时增加日粮中钙、磷的含量，以满足奶牛泌乳的需要。钙的含量一般应占到日粮干物质的0.6%～0.8%，钙磷比为1.5～2：1。

（2）饲喂方法

① 预付饲养法。预付饲养法是应用范围较广的一种奶牛饲养方法。其方法是从奶牛产后15～20天开始，在吃足粗饲料、青贮饲料和青绿、多汁饲料的前提下，以满足维持和泌乳实际营养需要的饲料量为基础，每天再增加1.0～1.5千克混合精料，作为奶牛每天实际饲料供给量。在整个泌乳盛期，精饲料的喂量随着泌乳量的增加而增加，始终保持1.0～1.5千克的“预付”，直到泌乳量不再增加为止。采取预付饲养法的时间不能过早，以分娩后奶牛的体质基本康复为前提；否则，容易导致各种消化道疾病。采用预付饲养法，可以充分发挥奶牛的泌乳潜力，减轻体况下降的程度。

② 引导饲养法（挑战饲养法）。引导饲养法又称挑战饲养法，是在预付饲养法的基础上发展而成的一种新型饲养方法。这种饲养方法的特点就是从产前就要引导和训练母牛采食高精料日粮，为产后大量采食精料在生理机能上做准备。其具体方法是：从围产前期（分娩前两周）即开始增加精饲料喂量，最初一天约喂给1.8千克精料，以后每天增加0.45～0.50千克。到分娩时，精料的给量可达到体重的0.5%～1.0%。奶牛产犊后，只要体质正常，就不降低精料喂量，仍继续按每天0.45千克增加精料，直到精料喂量达到奶牛体重的1.0%～1.5%或泌乳量达到泌乳高峰为止。等泌乳高峰过后，再按泌乳量、乳脂率和体重等调整精料喂量。采取引导饲养法可以有效减少酮血症的发病率，有助于维持体重和提高产乳量。在实施引导饲养的过程中，必须始终保证优质饲草的供给，任其自由采食，并给予充足、清洁的饮水，以减少

母牛消化系统疾病的发生。采用引导饲养法，可使多数奶牛出现更高的泌乳高峰，且增产的趋势持续于整个泌乳期，因而能有效提高整个泌乳期的产奶量。但此法不适用于患隐性乳房炎的奶牛。患乳房炎经治疗后痊愈的奶牛也要慎用。

2．泌乳盛期的管理

由于泌乳盛期的管理涉及整个泌乳期的产乳量和奶牛健康。因此，泌乳盛期的管理至关重要。泌乳期管理的目的是要保证泌乳量不仅升得快，而且泌乳高峰期要长而稳定，以求最大限度地发挥奶牛泌乳潜力，获得最大泌乳量。

（1）泌乳盛期乳房的护理　泌乳盛期是乳房炎的高发期，要着重加强乳房的护理。可适当增加挤乳次数，加强乳房热敷和按摩。每次挤乳后对乳头进行药浴，可有效减少乳房受感染的机会。

（2）应适当延长饲喂时间　泌乳盛期奶牛每天的日粮采食量很大，宜适当延长饲喂的时间。每天食槽空置的时间应控制在2～3小时以内。饲料要少喂勤添，保持饲料的新鲜。

（3）粗精饲料的交替饲喂　饲喂时，如果不使用TMR日粮，可采用精料和粗料交替饲喂。以使奶牛保持旺盛的食欲。散养时，要保证有足够的食槽空间，以使每头牛都能充分采食草料。采用全混合日粮（TMR），每次投料前的剩料量控制在5%左右。

（4）保证充足、清洁的饮水　要加强对饮水的管理。在饲养过程中，应始终保证充足清洁的饮水。冬季有条件的要饮温水，水温在16℃以上；夏季最好饮凉水，以利于防暑降温，保持奶牛食欲。要创造条件，应用自动化饮水设施。

（5）适时配种　要密切注意奶牛产后的发情情况。奶牛出现发情后，要及时配种。高产奶牛的产后配种时间以产后70～90天为宜。

（6）加强对奶牛的观察，并做好记录　饲养员要加强对奶牛的观察，并做好记录。发现异常情况，应立即请技术人员进行处理。观察主要从体况、采食量、泌乳量和繁殖性能等方面进行。奶牛产犊前，适宜的体况得分为3.5～3.75。在泌乳盛期，由于动用体储备维持较高的泌乳量，体况下降，但体况最差应在2.5分以上；否则，会使奶牛极度虚弱，极易患病。如果奶牛体况过差，应考虑增加精料喂量或延长饲喂时间和增加饲喂频率。

四、泌乳中期的饲养管理

泌乳中期是指泌乳盛期过后到泌乳后期之前的一段时间，一般为奶牛分娩后101～200天。该期是奶牛泌乳量逐渐下降、体况逐渐恢复的重要时期。

泌乳中期奶牛多处于妊娠的早期和中期，每天产乳量仍然很高，是获得全期稳定高产的重要时期，泌乳量应力争达到全期泌乳量的30%～35%。本期饲养管理的目标是最大限度地增加奶牛采食量，促进奶牛体况恢复，延缓泌乳量的下降速度。

1. 泌乳中期奶牛的饲养

泌乳中期奶牛的食欲极为旺盛，采食量达到高峰（一般在分娩后85～100天）。同时，随着妊娠天数的增加，饲料利用效率提高，而泌乳量逐渐下降。饲养者应及时根据奶牛体况和泌乳量调整日粮营养浓度，在满足蛋白和能量需要的前提下，适当减少精料喂量，逐渐增加优质青、粗饲料喂量，力求使泌乳量下降幅度减到最低程度。如果饲养上稍有忽视，泌乳量会迅速下降。

在饲养方法上可采用常规饲养法，即以青粗饲料和糟渣类饲料等满足奶牛的维持营养，而用精饲料满足泌乳的营养需要。一般按照每产3千克奶喂给1千克精料的方法确定精饲料喂量。这种方法适合于体况正常的奶牛。对于体瘦或过肥的牛，应根据体况适当调整营养浓度和精料喂量。泌乳中期日粮精料比例应控制在40%～45%以内。

2. 泌乳中期奶牛的管理

泌乳中期奶牛的管理相对容易些，主要是尽量减缓泌乳量的下降速度，控制奶牛的体况在适当的范围内。

（1）密切关注泌乳量的下降　奶牛进入泌乳中期后，泌乳量开始逐渐下降，这是正常现象。但每月乳量的下降率应保持在5%～8%之间。如果每月泌乳量下降超过10%，则应及时查找原因，对症采取措施。

（2）控制奶牛体况　随着产乳量的变化和奶牛采食量的增加，分娩后160天左右奶牛的体重开始增加。实践证明，精饲料饲喂过多是造成奶牛过肥的主要原因。而奶牛过肥会严重影响泌乳量和繁殖性能。因此，应每周或隔周根据泌乳量和体重变化调整精饲料喂量。在泌乳中期结束时，使奶牛体况达到2.75～3.25分为好。

（3）应用牛生长激素（BST） 泌乳中期使用BST，可显著提高奶牛产乳量。一般提高幅度可达10%～25%，在一个泌乳期内可增加产乳量1 000～2 000千克，应用前景广阔。在美国，已经得到批准使用。使用BST必须采用注射法，每2周（500毫克）或每4周（960毫克）注射一次。BST最适于在泌乳中期一开始即使用。应用BST后，应略延长产犊间隔。目前，国外推荐为12～13个月。这样可改善母牛受胎率，减少发病率。同时，延长奶牛的利用年限，产犊数稍减少，但乳的成本下降。注射BST后，应及时增加奶牛日粮干物质供给量，大约量增加4%～16%，以满足泌乳量增加所需要的营养，充分发挥BST的作用效果。

（4）加强日常管理 虽然泌乳中期的管理相对简单，但也不能放松日常管理，应坚持刷刮牛体、按摩乳房、加强运动、保证充足饮水等管理措施，以保证奶牛的高产、稳产。

五、泌乳后期的饲养管理

泌乳后期通常是指泌乳中期以后，直至干乳期以前的一段时间，一般指分娩后第201天至停乳。此期是奶牛产乳量急剧下降，体况继续恢复的时期，泌乳量头胎牛每月降低约6%，经产牛约9%～12%。

泌乳后期的奶牛一般处于妊娠期。在饲养管理上，除了要考虑泌乳外，还应考虑妊娠。对于头胎牛，还要考虑本身生长因素。因此，此期饲养管理的关键是延缓泌乳量下降的速度。同时，使奶牛在泌乳期结束时恢复到一定的膘情，并保证胎儿的健康发育。

1．泌乳后期奶牛的饲养

与其他泌乳期相比，泌乳后期的饲养很容易被忽视。实际上，泌乳后期对奶牛是一个非常重要的时期，国外非常重视加强泌乳后期的饲养。这是由于泌乳后期奶牛采食的营养物质用于增重的效率要比干乳期高得多，如奶牛泌乳后期将多余的营养物质转化为体脂的效率为61.6%～74.7%，而干乳期仅为48.3%～58.7%。因此，充分利用泌乳后期使奶牛达到较理想的膘情，会显著提高饲料利用效率。

泌乳后期还是为下一个泌乳期作准备的时期，应确保奶牛在此期获取足够的营养以补充体内营养储存。如果奶牛营养摄入不足导致体况过差，干乳期又不能完全弥补，会使奶牛在下一个泌乳期泌乳量大大低于遗传潜力，导致繁殖效率低下。但如果营养过高，体况过好，又容易在产犊时患代谢性疾病（如酮病、脂肪肝、真胃移位、胎衣不下、子宫炎、子宫感染和卵巢囊肿）。因而，必须高度重视泌乳后期奶牛的饲养，让奶牛在泌乳期结束时获得较理想的体况，干乳期能够维持即可。

泌乳后期奶牛的饲养除了考虑泌乳需要外，还要考虑妊娠的需要。对于头胎牛，还必须考虑生长的营养需要（表5-13）。应保持奶牛具有0.5～0.75千克的日增重，以便到泌乳期结束时达到3.5～3.75分的理想体况。日粮应以青粗饲料特别是干草为主，适当搭配精料。同时，降低精料中非降解蛋白特别是过瘤胃蛋白质或氨基酸的添加量，停止添加过瘤胃脂肪，限制小苏打等添加剂的饲喂量，以节约饲料成本。

表5-13　泌乳后期奶牛的营养需要量

项目	含量	日粮干物质中的常量元素（%）	
干物质采食量（千克）	19	项目	含量
粗蛋白CP（%）	14	Ca	0.60
DIP：粗蛋白（%）（DM）	68（9.5）	P	0.36
UIP：粗蛋白（%）（DM）	32（4.5）	Mg	0.20
SIP：粗蛋白（%）（DM）	34（4.8）	K	0.90
总可消化养分（%）	67	Na	0.20
泌乳净能（兆焦/千克）	5.64	Cl	0.25
无氮浸出物（%）	3	S	0.25
酸性洗涤纤维ADF（%）	24	每天维生素喂量（IU）	
中性洗涤纤维NDF（%）	32	名称	数量
非结构性碳水化合物NFC（%）	34	维生素A	50 000
NFC与DIP之比（干物质%）	3.5: 1	维生素D	20 000
		维生素E	200

注: DIP-瘤胃降解蛋白；UIP-过瘤胃蛋白；SIP-可消化蛋白

2．泌乳后期奶牛的管理

泌乳后期奶牛的管理可参照妊娠期青年牛的管理，同时，应考虑其泌乳的特性。典型的营养需要量如表5-13所示。

（1）单独配制日粮　泌乳后期奶牛的日粮最好单独配制。一是可以确保奶牛达到理想的体脂储存；二是减少饲喂一些不必要的价格昂贵的饲料，如过瘤胃蛋白和脂肪，降低饲养成本；三是可以增加粗料比例，有利于确保奶牛瘤胃健康。

（2）科学分群，单独饲喂　泌乳后期奶牛的饲料利用率较高，精饲料需要量少，单独饲喂会显著降低饲养成本。同时，如果这一阶段奶牛膘情差别较大，最好分群饲养。根据体况分别饲喂，可以有效预防奶牛过肥或过瘦。泌乳后期结束时，奶牛体况评分应在3.5～3.75之间，并在整个干乳期得以保持，这样可以确保奶牛营养储备满足下一个泌乳期泌乳的需要。

（3）做好保胎工作　按照青年牛妊娠后期饲养管理的措施，做好保胎工作，防止流产。

（4）直肠检查　干乳前应进行一次直肠检查，以确定妊娠情况。对于双胎牛，应合理提高饲养水平，并确定干乳期的饲养方案。

第四节　干乳牛的饲养管理

所谓干乳牛是指在奶牛妊娠的最后60天左右，采用人工的方法使其停止泌乳，停乳的这一时间称为干乳期。

传统的干乳期从停止挤奶开始，到产犊结束。干乳期可划分为干乳前期和干乳后期。从停乳到产犊前15天为干乳前期，产犊前15天至产犊为干乳后期。随着奶牛研究的深入，将干乳期后期和泌乳前期单独划分出来，合称为围产期，干乳后期为围产前期，泌乳初期为围产后期。

一、干乳期的意义

干乳期是奶牛泌乳周期中一个非常重要的环节，对胎儿的发育、奶牛的健康和下一个泌乳期的泌乳量有着直接影响，因此，具有极其重要的意义。

1．保证胎儿的健康发育

干乳期奶牛正处于妊娠后期，胎儿生长非常迅速，需要大量的营养物质。但随着胎儿体积的迅速增大，占据了大部分腹腔空间，使消化系统受到挤压，奶牛食欲和消化能力都出现下降。此时通过干乳，将有限的养分主要供给胎儿生长发育，有利于产出健壮的犊牛。

2．维护奶牛的健康

奶牛在长达10个月的泌乳期内，各个器官系统特别是瘤胃一直处于高度紧张的代谢状态。在下一个泌乳期开始之前需要一段时间使所有的器官系统得到有效休息，恢复正常的机能。同时，奶牛在泌乳早期发生代谢的负平衡，在泌乳期往往不能得到有效恢复，也需要一个干乳期，使其恢复膘情，到产犊前达到理想的体况，以便为下一泌乳期提供必要的机体储备；否则，会严重影响下一个泌乳期的泌乳量和奶牛健康。

3．修复乳腺组织

奶牛经过长达10个月的泌乳期后，乳腺组织受到很大的损伤，乳腺上皮细胞数量下降，需要有一段时间进行修整。在干乳期内，旧的乳腺上皮细胞萎缩，产犊前新的乳腺细胞重新生成，可以使乳腺组织得到有效修复与更新，从而为即将到来的泌乳活动打下良好基础，有利于下一个泌乳期获得高产和稳产。

4．治疗疾病

随着奶牛泌乳量的增加，奶牛患隐性乳房炎和代谢紊乱等疾病的几率大大增加，而这些疾病在泌乳期很难得到有效治疗。因此，需要一个干乳期对这些疾病进行彻底治疗。实践证明，在干乳前，治疗隐性乳房炎是最佳时机。

二、干乳前期奶牛的饲养管理

干乳前期饲养管理的主要目标是保证胎儿的健康发育，恢复并维持奶牛的膘情、体况，使其在分娩时达到理想的体况（3.5～3.75分）。同时，促进消化系统特别是瘤胃正常机能的恢复。

1．干乳前期的饲养

奶牛在实施干乳过程中，应尽量降低精饲料、糟渣类和多汁类饲料的喂量。待乳房内的乳汁被吸收开始萎缩时，就可以逐步增加精料和多汁料，约5~7天后即可按妊娠干乳期的饲养标准进行饲养。

在干乳期饲养过程中，除应参照妊娠后期的饲养要点外，还应注意以下几点：

（1）提高日粮中青粗饲料的比例　干乳前期奶牛应以青粗饲料为主，每天日粮干物质供给量应控制在奶牛体重的1.8%~2.5%。其中，粗饲料的含量应达到日粮干物质的60%以上。糟渣类和多汁类饲料不宜饲喂过多，以免压迫胎儿，引发早产。理想的粗饲料为干草和优质牧草，也可以适当饲喂氨化麦秸。如果不采用TMR技术，干草最好自由采食。饲草的长度不能太短，其中，长度为3.8厘米以上的干草每天采食量不应少于2千克，这样有助于瘤胃正常机能的恢复与维持。

精料喂量应根据青贮质量、粗饲料质量和奶牛的体况灵活掌握，及时调整，切忌生搬硬套。对于体况良好（3.5分以上）、日粮中粗饲料为优质干草且玉米青贮每天喂量9千克以上的奶牛，精料可不喂或少量补充。对营养不良、体况差（低于3.5分）的奶牛应每天给予1.5~3.0千克精料，使其体重比泌乳盛期提高10%~15%，在分娩前达到较理想的体况（3.5~3.75分）。但粗饲料质量差，奶牛食欲差或冬季气候寒冷时也要适当补充精饲料。使其维持中上等的体况，保证下个泌乳期获得更高的产乳量。但要注意，精料喂量最大不宜超过体重的0.6%~0.8%，以防奶牛产犊时过肥，造成难产和代谢紊乱。

一般干乳牛的日粮组成为每头每天饲喂8~10千克优质干草，7~10千克糟渣类和多汁类饲料，8~10千克品质优良的青贮饲料，1~4千克混合精料。

（2）适当限制能量和蛋白质的摄入　奶牛干乳期的能量营养需要远远低于泌乳期。如果营养过好，极易造成奶牛过肥，造成难产和代谢紊乱，威胁母子安全。因此，必须严格限制奶牛干乳期的能量摄入量。全株玉米青贮每头每天的喂量不宜超过13千克或粗饲料干物质的一半。同时，也应避免由于限制能量摄入而导致日粮干物质进食量的不足。

奶牛干乳期摄入过多的蛋白质极易导致乳房水肿。因此，应限量饲喂豆科牧草和半干青贮，喂量一般不宜超过体重的1%或粗饲料干物质的

30%～50%。

（3）合理供给矿物质和维生素　要高度重视干乳期日粮中矿物质和维生素的平衡，特别是钙、磷、钾和脂溶性维生素的供给量。

① 避免摄入过量的钙。控制日粮中钙的含量，避免摄入过量的钙。高钙日粮易诱发产乳热，同时，保持钙磷比在2.0～1.5：1。当粗饲料以豆科饲草为主时，应提高矿物质中磷的添加量

② 注意日粮钾的水平。避免饲喂高钾日粮。如果日粮中钾的含量超过1.5%，会严重影响镁的吸收，并抑制骨骼中钙的动用，使产乳热、胎衣滞留和奶牛倒地综合症的发生率大幅度提高。同时，可能影响奶牛分娩后的食欲，延长子宫复原的时间。日粮中钾的推荐含量为0.65%～0.80%

③ 控制食盐的用量。食盐可按日粮干物质的0.25%添加；也可和矿物质制成舔砖，置在运动场的矿物槽内，让其自由舔食（图5-28）。

图5-28　奶牛矿物质饲料补饲槽

④ 保证脂溶性维生素的供给。产后胎衣滞留与维生素A、维生素E的缺乏有关。维生素E缺乏还会使奶牛更易患病，乳腺炎发病率也大大增加。给干乳牛每天提供2 500微克的维生素E，可使干乳期乳房炎的发病率降低20%。维生素A供给量主要取决于饲料的质量。如果日粮粗饲料以青干草和优质牧草为主，维生素A可不补充或少量补充，若以玉米青贮和质量低劣的干草为主，则需一定数量的补充。维生素D一般不会缺乏，但当奶牛采食以直接收割的粗料

或青贮料为主时，应补充维生素D。

（4）初产奶牛应严格控制缓冲剂的使用　对初产牛妊娠后期应禁止在日粮中使用小苏打等缓冲剂，以减少乳房水肿和产乳热的发生。对经产牛干乳期也应降低缓冲剂的使用量。

2．干乳前期的管理

干乳前期处于妊娠后期。因此，管理的重点是做好保胎工作。同时，要尽量缩短干乳过程，预防乳房炎的发生，维持奶牛较理想的体况，维护奶牛健康。在管理上，除要做好妊娠后期的管理外，还应做好以下工作。

（1）科学干乳　干乳是干乳期最重要的一环，处理不好会严重影响干乳的效果，引发乳房炎。因而必须严格按照技术规程操作。

① 乳房炎检查。干乳期前是治疗乳房炎的最佳时期。因此，在预定干乳日的前10 ～15天应对奶牛进行隐性乳房炎检查。对于患有乳房炎的牛及时进行治疗，治愈后再进行干乳。

② 干乳的方法。奶牛在接近干乳期时，乳腺的分泌活动仍在进行，高产奶牛甚至每天还能产乳10～20千克。但不论泌乳量多少，到了预定干乳日后，均应采取果断措施进行干乳，否则会严重影响下一个泌乳期的泌乳量。常用的干乳方法有两种，即快速干乳法和逐渐干乳法。

A. 快速干乳法。快速干乳法是在预定干乳日到来时，不论当时奶牛泌乳量高低，由有经验的挤奶员认真热敷按摩乳房后，采用手工挤奶将乳房内的乳汁彻底挤净，挤完后，立即用酒精消毒乳头；然后，向每个乳区内注入一支含有长效抗生素（应用青霉素的较多）的干乳药膏，再用3%的次氯酸钠或其他消毒液药浴乳头；最后，用火棉胶涂抹于乳头孔处，封闭乳头孔，以减少乳房感染的机会。对于泌乳量较高的奶牛，在干乳前一天应停止饲喂精料，以减少乳汁分泌，降低乳房炎的发病率。大约4～10天乳房内的乳汁可全部吸收干净。

快速干乳法充分利用乳腺内压增大抑制分泌的生理现象来完成干乳工作。由于直至干乳日才停止挤奶，可最大限度地发挥奶牛的泌乳潜力。同时，由于干乳所需时间短，对胎儿发育和奶牛本身的影响较小。因此，在生产中得到较广泛应用。但此法对干乳技术要求较高，而且容易导致奶牛患乳房炎。因此，对有乳房炎病史或正患乳房炎的奶牛不宜采用，对于高产奶牛也应尽量少用。

B. 逐渐干乳法。逐渐干奶法是用7～15天的时间使奶牛的泌乳活动停止。具体所需时间须根据计划干乳时的泌乳量高低和过去干乳的难易程度确定。对于泌乳量大、干乳困难的奶牛，需要的时间要长一点；对于中低产和干乳容易的奶牛，所需要的时间则短。具体操作方法是：从预定干乳日开始停止按摩乳房，减少精料喂量，停喂糟渣类、块根（茎）类和多汁类饲料，增加干草喂量。除夏天外，适当控制饮水量，改变挤奶次数和挤奶时间，先由每天3次挤奶改为每天两次挤奶，再改为每天一次挤奶，最后改为隔日一次挤奶，以抑制乳腺组织的分泌活动。当泌乳量降至4～5千克时，将乳房内的乳汁彻底挤净，下面的步骤与快速干乳法一样。逐渐干乳法干乳所需时间长，加上必须严格控制营养，不利于奶牛健康和胎儿发育。所以，在生产中较少采用。但对于有乳房炎病史、正患隐性乳房炎和过去干乳困难的高产奶牛特别适合。

不论采取哪种干乳方法，乳头一旦封口后即不能再触动乳房，即使洗刷也防止触摸它。在实施干乳的10天内，每天应观察乳房2～3次，详细记录乳房的变化。最初几天乳房可能出现肿胀，这属于正常现象，千万不要按摩乳房或挤乳，大约5～7天后乳房内的乳汁被逐渐吸收，约10～14天，乳房开始收缩松软，泌乳停止，干乳工作结束。如果乳房出现过分充胀、红肿、变硬或滴乳现象，说明干乳失败，应重新挤净处理后进行再次干乳。

③ 干乳期的长短。干乳期的长短应视奶牛的年龄、体况和泌乳性能等具体情况而定。原则上，对头胎、年老体弱和高产牛以及产犊间隔较短的牛，要适当延长干乳期，但最长不宜超过70天，否则容易使奶牛过于肥胖。而对于体况良好、泌乳量低的奶牛，可以适当缩短干乳期。但最短不宜少于40天，否则乳腺组织没有足够的时间得到更新和修复。干乳期少于35天，会显著影响下一个泌乳期的泌乳量。

（2）及时分群　在体重基本相同的情况下，干乳牛与日产乳量13～14千克的泌乳牛相比，干乳牛所需的营养要少得多。例如，粗蛋白只相当于泌乳牛需要量的一半，能量、钙、磷需要量也只相当于泌乳牛的50%～60%。因此，应及时将干乳牛从泌乳牛群中分出，单独或组群饲养。否则，很难控制干乳牛的营养水平，极易导致干乳牛过肥。而且，经产怀孕牛在生理状态、生活习性等方面比较相似，单群、单舍饲养也便于重点护理。对于没有条件对干乳牛分群饲养的牛场，应对干乳牛的上、下槽适当照应，采取“晚上槽、早下槽”的管理方法，即上槽时等泌乳牛各就各位后再放干乳牛上槽，下槽时等干乳牛下槽后再让泌乳牛下槽，可明显减少撞伤和流产事故的发生。

（3）加强乳房护理　奶牛完全干乳后，每天按摩乳房1～2次，每次5～10分钟。可以促进干乳期间乳腺组织的修复与更新，为下个泌乳期的高产打下良好基础。但每次按摩后要对乳头进行药浴消毒。在干乳前期按摩乳房，可提高产乳量约5%～10%。

（4）加强户外运动，多晒太阳　维生素D对奶牛钙、磷的正常吸收和代谢具有重要的作用。而牛体内含有丰富的7-脱氢胆固醇，经阳光照射后能转化为维生素D_3。青草中含有的麦角固醇经阳光照射后也可转化为维生素D_2。因此，多饲喂经阳光照射晒制的青干草可有效预防干乳牛维生素D的缺乏。

三、干乳后期奶牛的饲养管理

干乳后期即围产前期，之所以将围产期单独划分出来是由于此期的饲养管理具有不同于其他饲养阶段的特殊性和重要性。围产前期饲养管理的好坏直接关系到犊牛的正常分娩、母牛分娩后的健康及产后生产性能的发挥和繁殖表现。

1. 干乳后期奶牛的饲养

奶牛在干乳后期临近分娩，这一阶段除应注意干乳期的一般饲养要求外，还应视母牛的体况和乳房肿胀程度等情况灵活把握，做好一些特殊的饲养工作。

（1）对营养状况不良的母牛，应采用引导饲养法增加精料喂量　产前7～10天由于子宫和胎儿压迫消化道，加上血液中雌激素和皮质醇浓度升高，使奶牛采食量大幅度下降（20%～40%）。因此，要增加日粮营养浓度，以保证奶牛营养需要。但产前精料的最大喂量不宜超过体重的1%。

（2）母牛临产前应尽量避免乳房肿胀的发生　母牛临产前一周会发生

乳房肿胀。如果情况严重，应减少糟渣类饲料的喂量。临产前2～3天，日粮中适量添加小麦麸以增加饲料的轻泻性，防止便泌。现在奶牛饲养多从围产前期开始采用引导饲养法，这样可以使瘤胃微生物区系提前适应产后的高精料日粮。但由于精料比例不断增加，可能会加重乳房水肿。如果乳房水肿严重，应暂缓增加精料或降低精料喂量，同时，减少食盐喂量。

（3）日粮的改变或过渡　日粮粗饲料应以优质饲草为主，以增进奶牛对粗饲料的食欲。日粮同时逐步向产后日粮过渡，每天饲喂一定量的玉米青贮，可有效避免产后因日粮变动过大而影响奶牛食欲。

（4）日粮添加维生素和微量元素　在围产前期奶牛的日粮中添加足量的维生素A、维生素D、维生素E和微量元素，使奶牛机体在产前对维生素和微量元素产生相应的贮备，对产后子宫的恢复，提高产后配种受胎率，降低乳房炎发病率，提高产奶量等都具有良好作用。

（5）预防奶牛产后酮病的发生　根据4母牛体况，采取相应措施，预防奶牛产后酮病的发生，是这一阶段饲养的主要任务之一。在分娩前7～10天一次灌服320克丙烯乙二醇，可有效降低体脂肪的分解代谢，减少产后酮病的发生。在分娩前2周和产后最初10天内，每天饲喂 6～12克烟酸，可有效降低血酮的含量。

（6）适当降低日粮中钙的含量　研究表明，在围产前期采用低钙日粮，围产后期采取高钙日粮，能有效地防止产后瘫痪的发生。一般将钙含量由占日粮干物质的0.6%降低到0.2%。采用此法的原理是根据牛体内的血钙水平受甲状旁腺释放甲状旁腺素的调节。当日粮中钙供应不足时，甲状旁腺分泌加强，奶牛动用骨钙以维持正常血钙水平。奶牛分娩后，采食高钙日粮，外源钙摄入大幅度增加，从而可有效弥补产后由于大量泌乳导致的钙损失，减少产后瘫痪的发生。

（7）在日粮中添加阴离子矿物盐　在围产前期奶牛日粮中添加阴离子盐，使阴阳离子平衡为100～200毫摩尔/千克干物质，可有效降低血液和尿液pH值，促进分娩后日粮钙的吸收和代谢，提高血钙水平，减少乳热症的发生。常用阴离子矿物盐有氯化铵、硫酸铵、硫酸镁、氯化镁、氯化钙、硫酸钙等。其中，硫酸铵适口性较好，而氯化物适口性较差。但总体来说，阴离子矿物盐适口性不好，为避免影响奶牛采食量，最好将阴离子盐与其他饲料混合制成TMR饲喂。没有应用TMR条件的，也要将精料与阴离子矿物盐充分混合后饲喂。

2．干乳后期奶牛的管理

干乳后期亦即围产前期，管理的重点是做好保健工作，预防生殖道和乳腺的感染，减少代谢性疾病的发生。管理上可参考青年牛妊娠后期的管理方法。

（1）奶牛产前处理　奶牛在产前7～10天应转入产房，进行产前检查后，由专人进行护理，随时注意观察奶牛的变化。母牛后躯及四肢用2%～3%来苏尔溶液洗刷消毒后，方可转入产房，并办理好转群记录登记和移交工作。天气晴朗时，要驱牛出产房做逍遥运动。

奶牛到达预产期前1～2天，应密切观察临产征候的出现，并提前做好接产和助产准备。

（2）产房处理　产房门口最好设单独的消毒池或消毒间。产房应预先用2%火碱水喷洒消毒，冲洗干净后铺上清洁干燥的垫草，并建立和坚持日常清洁消毒制度。要保持牛床清洁，勤换垫草。

（3）工作人员　产房工作人员要求责任心较强，同时，具备一定的接助产技术。工作人员进出产房要穿工作服，用消毒液洗手。

第五节　奶牛生产管理常用表

1．奶牛主要生理常数（表5-14）

表5-14　健康奶牛常见生理常数表

项目	计量单位	常数	项目	计量单位	常数
体温	℃	38.0～39.5	犊牛心跳	次/分钟	80～100
呼吸	次/分钟	10～30	心脏每搏输出量	毫升/次	400～500
母牛心跳	次/分钟	60～80	心脏血液输出量	升/分钟	40～50
公牛心跳	次/分钟	36～60			

2．奶牛消化生理常数（表5–15）

表5–15　奶牛常见消化生理常数表

项目	常数	项目	常数
咀嚼（次/口）	20	瓣胃内容物pH	7.0～7.8
唾液分泌量（L/24小时）	50～180	真胃内容物pH	2.17～3.14
唾液pH	7.6～8.5	十二指肠内容物pH	8.3～8.5
反刍（次/24小时）	9～16，每次持续40～50分钟	肠内容物pH	7.4～8.7
胃液分泌量（升/24小时）	8～20	胆汁pH	7～8
瘤胃内容物pH	5～8.1，一般6～6.8	胰液pH	7.5～8.0
网胃内容物pH	6.5～7.0	嗳气（次/小时）	17～20

3．奶牛血液成分常数（表5–16）

表5–16　奶牛血液成分常表

项目	常数	项目	常数
血红蛋白（克/升）	85～110	白细胞分类比例	
成年牛	94±1	淋巴细胞（%）	57.0（42～71），60.7±1.6
1～30日龄犊牛	98±7	中性幼年白细胞（%）	0.5（0～0.9）
红细胞总数（10^{12}/升）	5.0～7.0	中性杆状白细胞（%）	3.0（1.0～8.0）
成年牛	6.13±0.9	中性结核白细胞（%）	33.0（28～53）
1～30日龄犊牛	6.60±2.4	嗜酸性白细胞（%）	4.0（1.0～8.0）
白细胞总数（10^9/升）	5.0～9.0	嗜碱性白细胞（%）	0.5（0～2.0）
成年牛	7.0±0.268	大单核细胞（%）	2.0（0.5～6.0）
1～30日龄犊牛	8.257±0.112	血小板总数（10^9/升）	260～710，280±180

4．奶牛血液生化常数（表5–17）

表5–17　奶牛血液生化常数表

项目	常数	项目	常数
血液相对密度	1.043～1.060	全血尿素氮含量（毫摩尔/升）	2.14～9.64
血液pH	7.36～7.50	成年牛	3.32
血液比容	0.40	犊牛	4.14～0.14

（续表）

项目	常数	项目	常数
血液CO_2结合力（毫摩尔/升）	22.73±0.42	全血尿酸含量（毫摩尔/升）	2.97～118.96
成年牛	18.28±3.73	全血肌酐含量（毫摩尔/升）	88.4～176.8
犊牛	6.5～10.0	全血氨基酸氮含量（毫摩尔/升）	2.856～5.712
全血葡萄糖含量（毫摩尔/升）	2.89（2.55～3.05）	全血乳酸含量（毫摩尔/升）	1.11～1.776 1.30（1.07～1.38）
血清总蛋白（克/升）	36.3	血液丙酮酸（毫摩尔/升）	0.0647（0.0386～0.0863）
血清白蛋白（克/升）	39.7	血液柠檬酸（毫摩尔/升）	0.244（0.146～0.29）
血清球蛋白（克/升）	2.22～3.89	血清总胆固醇（毫摩尔/升）	1.295～5.957
血液凝固速度（25℃/分钟）	76.0	血清钙含量（毫摩尔/升）	2.25～3.45
血液糖元（毫摩尔/升）	1.61（1.33～2.00）	血清无机磷含量（毫摩尔/升）	2.0～5.2
全血总非蛋白氮含量（毫摩尔/升）	14.28～28.56	血清氯含量（毫摩尔/升）	80～100

5．奶牛干物质采食量测算表（表5-18）

表5-18　奶牛干物质采食量测算表

日产奶量（千克）	奶牛体重（千克）				
	410	500	545	600	680
	占体重的百分比（%）				
9	2.6	2.3	2.2	2.1	2.0
14	3.0	2.7	2.6	2.5	2.3
18	3.4	3.1	2.9	2.8	2.5
23	3.8	3.4	3.2	3.1	2.8
27	4.1	3.7	3.5	3.4	3.1
32	4.6	4.0	3.8	3.6	3.3
36	5.1	4.3	4.1	3.8	3.5
41		4.7	4.4	4.1	3.7
45		5.0	4.7	4.4	3.9

6. 妊娠母牛生殖器官变化参考表（表5-19）

表5-19　妊娠奶牛生殖器官变化参考表

器官变化		妊娠时间										
		未孕不发情	20～25天	1个月	2个月	3个月	4个月	5个月	6个月	7个月	8个月	9个月
卵巢	大小	常在一侧有黄体且增大	妊娠侧有较大黄体									
	位置	骨盆腔耻骨前缘	骨盆腔耻骨前缘	骨盆腔耻骨前缘	孕角卵巢移至耻骨前缘下		只能摸到卵巢	摸不到				
子宫角	形状	绵羊角状经产牛较为伸展	弯曲的圆筒状，孕角不甚规则		孕角扩大空角弯曲规则	形如袋空角突出在旁	增大呈囊状，向下垂	入腹腔，可摸到子宫				
	粗细	拇指粗，经产牛有时一侧大	孕角稍粗		孕角较空角粗一倍	孕角明显增大，提有重感						
	角间勾	清楚			仅分岔处清楚	可以摸到分岔	消失、无分岔	消失				
	质地	柔软	孕角壁厚有弹性	孕角松软有波动	薄软，波动清楚			薄软				
	收缩反应	触诊时收缩有弹性	触诊时收缩有反应	孕角不收缩，或偶有收缩		无收缩						
	子叶	无			已有但摸不出	有时刻感到蚕豆大小	清楚如卵巢大小	摸不到	似鸡蛋大小		较鸡蛋大	
	位置	骨盆腔内			耻骨前缘	前缘下、入腹腔						部分入腹腔
胎儿		无	摸不到			有时可摸到		可摸到	有时摸到	易摸到		部分入腹腔
子宫颈		骨盆腔内				耻骨前缘	前缘入腹腔					骨盆腔
子宫动脉搏动	中动脉	正常麦秆粗	正常动脉	正常	孕角粗一倍	轻微震颤感	震颤明显	铅笔粗震颤明显	两侧震颤		两侧明显	
	后动脉	正常麦秆粗			正常					孕角震颤	两侧清楚	

7. 奶牛预产期估测表（表5-20）

表5-20　奶牛预产期估测表

分娩 配种日	配种月份											
	1	2	3	4	5	6	7	8	9	10	11	12
1	10.8	11.8	12.6	1.6	2.5	3.8	4.7	5.8	6.8	7.8	8.8	9.7
2	10.9	11.9	12.7	1.7	2.6	3.9	4.8	5.9	6.9	7.9	8.9	9.8
3	10.10	11.10	12.8	1.8	2.7	3.10	4.9	5.10	6.10	7.10	8.10	9.9
4	10.11	11.11	12.9	1.9	2.8	3.11	4.10	5.11	6.11	7.11	8.11	9.10
5	10.12	11.12	12.10	1.10	2.9	3.12	4.11	5.12	6.12	7.12	8.12	9.11
6	10.13	11.13	12.11	1.11	2.10	3.13	4.12	5.13	6.13	7.13	8.13	9.12
7	10.14	11.14	12.12	1.12	2.11	3.14	4.13	5.14	6.14	7.14	8.14	9.13
8	10.15	11.15	12.13	1.13	2.12	3.15	4.14	5.15	6.15	7.15	8.15	9.14
9	10.16	11.16	12.14	1.14	2.13	3.16	4.15	5.16	6.16	7.16	8.16	9.15
10	10.17	11.17	12.15	1.15	2.14	3.17	4.16	5.17	6.17	7.17	8.17	9.16
11	10.18	11.18	12.16	1.16	2.15	3.18	4.17	5.18	6.18	7.18	8.18	9.17
12	10.19	11.19	12.17	1.17	2.16	3.19	4.18	5.19	6.19	7.19	8.19	9.18
13	10.20	11.20	12.18	1.18	2.17	3.20	4.19	5.20	6.20	7.20	8.20	9.19
14	10.21	11.21	12.19	1.19	2.18	3.21	4.20	5.21	6.21	7.21	8.21	9.20
15	10.22	11.22	12.20	1.20	2.19	3.22	4.21	5.22	6.22	7.22	8.22	9.21
16	10.23	11.23	12.21	1.21	2.20	3.23	4.22	5.23	6.23	7.23	8.23	9.22
17	10.24	11.24	12.22	1.22	2.21	3.24	4.23	5.24	6.24	7.24	8.24	9.23
18	10.25	11.25	12.23	1.23	2.22	3.25	4.24	5.25	6.25	7.25	8.25	9.24
19	12.26	11.26	12.24	1.24	2.23	3.26	4.25	5.26	6.26	7.26	8.26	9.25
20	10.27	11.27	12.25	1.25	2.24	3.27	4.26	5.27	6.27	7.27	8.27	9.26
21	10.28	11.28	12.26	1.26	2.25	3.28	4.27	5.28	6.28	7.28	8.28	9.27
22	10.29	11.29	12.27	1.27	2.26	3.29	4.28	5.29	6.29	7.29	8.29	9.28
23	10.30	11.30	12.28	1.28	2.27	3.30	4.29	5.30	6.30	7.30	8.31	9.29
24	10.1	12.1	12.29	1.29	2.28	3.31	4.30	5.31	6.1	7.31	8.31	9.30
25	11.1	12.2	12.30	1.30	3.1	4.1	5.1	6.1	7.2	8.1	9.1	10.1
26	11.2		12.31	1.31	3.2	4.2	5.2	6.2	7.3	8.2	9.2	10.2
27	11.3	12.3	1.1	2.1	3.3	4.3	5.3	6.3	7.4	8.3	9.3	10.3
28	11.4	12.4	1.2	2.2	3.4	4.4	5.4	6.4	7.5	8.4	9.4	10.4
29	11.5	12.5	1.3	2.3	3.5	4.5	5.5	6.5	7.6	8.5	9.5	10.5
30	11.6		1.4	2.4	3.6	4.6	5.6	6.6	7.7	8.6	9.6	10.6
31	11.7		1.5		3.7		5.7	6.7		8.7		10.7

8. 奶牛泌乳期平均日产奶量参考表（表5-21）

表5-21　奶牛泌乳期平均日产奶量参考表　　（单位：千克）

泌乳月 年产奶量	泌乳月平均日产奶量										泌乳期内平均日产奶量
	1	2	3	4	5	6	7	8	9	10	
3600	14	17	15	14	13	12	11	10	8	6	12
3900	16	18	16	15	14	13	12	11	9	7	13
4200	17	19	17	16	15	14	13	12	10	8	14
4500	18	20	19	17	16	14	13	12	10	9	15

（续表）

泌乳月 年产奶量	泌乳月平均日产奶量										泌乳期内平均 日产奶量
	1	2	3	4	5	6	7	8	9	10	
4800	19	22	20	19	17	15	14	13	11	9	16
5100	20	23	21	20	18	16	15	14	12	10	17
5400	21	24	22	21	19	18	16	15	13	11	18
5700	23	25	24	22	20	19	17	16	14	12	19
6000	24	27	25	23	21	20	18	17	15	13	20
6300	25	27	26	24	22	21	19	17	15	13	21
6600	26	28	27	25	23	22	20	18	16	14	22
6900	27	29	28	26	25	23	21	19	17	14	23
7200	28	30	29	27	27	24	22	20	18	15	24

9．奶牛的粪尿排泄量参考表（表5–22）

表5–22　奶牛粪尿排泄量参考表　　（单位：鲜重 千克/日）

牛群	体重（千克）	排粪量	排尿量
泌乳牛	550～600	30～50	15～25
成母牛	400～600	20～35	10～17
育成牛	200～300	10～20	5～10
犊牛	100～200	3～7	2～5

10．奶牛年龄与牙齿变化简表（表5–23）

表5–23　奶牛年龄与牙齿变化简表

年龄	门齿	内中齿	外中齿	隅齿
出生	乳齿已生	乳齿已生	乳齿已生	
2周龄				乳齿已生
6月龄	磨	磨	磨	微磨
12月龄	重磨	较重磨	较重磨	磨
1.5～2岁	更换			
2～3岁		更换		
3～3.5岁	轻磨		更换	
4～4.5岁	磨	轻磨		更换
5岁	重磨	磨	轻磨	
6岁	横椭	重磨	磨	轻磨
6.5岁	横椭（大）	横椭	重磨	磨
7岁	近方	横椭（大）	横椭	重磨
7.5岁	近方	横椭（大）	横椭（大）	横椭

（续表）

年龄	门齿	内中齿	外中齿	隅齿
8岁	方	近方	横椭（大）	横椭（大）
9岁	方	方	近方	横椭（大）
10岁	圆	近圆	方	近方
11岁	三角	圆	方	方
12岁	近椭圆	三角	圆	圆

11．奶牛各关键时段适宜的体况评分（表5–24）

表5-24　奶牛生长时段适宜体况评分表

牛别	时段	适宜的体况分
成母牛	产犊	3.0～3.5
	泌乳高峰（产后21～40天）	2.5～3.0
	泌乳中期（90～120天）	2.5～3.5
	泌乳后期（干奶前60～100天）	3.0～2.8
	干奶时	3.2～3.9
后备牛	6月龄	2.0～3.0
	第一次配种	2.0～3.0
	产犊	3.0～4.0

12．奶牛饮水量估算（表5–25）

表5-25　奶牛饮水量估算表

奶牛类型	年龄/生产	饮水量（升/天）	备注
犊牛	1月龄	5.9～9.1	充足的饮水是实现奶牛高产的必要条件 饲料中水分含量低的时候饮水量增大 炎热季节饮水量加大；热应激条件下，奶牛的饮水量可增大1.2～2.0倍 奶牛每泌乳1千克需水1.5～5千克 资料来源《现代奶牛养殖科学》2006
	2月龄	6.8～10.9	
	3月龄	9.5～12.7	
	4月龄	13.6～15.9	
	5月龄	17.3～20.9	
育成牛	15～18月龄	26.8～32.3	
	19～24月龄	33.2～43.6	
干奶牛	妊娠6～9个月	31.8～59.1	
泌乳牛	产奶量15千克/天	81.8～100	
	产奶量25千克/天	104.6～122.7	
	产奶量35千克/天	136.4～163.7	
	产奶量45千克/天	159.1～186.4	

第六章　奶牛全混合日粮

第一节　全混合日粮（TMR）概述

一、全混合日粮（TMR）及其应用

任何饲养方法的最终目的都是希望奶牛在恰当的阶段能够采食适量的平衡营养来取得最高的产量、最佳的繁殖率和最大的利润。采用全混合日粮（TMR）饲养是唯一对大小牛群均适用的饲养方式。所谓全混合日粮（TMR）是一种将粗料、精料、矿物质、维生素和其他添加剂充分混合，能够提供足够的营养以满足奶牛需要的饲养技术。TMR饲养技术在配套技术措施和性能优良的TMR机械的基础上能够保证奶牛每采食一口日粮都是精粗比例稳定、营养浓度一致的全价日粮（图6-1）。目前，这种成熟的奶牛饲喂技术在以色列、美国、意大利、加拿大、欧洲等国已经普遍使用，我国现正在逐渐推广使用。

图6-1　奶牛TMR机械应用

二、TMR饲喂方式的优越性

与传统饲喂方式相比TMR饲养方式具有以下优越性。

1．可提高奶牛产奶量

实践证明，饲喂TMR的奶牛每千克日粮干物质能多产5%～8%的奶；即使奶产量达到每年9吨，仍然能有69%～70%奶产量的增长（图6-2、图6-3）。

图6-2　立式TMR搅拌分发车

图6-3　卧式TMR搅拌分发车

2．增加奶牛干物质的采食量

TMR技术将粗饲料切短后再与精料混合，这样物料在物理空间上产生了互补作用，从而增加了奶牛干物质的进食量。在性能优良的TMR机械充分混合的情况下，完全可以排除奶牛对某一特殊饲料的选择性（挑食），因此，有利于最大限度地利用最低成本的饲料配方。同时，TMR是按日粮中规定的比例完全混合的，减少了偶然发生的微量元素、维生素的缺乏或中毒现象。

3．提高牛奶质量

粗饲料、精料和其他饲料被均匀地混合后，被奶牛统一采食，减少了瘤胃pH值的波动，从而保持瘤胃pH值稳定，为瘤胃微生物创造了一个良好的生存环境，促进微生物的生长、繁殖，提高微生物的活性和蛋白质的合成率。亦即饲料营养的转化率（消化、吸收）提高了，奶牛采食次数增加，奶牛消化紊乱等代谢病减少，进而使乳脂含量显著增加。

4．降低奶牛疾病发生率

瘤胃健康是奶牛健康的保证，使用TMR后能预防营养代谢紊乱，减少真胃移位、酮血症、产褥热、酸中毒等营养代谢病的发生。

5．提高奶牛繁殖率

泌乳高峰期的奶牛采食高能量浓度的TMR日粮，可以在保证不降低乳脂率的情况下，维持奶牛健康体况，有利于提高奶牛受胎率及繁殖率。

6．节省饲料成本

TMR日粮使奶牛不能挑食，营养素能够被奶牛有效利用。与传统饲喂模式相比，饲料利用率可增加4%（Brianp，1994）；TMR日粮的充分调制还能够掩盖饲料中适口性较差但价格低廉的工业副产品或添加剂的不良影响，从而节约饲料成本。

7．降低管理成本

采用TMR饲养管理方式后，饲养工不需要将精料、粗料和其他饲料分道发放，只要将料送到即可；采用TMR后管理轻松，管理成本降低。

三、TMR饲养技术关键点

管理技术措施是有效使用TMR的关键之一，良好的管理能够使奶牛场获得最大的经济利益。

1．干物质采食量预测

根据有关公式计算出理论值，结合奶牛不同胎次、泌乳阶段、体况、乳脂和乳蛋白以及气候等推算出奶牛的实际采食量。

2．奶牛合理分群

对于大型奶牛场，泌乳牛群根据泌乳阶段分为早、中、后期牛群，干奶前期、干奶后期牛群。对处在泌乳早期的奶牛，不管产量高低，都应该以提高干物质采食量为主。对于泌乳中期的奶牛中产奶量相对较高或很瘦的奶牛应该归入早期牛。对于小型奶牛场，可以根据产奶量分为高产、低产和干奶牛群。一般泌乳早期和产量高的牛群分为高产牛群，中后期牛分为低产牛群。

3．奶牛饲料配方制作

根据牧场实际情况，依据泌乳阶段、产量、胎次、体况、饲料资源特点等因素合理制作配方。考虑各牛群的大小，每个牛群可以有各自的TMR，或者制作基础TMR＋精料（草料）的方式满足不同牛群的需要。此外，在TMR饲养技术中能否对全部日粮进行彻底混合是非常关键的，因此，牧场必须具备能够进行彻底混合的饲料搅拌设备。

四、TMR搅拌机的选择

1．TMR搅拌机容积的选择

选择时的考虑因素，其一是根据奶牛场的建筑结构、喂料道的宽窄、牛舍高度和牛舍入口等来确定合适的TMR搅拌机容量；其二是根据牛群大小、奶牛干物质采食量、日粮种类（容重）、每天的饲喂次数以及混合机充满度等选择混合机的容积大小。

2．TMR搅拌机机型的选择

最好选择立式混合机。它与卧式相比优势明显，其一是草捆和长草均无需另外加工；其二是混合均匀度高，能保证足够的长纤维刺激瘤胃反刍和唾液分泌；其三是搅拌罐内无死角、无剩料。卧式机剩料难清除，影响下次饲喂效果；其四是机器维修方便，只需每年更换刀片；其五是使用寿命也较卧式机长（15 000次/8 000次）。

3．TMR搅拌机生产性能的选择

在对TMR搅拌机进行选择时，我们同样要考虑设备的耗费，包括节能性能、维修费用以及使用寿命等因素。

五、TMR生产与应用的要点

1．填料顺序

一般立式混合机是先粗后精，按照干草、青贮、糟渣类、精料顺序加入。

2．混合时间

边加料边混合，物料全部填充后再混合3～6分钟，避免过度混合。

3．物料含水率

为保证物料含水率为40%～50%，可以加水或精料泡水后加入。牧场可以很方便地用微波炉检测饲料的水分。

4．完整的日常记录

详细记录每天每次的采食情况、奶牛食欲、剩料量等，以便于及时发现问题，防患于未然；每次饲喂前应保证有3%～5%的剩料量，还要注意TMR日粮在料槽的一致性（采食前/采食后）和每天保持饲料新鲜，及时发料。

总之，TMR技术是我国奶牛养殖业走向现代化、科学化的必由之路。

国外对TMR饲养技术的研究和应用已经很广泛，而且大多已取得了较为理想的效果。毋庸置疑，随着我国奶牛养殖业规模化、集约化和现代化步伐的加快，我国也将出现大批新型的TMR牧场。

第二节　全混合日粮（TMR）的制作设备

一、TMR混合机

全混合日粮（Total Mixed Ration，TMR）技术是根据营养专家设计的日粮配方，用特制的搅拌机对日粮各组分进行搅拌、切割、混合和饲喂的一种先进的饲养工艺。

TMR技术最大的优点是保证了奶牛所采食每一口饲料都具有均衡的营养，要达到这个目的，必须选择合适的TMR设备。

奶牛场实现TMR技术的设备主要分为两类：一类是通过拖拉机等动力设备牵引或自走式TMR混合机（图6-4和图6-5），该设备按添加顺序分别装载各饲料组分，经搅拌、混合后直接投放到奶牛饲槽；另一类是在饲料车间安装固定式TMR混合机，由人工或装载机按添加顺序分别装载各饲料组分，搅拌混合后再借助中间运输设备将TMR运送到牛舍饲喂（图6-6），牵引式机型未配备牵引设备则形成移动固定兼用型饲料搅拌机（图6-7）。

图6-4　牵引式TMR饲料搅拌喂饲机

图6-5　自走式TMR搅拌喂饲机

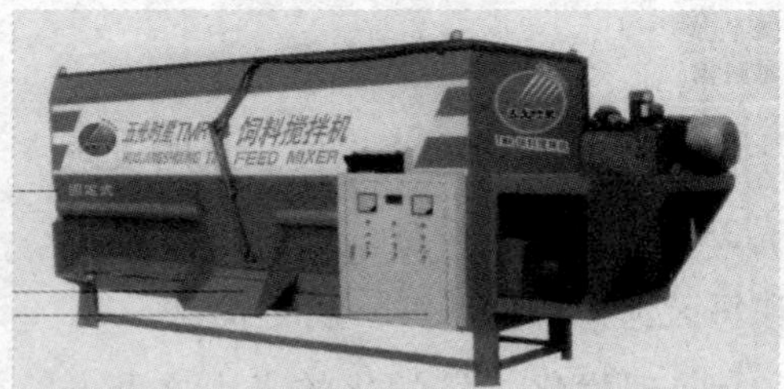

图6-6　固定式TMR搅拌机

图6-7　移动、固定兼用式TMR搅拌机

TMR技术的核心设备为混合机。混合机可以简单的分为以下几类：

1．卧式螺旋混合机

卧式螺旋混合机（Horizontal auger）通过1～4个水平螺旋搅龙搅拌混合。对于多搅龙混合机，通过搅龙的反向旋转搅拌饲料，搅龙锋利的边缘将长干草切断为8～10厘米的碎草。一些卧式螺旋混合机不能很好地处理干草和裹包青贮牧草，长的牧草容易缠绕到搅龙上。由于此类搅拌机将饲料强力推动使其在整个搅拌舱内运动，同时辅以切割作用，如果不能按照要求操作，容易造成日粮粒度过小，影响奶牛反刍。图6-8和图6-9为卧式螺旋混合机内部结构图。

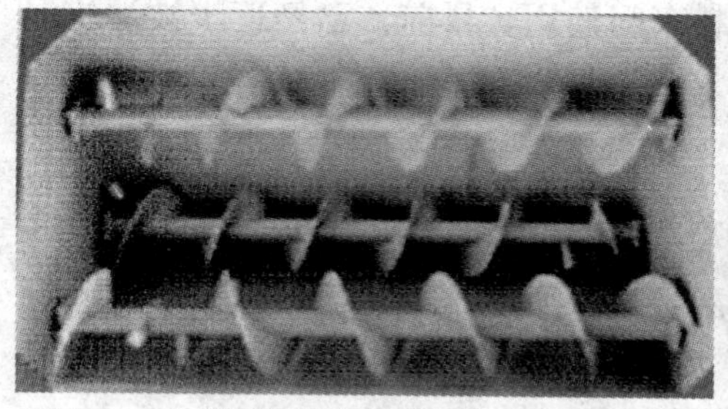

图6-8　卧式螺旋混合机搅拌仓内部结构图

图6-9　卧式螺旋混合机搅拌仓内部结构图

2．立式螺旋混合机

立式螺旋混合机（Vertical auger or screw）舱内中央有1～2个垂直搅龙或锥形螺旋，通过底部齿轮驱动旋转，借助螺旋锋利的边缘的移动和固定刀片切短长草。此类混合机对长干草处理能力较强，有些机型可以直接处理大的干草捆和裹包青贮，但设备价格也较高。对于粗饲料全为干草的日粮，通过加水或添加酒糟等高水副产品后能很好地进行混合，如图6-10和图6-11所示。

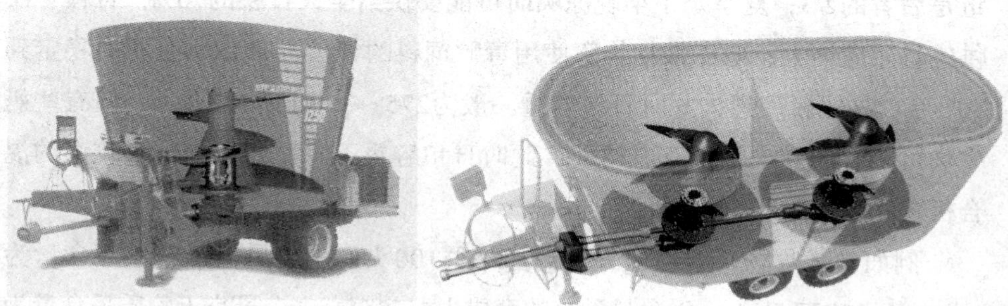

图6-10　立式单螺旋混合机搅拌仓内部结构图　　图6-11　立式双螺旋混合机搅拌仓内部结构图

3．桨叶螺旋混合机

桨叶螺旋混合机（Reel mixer）通常由一对螺旋搅龙和一带盘组成。通过带盘的转动将饲料提升到螺旋搅龙，由螺旋搅龙切短出料。由于对长干草和草捆不能很好地切割，有些机型需要配备有专门的长干草和草捆处理设备。

4．滚筒式或桨叶式混合机

滚筒式或桨叶式混合机（Tumbling action within a drum and/or with chain and paddles），主要用于混合日粮，不具备切割干草和大块饲料的功能，一些使用保护性饲料原料（如包被氨基酸等）非常有利，但干草等必须用其他设备先铡短切碎后装入。此类设备价格便宜，与相同工作效率的其他类型混合机相比耗能低、通常是固定安装在饲料车间使用。目前，已经逐步被螺旋混合机和带盘式混合机代替。

二、TMR混合仓容积的选择

TMR混合机通常标有最大容积和有效混合容积，前者表示混合舱内最多可以容纳的体积，后者表示达到最佳混合效果所能添加的饲料体积。有效混合容积高度基本上是到舱内搅拌设备（螺旋搅龙等）的顶部，约等于最大容积的70%～80%。在TMR制作中，饲料添加量超过有效混合容积，会导致混合时间增加、混合均一性降低等问题。

选择合适尺寸的TMR混合机时，主要考虑因素有奶牛干物质食入量、分群方式及其群体大小、日粮组成和容重、环境变化等。所选择的混合机既要能满足奶牛场中最大规模的饲喂群体（如产奶牛群）的需求，同时，还能够尽量兼顾小型牛群（如干奶牛群、青年牛群等）日粮的供应，还要考虑到未来扩大奶牛场规模的要求。对于3次饲喂和2次饲喂，前者每批次TMR供应量是后者的2/3；夏季奶牛早晚凉爽时可能要供给全天日粮的70%，日粮一次供应量相应增大；对于常年均衡使用青贮饲料的日粮，TMR水分相对稳定到50%～60%比较理想，此时日粮容重一般为275～320千克/立方米。但有些奶牛场可能会用到大量干草、秸秆，此时日粮容重下降，相应地需要较大的混合机仓。

例如，某牧场采食量最大的高产牛群100头奶牛（最大干物质采食量为100×25=2500千克），采食量最小的育成牛群75头奶牛（最小干物质采食量为

75×6=450千克）。如果一天3次饲喂，则每次最大和最小混合量为：最大量2 500/3=830千克、最小重量450/3=150（千克）。如果按TMR的干物质含量为50%～60%、容重约为275千克/立方米来计算，则混合机的最大容量为830/0.6/275=5.0（立方米），最小容量应该为150/0.6/275=0.9（立方米）；也就是说，混合机有效混合容积选择范围为0.9～5.0（立方米），最大容积（混合容积为最大容积的70%）为1.2～7.1（立方米）。这是一个比较宽的范围。如果选择下限，也就是使用小容量混合机，设备投资少，但对于大群体则需要多次混合，劳动效率有所降低；如果选择上限，则需要缩减TMR日粮配方的数量，甚至全场所有牛群使用同一个配方，这样在TMR设备的安排上较为便利，但不能很好地实现阶段饲养。

三、TMR混合机的附属设备

1．配套动力

自走式TMR混合机，自备动力；而对于固定式TMR混合机、移动固定兼用型TMR混合机则应配备配套电机或柴油机，而对牵引式TMR混合机来讲，则拖拉机是必备的附属设备。生产中必须选择相应功率（马力）的拖拉机（表6-1）。

表6-1　与牵引式TMR混合机相匹配的拖拉机

TMR混合机有效混合容积（立方米）	2.4	4.8	7.1	9.5	11.9	14.3	16.7
匹配拖拉机（马力）	75	75	100	125	125	150	150

资料来源：Spain，1994.

国产牵引式机型配套马力如表6-2所示。

表6-2　牵引式TMR饲料搅拌机配套动力表

产品类型	规格型号	容积（立方米）	马力（公制马力）	外形尺寸（长×宽×高）
移动式饲料搅拌机	SYJ-8	8	25	3 100×1 750×1 986
	SYJ-11	11	45	3 770×1 750×1 986
	SYJ-13	13	50	4 300×1 750×1 986
	SYJ-16	16	75	4 800×1 750×1 986

国产固定式TMR饲料搅拌机匹配动力如表6-3所示。

表6-3　固定式TMR饲料搅拌机配套动力表

产品类型	规格型号	容积（立方米）	功率（千瓦）	外形尺寸（长×宽×高）
固定式饲料搅拌机	SGJ-5	5	15	2 600×1 620×1 890
	SGJ-8	8	20	3 100×1 700×2 030
	SGJ-11	11	30	3 700×1 700×2 030
	SGJ-13	13	37	4 300×1 700×2 030
	SGJ-16	16	40	4 768×1 700×2 030
	SGJ-20	20	55	5 950×1 700×2 030

2．自动称量设备

带有电子自动称量器的TMR混合机可以对每种组分添加量进行控制，保证每批TMR组成的一致性和稳定性。电子称量器的数字键盘可以输入每种组分的实际供应量，也可以每完成一种原料的添加后清零，及时观察实际填入量。使用者应该注意自动称量装置的最小分辨率，确定使用量较小的原料称量的准确性。对于使用量过小的原料，可以单独用更精密称量设备称量后直接加入混合仓。为了保证称量装置的准确性，需要定期（一般为1周）校准称量设备。简单的方法是，在上料前、中、后三个环节加入已知重量（25千克）的精料，检查称量设备是否可以准确识别（图6-12）。

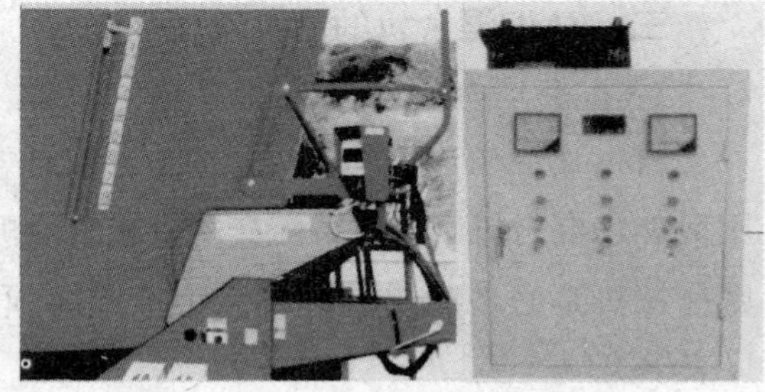

图6-12　TMR机计量、秤重装置

3．磁选装置

在TMR混合机出料口安装磁铁，用以吸取铁钉、铁丝等金属杂质，并定期检查和及时清除磁选装置吸附的铁类杂质，减少对奶牛消化道损伤及创伤性网胃、心包炎等疾病的发生（图6-13）。

图6-13　TMR机磁选装置

四、TMR生产机型举例

奶牛全混合日粮应用技术已在奶牛业生产中广泛应用，因而TMR机械的生产厂家较多。各场可根据各自的规模及条件，灵活选用。现就国内厂家和跨国公司生产的TMR机械举例介绍如下。

1．国产ZH9FL系列和ZH9JBGW系列TMR搅拌机

上海正宏农牧机械设备有限公司生产的ZH9FL系列和ZH9JBGW系列TMR搅拌机及其配套设备，如图6–14、图6–15、图6–16、图6–17所示。

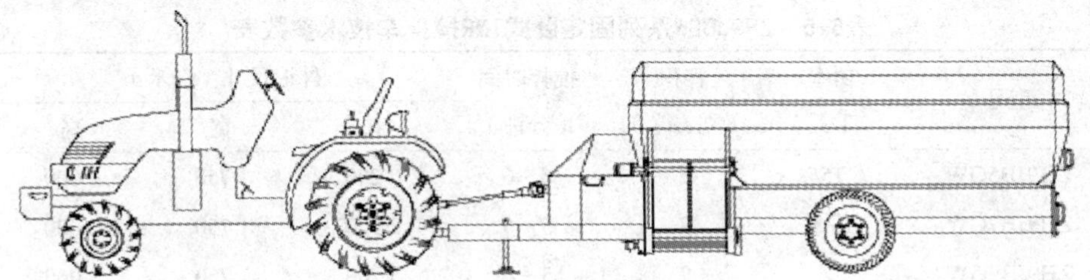

图6-14　ZH9FL系列TMR搅拌发料车示意图

图6-15　ZH9FL系列TMR搅拌发料车

图6-16　ZH9JBGW系列TMR搅拌车

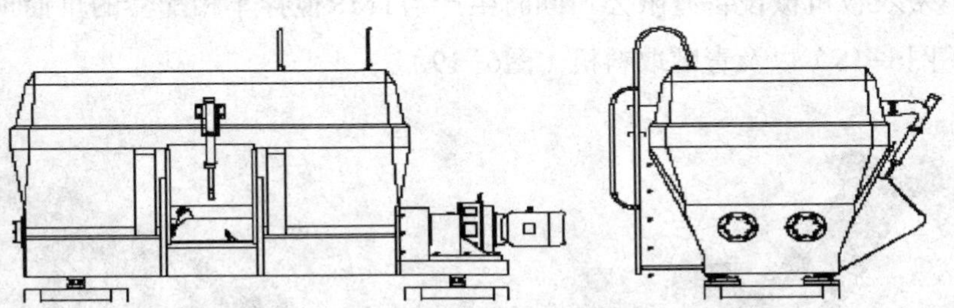

图6-17　ZH9JBGW系列TMR搅拌车示意图

（1）ZH9FL系列牵引式卧式TMR搅拌发料车　ZH9FL系列牵引式TMR搅拌发料车，适用于新建场或适合TMR设备移动的已建牛场。要求场内道路畅通，便于机械通行；牛舍门及舍内喂饲通道较宽，便于机械进出以及分发饲料。其技术参数列于表6–4中。

表6-4　ZH9FL系列TMR搅拌发料车技术参数表

型号	马力（公制马力）	容积（立方米）	外形尺寸（毫米）		
			长	宽	高
ZH9FL3	20	3	2 370	1 410	1 310
ZH9FL5	25	5	3 500	1 600	1 810

（2）固定式卧式TMR搅拌车　ZH9JBGW系列固定卧式TMR搅拌车，主要适用于奶牛养殖小区；小规模散养户集中区域；原建奶牛场，牛舍和道路不适合TMR设备移动和上料的奶牛养殖场应用。其技术参数列于表6-5中。

表6-5　ZH9JBGW系列固定卧式TMR搅拌车技术参数表

型号	功率（千瓦）	容积（立方米）	搅拌时间（分钟）	外形尺寸（毫米）		
				长	宽	高
ZH9JB5GW	15	5	5～6	2 200	1 750	2 000
ZH9JB7GW	18.5	7	5～6	2 500	1 750	2 000
ZH9JB9GW	22	9	5～6	3 200	1 750	2 000
ZH9JB12GW	30	12	5～6	4 300	1 750	2 000
ZH9JB14GW	37	14	5～6	4 600	1 900	2 150
ZH9JB16GW	45	16	5～6	4 800	1 900	2 150
ZH9JB18GW	55	18	5～6	5 400	1 900	2 150
ZH9JB20GW	55	20	5～6	5 800	1 900	2 150
ZH9JB22GW	75	22	5～6	6 500	1 900	2 150

（3）上海正宏农牧机械设备有限公司生产的TMR生产配套设备：上海正宏农牧机械设备有限公司同时生产与TMR搅拌车相配套的草捆预切填料机（图6-18）以及青贮取料机（图6-19）。

图6-18　草捆预切真料机

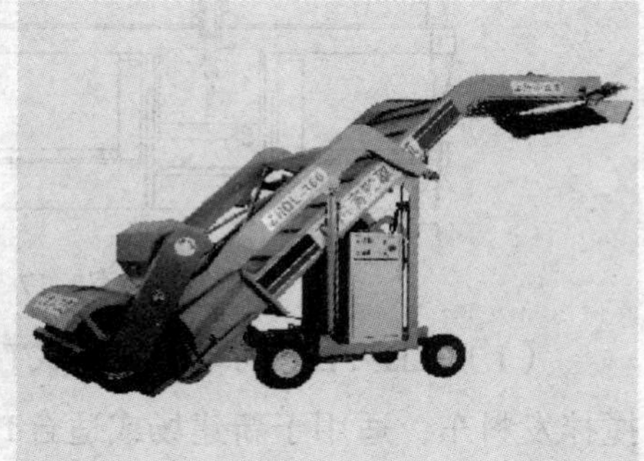

图6-19　青贮取料机

2．STORTI集团生产的TMR设备

STORTI集团成立于1956年，注册资金45亿人民币，是世界上规模最大的TMR饲料搅拌喂料车生产厂，拥有先进的饲料制备机核心技术和多家分厂，生产的TMR机械从单搅龙到四搅龙，立式到卧式，牵引式到自走式，固定式到移动式各种型号，其容积从5立方到60立方各种规格齐全。在我国形成了以北京的司达特总部为核心的强大的售后网络和品种齐全的备件库。2008年得到国家农机鉴定部门的认可，多个型号的TMR饲料搅拌车及同类产品列入了国家农机补贴范围。其部分产品如图6-20、图6-21、图6-22、图6-23、图6-24和图6-25所示。

图6-20 自走式立式TMR搅拌喂料车

图6-21 自走式卧式TMR搅拌喂料车

图6-22 固定式立式TMR搅拌车

图6-23 牵引式立式TMR搅拌喂料车

图6-24 牵引式卧式TMR搅拌喂料车

图6-25 固定式卧式TMR搅拌车

五、TMR机械的构成与维护

随着养殖的规模化、集约化、精细化的发展，TMR养殖的技术成为现代化牧场智能管理不可缺少的组成部分。然而如何选择性能稳定、适合牧场特定条件的设备以及如何正确的使用，正确的维护，成为奶牛场经营者所关心的主要议题。

1．TMR搅拌车的构成

TMR搅拌车的核心部件是底盘、箱体、卸料装置、变速箱、动刀、定刀、计量装置、液压系统等。

（1）底盘　底盘是承载搅拌车行走和操作的设备，他对搅拌车的稳定工作很重要，可以对颠簸的路面起缓冲作用，以及减轻搅拌机工作时的震动对精确计量的影响，底盘的寿命象征着设备的使用寿命，对设备稳定的工作有着支撑的作用。牵引车的底盘是独立的。一般都是A架构的。选择的要点是，较好的转弯半径，使拖拉机轮胎接触支架更小。结构好，强度高。使用持久。自走式的是联合的底盘，相当于卡车底盘。选择的要点是技术稳定，承载能力强。

（2）箱体　TMR搅拌车的种类根据搅拌箱的形式分立式和卧式两类。

卧式搅拌机箱体较低，可节省空间。便于装填原料。但维护停机时间长，搅拌混合会对边角、底部、搅轮产生压力而容易磨损。粗饲料混合的比例为85%（行业公认标准）。

立式搅拌机对箱体的压力很小，磨损小，易损件也少，可切割大草捆，相对卧式节省动力10%，使用成本低，粗饲料混合比例为95%（行业公认标准）。

搅拌箱（图6-26）是搅拌车的主要工作部分，包括箱体，搅轮，变速箱，卸料装置。搅拌箱体是设备工作的核心。饲料的搅拌切割工作都在搅拌箱内完成。箱体，搅轮和卸料装置是易磨损的部件，其磨损主要是由于饲料的摩擦而导致

图6-26　卧式搅拌车搅轮装置

的。磨损程度与使用的时间，饲料的配方，搅拌箱的材料有关。

选择搅拌车的箱体内衬为不锈钢材质，则耐磨性能较高。选用独特的方形搅轮，可提高搅轮的速度，减少搅拌的时间，也会降低磨损程度。

（3）卸料装置　卸料装置是把混合好的饲料精确均匀的投喂到采食区。有平滑的底板卸料和传送带卸料等多种形式。卸料装置是磨损件。

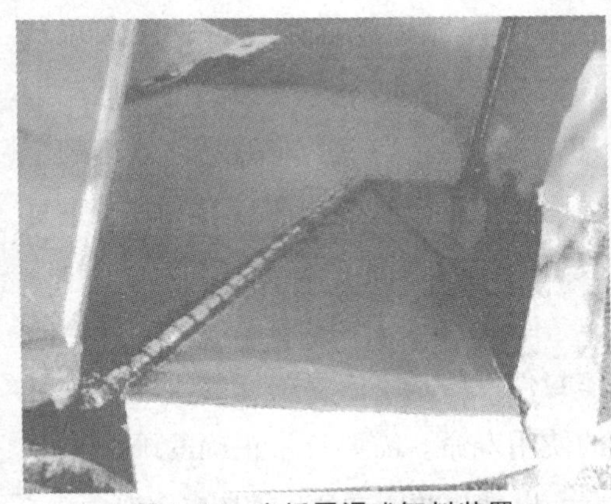

图6-27　底板平滑式卸料装置

底板卸料（图6-27），结构简单。卸料时只需把卸料门打开，在搅轮的推动下将饲料推出。利用液压控制底板角度卸料。投料的均匀度在80%以上。一般认为是磨损较小的卸料装置。

传送带式的卸料则复杂一些。一般分为链条刮板式和皮带式两种，卸料时打开卸料门，在搅轮的推动下把饲料推到传送带上，再利用液压马达驱动传动装置（链条或皮带）来卸料。投料的均匀度90%以上。但有轴承，驱动轮，链条或皮带。需要经常维护。

皮带式的噪音小。但皮带易磨损损坏。链条刮板式的更换的频率较低，使用时成本低，寿命大约是皮带的3倍以上（图6-28和图6-29）。

图6-28　链条刮板式卸料装置

图6-29　皮带传送式卸料装置

（4）变速箱　变速箱是通过齿轮间齿数比或齿轮和链条的速比把转速降到要求的转速，是搅拌车的心脏。

立式变速箱是利用齿轮啮合传动变速来工作，结构紧凑，维护方便。

卧式的齿轮箱是利用齿轮转动带动链条传动动力来实现变速工作。链条驱动，可靠性较差，故障率也相对较高。

对变速箱的要求是能使饲料切割的更快，又可节省动力。部分搅拌车搅龙的转速是41转/分钟，能快速切割饲草，使有效的粗纤维得以保留。部分搅拌车配置了双速齿轮箱，可实现转速32转/分钟和23转/分钟。可降低动力10%～20%。当牵引车的马力低于额定值时可以起到补偿作用，具有减少重复投资的功能。

图6-30　搅拌车变速箱

任何形式的转动都需轴承，轴承的密封件一般是不容易损坏的，但有一定的使用寿命。需要日常正确的维护和保养，以延长使用寿命，如图6-30所示。

（5）动刀与定刀　搅轮的工作是利用螺旋旋转把饲料切割混合，是搅拌车工作的核心部分。搅轮上的刀片是用来切割饲草，如果搅轮的刀片磨损严重而不能及时更换，则会增加动力的消耗。因而需要经常的维护和更换刀片。搅轮上的刀片叫动刀，搅拌箱上的刀片是定刀。当饲料进入搅拌箱时。动刀在搅轮的旋转带动下，把饲草切割到要求的长度并把饲料搅拌均匀，又不损失有效粗纤维。适当调节箱体定刀与搅龙动刀之间的间隙距离，可以改变饲草的运动阻力，以增加切割能力。刀片的磨损跟饲草的干湿度、硬度、种类有关，更重要的是与刀片的制作材料相关。一般来说，采用表面镀碳乌合金制作的刀片，比一般的刀片耐磨，使用寿命也是普通材质刀片的2倍以上。

立式搅轮上一般安装有7～10把动刀片，而且都一样，可以互换。卧式的搅轮上多装有30～50把动刀片。就更换成本而言，卧式的成本相对较高（图6-31和图6-32）。

（6）计量装置　TMR搅拌车多采用电子计量装置。搅拌车的电子称重是计量每次工作的数据，是精确的装载和精确投喂的依据，对TMR的制作、

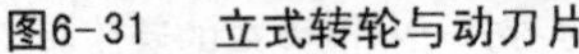
图6-31　立式转轮与动刀片

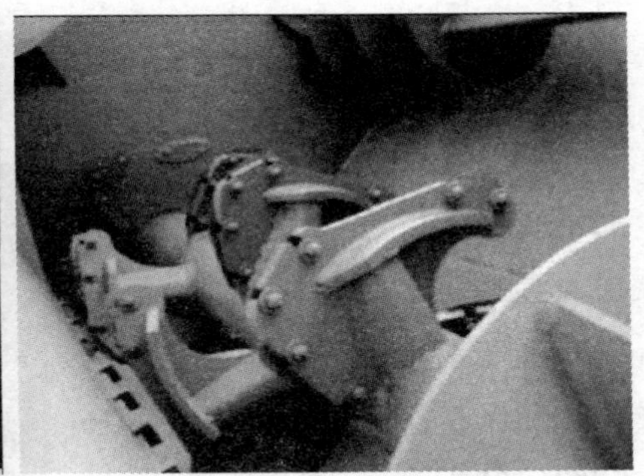
图6-32　卧式转轮

奶牛营养平衡以及精准化饲养很重要。要求电子称重装置能适应恶劣的环境，如高温、低温以及震动等。当机器在颠簸的环境中并行走和搅拌时，称量要保持准确。简单的计量装置只能显示每次加料重量和总重量；而编程的计量装置则可准确称量和记录每一个配方的名称，可饲喂奶牛头数，以及配方里饲料原料的名称，重量及加料的顺序。正确的使用和规范的操作，是对计量装置设备的最好的维护。使用过程中，需要保证电压稳定，操作正确，如图6-33和图6-34所示。

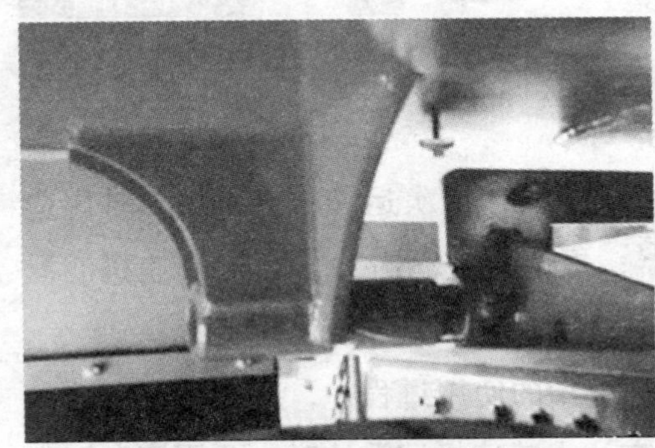
图6-33　饲料计量称重感应器

图6-34　计量装置微机显示器

（7）液压系统　液压系统是移动式TMR搅拌车的重要组成部件，是用来指挥或调节各项工作任务具体实施的关键部件。牵引式TMR搅拌喂料车的液压多是取自牵引车头即拖拉机的液压装置。液压系统主要是用来驱动料门开启和关闭以及卸料装置的正常作业。

自走搅拌车是利用液压作为动力来驱动搅轮工作的，可以实现高压化，能以较小的体积获得较大的输出力，能够实现力、速度和方向等的自动调节，以及实现装置的过载保护。并且具有操作方便简单，使用寿命长等特点。液压装置不属于易损件，但需要定期的维护和保养，如图6-35、图6-36和图6-37所示。

图6-35　TMR搅拌车的液压泵

图6-36　TMR搅拌车的液压马达

图6-37　TMR搅拌车的电液操纵阀

2．TMR搅拌车的日常维护与保养

（1）新机保养　新购入的TMR搅拌车，初次运转50～100小时内应进行一次例行保养，清扫传输过滤器，更换检查润滑油，更换减速机润滑油，注入新的齿轮润滑油。

（2）班前班后的保养　在TMR搅拌车的使用过程中，应进行定期清除润滑油系统以及各部位的积尘油污，在注入减速机润滑油时，要用擦布擦净润滑油的注入口，清除给油部位的脏物，具有油标显示给油量的机型，油标尺显示应全部到位；机械每工作200小时应检查轮胎气压；每工作400小时应检查轮胎螺母的紧固状态，检查减速机油标尺中的油高位置；定期维护动刀锐度；每工作1 500～2 000小时应更换一次减速机的润滑油。必要时更换动刀片等磨损严重的部件。

六、TMR搅拌车的适用性与选购要点

（一）各类TMR搅拌车的应用特点

1. 自走式搅拌车

（1）适用范围　大型现代化牛场，一般适用于饲养规模在2 000头以上的奶牛场。

（2）主要优点

① 工作效率高，通常一个人就能完成整个牛场的饲喂工作，节省大量人工。

② 生产效率高，正常情况下，能在15分钟内快速完成一次工作循环。

③ 使用方便，可利用自身的取料装置快速吸取所需物料，大量节省取料时间。

④ 动力一体化，转弯半径小，自由进出牛舍，分发饲料快捷方便。

⑤ 劳动强度低，工人工作环境舒适，降低了劳动强度。

⑥ 管理成本低，便于牛场管理，可有效降低人工管理成本。

（3）制约因素　机械设备造价大，一次性投入成本较高，只有在替代更多劳力和TMR车应用总成本小于劳力总成本的情况下，才能体现出投入产出比的产出优势。

从现有资料显示，一台20立方米自走式搅拌车，一天两回发料，能完成5 000～6 000头（含后备牛与成乳牛）牛群的饲喂任务。

2. 牵引式搅拌车

（1）适用范围　牵引式饲料搅拌车适用于可以自由进出牛舍的现代化牛场。

（2）主要优点

① 移动性强，可以在青贮窖、饲料间、干草棚等进行就地取料，无需其他专门设备搬运集中物料，节省人工。

② 利用自身的青贮抓手或配套的青贮取料机自动切取青贮，对保护青贮截面，避免二次发酵效果十分明显。

③ 可以自由进出牛舍分发饲料，节省大量人工，只需2～3人就能完成千头牛场的饲喂工作。

④ 搅拌好的TMR饲料可以及时进行投放，有效保证饲料的新鲜度，可减少饲料因变质而造成的损失。

⑤ 工作循环时间较短，生产效率较高。

（3）制约因素

① 草库、精料库、青贮窖不集中，不利于日粮的搅拌效果，使机械设备的工作时间延长，磨损及油耗增加。

② 对拖拉机性能的依赖性强，维护保养工作量较大，保养所需的消耗较高。

③ 对牛舍及牛场道路布局等要求较高。

3. 固定式搅拌车（图6-38）

（1）适用范围　适用于因牛舍及槽道限制，无法实现日粮直接投放的传统牛场。

图6-38　固定式TMR生产

（2）主要优点

① 可利用电动机作动力，目前，电价要比油价低得多，使用电机为搅拌车提供动力，降低了饲料加工成本。

② 固定地点生产，无需牵引动力。减少了机器保养油耗，部分机型甚至无油耗发生。

③ 固定式搅拌车故障率低，维护保养简单。

④ 实现奶牛日粮的机械加工，节约工人劳动时间，降低工人劳动强度。

⑤ 可减少代谢疾病，提高产奶量。

（3）制约因素

① 一般传统牛场草库、精料库、青贮窖不集中，使加料时间长，造成机械设备的工作时间延长，磨损及电耗增加。

② 需要由三轮车或农用车运送原料和成品，而搅拌好的日粮也只能卸到牛舍门口或牛槽前，然后再进行人工饲喂，多次转运，容易改变TMR饲料的均匀度。

③ 工序较多，难以实现节省人工数量的目的。

（二）TMR搅拌车选购要点

1．机器运行成本低

机器运行成本主要包括更换刀片、润滑油及过滤器、日常维护、燃油消耗等。通常按10年使用寿命计算，燃油一般占60%的运行成本。牛场的科学设计，合理布局，缩短运行区间距离，是降低燃油消耗的重要技术措施。对于保养维护、更换磨损件，主要与使用时间有很大的关系。如果在搅拌总量不变的情况下，缩短每车搅拌时间是降低运行成本的主要技术措施。

2．动力消耗低

机器传动级数越多，动力消耗就越多。卧式机械通常有齿轮和链条，中间还需要涨紧轮，可靠性差，需要搅拌时间相对较长。而且卧式的搅轮对侧壁有压力，也会消耗动力。亦即立式搅拌车动力消耗较低。

3．维护费用低

搅拌车的维护，需要定期更换的有刀片，过滤器，润滑油等。

搅拌车易损件，主要有轴承、链条、油封、输送带等。这些零件即使在正常使用环境下，也会自然磨损。因此，结构简单的立式搅拌车，易损件更换的少，维护成本也相对较低。

4．使用寿命长

国外的经验证明，机器性能稳定，可靠性好的可使用10～15年。而工作时间长，强度大，机械不堪重负，尤其是维护保养跟不上，必然会造成使用寿命缩短。所以机器的可靠性很关键。因为每天均需使用，必须进行正确的维护保养。

5．混合均匀度高

TMR搅拌车是将粗饲料，精饲料，矿物质，维生素添加剂等饲料组分在搅轮的旋转、切割、揉搓下均匀混合。在混合过程中对粗饲料进行切割，切割要确保有效粗纤维不流失，确保日粮的均衡一致和全价性。性能优良的设备能保证混合比例稳定，牛采食的每一口日粮营养的均衡，因此，机械的混合均匀度高应是首选条件。

6．良好的售后服务

要保证设备良好的运作，TMR技术得到很好的应用，必须有一个高效的

团队在饲喂的技术上，配件的供应上，设备的维护上提供支持。也就是说生产厂家能否提供良好的售后服务的，是选用设备要考虑的重要条件。

第三节　TMR的配制与生产

一、原材料选择

1．粗料

包括青干草、青绿饲料、农作物秸秆等，具有容积大，纤维素含量高，能量相对较少的特点。一般情况粗料不应少于干物质的50%，否则会影响奶牛的正常生理机能。

2．精料

包括能量饲料、蛋白质饲料、以及糟渣类饲料，含有较高的能量、蛋白质和较少的纤维素，它供给奶牛大部分的能量、蛋白质需要。

3．补加饲料

一般包括营养性和非营养性饲料添加剂等，占日粮干物质的很少比例，但也是维持奶牛正常生长、繁殖、产奶和健康所必须的营养物质。

二、配伍原则

① 将牛群划分为高产群、中产群、低产群和干奶群，然后参考《奶牛饲养标准》为每群奶牛配合日粮，在饲喂时，再根据每个牛的产乳量和实际健康状况适当增减喂量，即可满足其营养需要。对个别高产奶牛可单独配合日粮。在散栏式饲养状况下，也可按泌乳不同阶段进行TMR配合。

② TMR配合必须以奶牛饲养标准为基础，充分满足奶牛不同生理阶段的营养需要。

③ 饲料种类应尽可能多样化，以提高日粮营养的全价性和饲料利用率。

④ 正确估算奶牛的干物质进食量：为确保奶牛足够的采食量和消化机能的正常，应保证日粮有足够的容积和干物质含量，高产奶牛（日产奶量20～30千克），干物质需要量约为体重的3.3%～3.6%；中产奶牛（日产奶量15～20千克）约为2.8%～3.3%；低产奶牛（日产奶量10～15千克）约为

2.5%～2.8%。

⑤ 日粮中粗纤维含量应占日粮干物质的15%～24%，否则会影响奶牛正常消化和新陈代谢过程。即尽可能使干草和青贮饲料的干物质占到日粮总干物质的50%以上。

⑥ 精料是奶牛日粮中不可缺少的营养物质，其喂量应根据产奶量而定，一般在维持需要的基础上每产3千克牛奶饲喂1千克精料。奶牛TMR常用精饲料原料的最大用量：米糠、麸皮25%，谷实类75%，饼粕类25%，糖蜜为8%，干甜菜渣为25%，尿素为1.0%～2.0%。

⑦ 配合TMR时必须因地制宜，牵引式TMR机的应用如图6-39所示。充分利用当地的饲料资源，以降低饲养成本，提高生产经营效益。

图6-39　牵引式TMR机的应用

三、配制方法

首先进行干物质进食量预算，确定采食饲料量；从奶牛饲养标准中查出每天营养成分的需要量，计算各种饲料成分的需要量，从饲料成分及营养价值表中查出现有饲料的各种营养成分含量。根据现有各种原料的营养成分进行计算其需要量，结合各种饲料原料的市场价格合理搭配，配合成营养平衡的全价日粮。

四、配制示例

以平均体重600千克，日平均生产乳脂率3.5%的鲜奶20千克的奶牛为例，其全混合日粮（TMR）的配制方法示例如下。

1.试差法

第一步，在饲养标准中查出体重600千克，日平均产3.5%乳脂奶20千克奶牛的营养需要，如表6-6所示。

表6-6　营养需要表

项目	奶牛能量单位（NND）	可消化粗蛋白质（DCP克）	钙（克）	磷（克）
600千克体重维持需要	13.73	364	36	27
日产乳脂3.5% 20千克奶需要	18.6	1040	84	56
合计	32.33	1404	120	83

第二步，根据当地饲料营养成分含量，列出可选用饲料的营养成分，如表6-7所示。

表6-7　可选用饲料营养成分表（每千克饲料含量）

饲料种类	奶牛能量单位（NND）	可消化粗蛋白质（DCP克）	钙（克）	磷（克）
苜蓿干草	1.54	68	14.3	2.4
玉米青贮	0.25	3	1.0	0.2
豆腐渣	0.31	28	0.5	0.3
玉米	2.35	59	0.2	2.1
麦麸	1.88	97	1.3	5.4
棉籽饼	2.34	153	2.7	8.1
豆饼	2.64	366	3.2	5

第三步，计算奶牛食入粗饲料的营养。以每天饲喂玉米青贮25千克，苜蓿干草3千克，豆腐渣10千克为例，如表6-8所示，可获如下营养含量。

表6-8　日进食粗饲料的营养含量表

饲料种类	数量（千克）	奶牛能量单位（NND）	可消化粗蛋白质（DCP克）	钙（克）	磷（克）
苜蓿干草	3	3×1.54=4.62	3×68=204	3×14.3=42.9	3×2.4=7.2
玉米青贮	25	25×0.25=6.25	25×3=75	25×1.0=25	25×0.2=5
豆腐渣	10	10×0.31=3.1	10×28=280	10×0.5=5	10×0.3=3
合计		13.97	559	72.9	15.2
需要量		32.33	1 404	120	83
与需要之差值		−18.36	−845	−47.1	−67.8

第四步，不足营养用精料补充。每千克精料按含2.3能量单位（NND）计算，补充精料量应为：18.36/2.3=7.98（千克）。精饲料匡算为：玉米4千克、麸皮2千克、棉籽饼2千克。其精料提供营养量如表6-9所示。

表6-9　日进食精饲料的营养含量表

饲料种类	数量（千克）	能量单位（NND）	可消化粗蛋白质（DCP克）	钙（克）	磷（克）
玉米	4	4×2.53=9.4	4×59=236	4×0.2=0.8	4×2.1=8.4
麦麸	2	2×1.88=3.76	2×97=194	2×1.3=2.6	2×5.4=10.8
棉籽粕	2	2×2.34=4.68	2×153=306	2×2.7=5.4	2×8.1=16.2
合计		17.84	736	8.8	35.4
粗饲料营养		13.97	559	72.9	15.2
精、粗营养合计		31.81	1 295	81.7	50.6
与营养需要比		−0.52	−109	−38.3	−32.4

第五步，补充能量、可消化粗蛋白质。拟加豆饼0.3千克：（NND=0.3×2.64=0.729，DCP=0.3×366=109.8克，钙=0.3×3.2=0.96克，磷=0.3×5=1.5克），则能量单位为32.6，粗蛋白质为1 404.8克，钙为82.66克，磷为52.1。至此，能量、蛋白基本满足，而钙、磷尚不足，需要补充。

第六步，补充矿物质。根据营养需要，尚缺钙37.34克，磷3.9克，补磷酸钙0.20千克，即可满足，获得平衡日粮如表6-10和表6-11所示。

表6-10　体重600千克、日产3.5%乳脂奶20千克奶牛TMR组成结构表

饲料种类	进食量（千克）	能量单位（NND）	可消化粗蛋白质（DCP克）	钙（克）	磷（克）	占日粮（%）	占精料（%）
苜蓿干草	3	4.62	204	42.9	7.2	6.4	—
玉米青贮	25	6.25	75	25.0	5.0	53.7	—
豆腐渣	10	3.1	280	5.0	3.0	21.5	—
玉米	4	9.4	236	0.8	8.4	8.6	48.2
麦麸	2	3.76	194	2.6	10.8	4.3	24.1
棉籽饼	2	4.68	306	5.4	16.2	4.3	24.1
豆饼	0.3	0.79	109.8	0.96	1.5	0.6	3.5
磷酸钙	0.2	—	—	55.82	28.76	0.4	—
合计	46.5	32.6	1404.8	138.48	80.86	100	99.9

表6-11　饲料日粮中干物质和粗纤维含量（单位：千克）

项目	苜蓿干草	玉米青贮	豆腐渣	玉米	麦麸	棉籽饼	豆饼	磷酸钙	合计
干物质	3	6.25	1	4	2	2	0.3	0.2	18.75
粗纤维	0.87	1.9	0.191	0.052	0.184	0.214	0.017	—	3.428

2．方块法日粮配合方法和步骤

例如，要用含蛋白质8%的玉米和含蛋白质44%的豆粕，配合成含蛋白质14%的混合料，两种饲料各需要多少？配法如下。

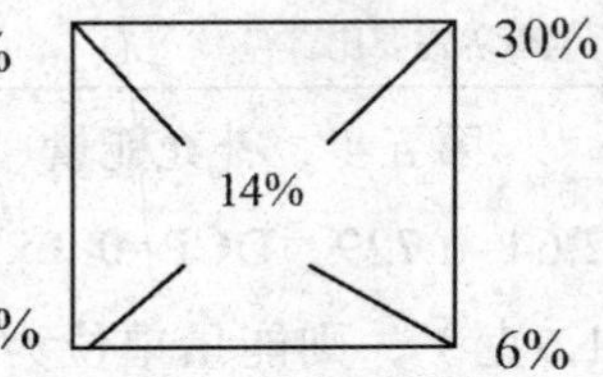

图6-40　方块法配制日粮

先在方块左边上、下角分别写上玉米的蛋白质含量8%、豆饼的蛋白质含量44%。中间写上所要得到的混合料的蛋白质含量14%。然后分别计算左边上、下角的数，与中间数值之差，所得的相差值写在斜对角上（图6-40），44-14=30为玉米的使用量比份，14-8=6为豆饼的使用量比份。两种饲料配比份之和为36（30+6），混合料中玉米的使用量应该是30/36，换算成百分数为83.3%，豆饼的用量是6/36，即16.7。当需要配制4 000千克混合料时，用83.3%×4 000=3 332千克，用16.7%×4 000=668千克，分别算出所需要玉米和豆饼的千克数。

换算为百分比例，则：

玉米用量比例为30/36=83.3%：

4 000千克×83.3%=3 333千克

豆粕用量比例为6/36=16.7%

4 000千克×16.7%=668千克

日粮中维生素和无机盐的平衡：按照需要适量添加矿物质饲料，特别是钙、磷和食盐。微量元素则建议采用预混料或饲料添砖的形式提供。

许多资料认为，奶牛很少缺乏维生素，然而近年来实践证明，补饲维生素A以及烟酸等，对于泌乳牛的健康和生产都是很有益的。维生素A缺乏会导致受孕率低、犊牛软弱或死亡，假如奶牛没有可能得到质量好的粗料，可以每头每天补喂3万～6万单位维生素A，如用注射剂，则用1万～2万单位，在产犊前两周的干乳期注射，或用胡萝卜素，在产犊后至再受孕之前这段期间饲喂，每头每天喂300毫克。烟酸能帮助提高泌乳水平，预防酮血症，每头每天可补喂3～6克。

五、TMR质量检测

1. 感官评价

TMR日粮应精粗饲料混合均匀，松散而不分离，色泽均匀，新鲜不发热、无异味，不结块。随机的从全混日粮（TMR）中取出一些，用手捧起，用眼观察，估测其总重量及不同粒度的比例（图6-41）。一般推荐，可测得3.5厘米以上的粗饲料部分以超过日粮总重量的15%为宜。有经验的牛场管理者通常采用该评定方法，同时，结合牛只反刍及粪便观察，从而达到调控日粮适宜粒度的目的。

图6-41　宾州筛及其过滤示意图

2. 水分检测

TMR的水分应保持在40%～50%为宜。每周应对含水量较大的青绿饲料、青贮饲料和TMR混合料进行一次干物质（DM）测试。

3．宾州筛过滤

专用筛由两个叠加式的筛子和底盘组成。上筛孔径1.9厘米，下筛孔径0.79厘米，最下面是底盘。这两层筛子不是用细铁丝，而是用粗糙的塑料做成的，这样，使长的颗粒不至于斜着滑过筛孔。具体使用步骤：随机采取搅拌好的TMR，放在上筛，水平摇动两分钟，直到只有长的颗粒留在上面的筛子上，再也没有颗粒通过筛子。日粮被筛分成粗、中、细3部分，分别对这3部分称重，计算它们在日粮中所占的比例。推荐比例为：粗（>1.9厘米），10%～15%；中（0.8厘米<中<1.9厘米），30%～50%；细（<0.8厘米），40%～60%。

4．观察奶牛反刍

奶牛每天累计反刍大约7～9小时，充足的反刍是保证奶牛瘤胃健康的需要。粗饲料的品质与适宜切割长度对奶牛正常反刍、维护奶牛瘤胃健康至关重要，劣质粗饲料是奶牛干物质采食量的第一限制因素。同时，青贮或干草如果过长，会影响奶牛采食，造成饲喂过程中的浪费；而切割过短、过细又会影响奶牛的正常反刍，使瘤胃pH值降低，出现一系列代谢疾病。观察奶牛反刍是间接评价日粮制作粒度的有效方法。记住有一点非常重要，那就是随时观察牛群时至少应有50%～60%的牛正在反刍。

第四节　应用TMR的注意事项

一、全混合日粮（TMR）品质

全混合日粮的质量直接取决于所使用的各饲料组分的质量。对于泌乳量超过10 000千克的高产牛群，应使用单独的全混合日粮系统。这样可以简化喂料操作，节省劳力投入，增加奶牛的泌乳潜力。

二、适口性与采食量

奶牛对TMR的干物质采食量。刚开始投喂TMR时，不要过高估计奶牛的干物质采食量。过高估计采食量，会使设计的日粮中营养物质浓度低于需要值。可以通过在计算时将采食量比估计值降低5%，并保持剩料量在5%左右来平衡TMR。

三、原材料的更换与替代

为了防止消化不适，TMR的营养物质含量变化不应超过15%。与泌乳中后期奶牛相比，泌乳早期奶牛使用TMR更容易恢复食欲（图6-42），泌乳量恢复也更快。更换TMR，泌乳后期的奶牛通常比泌乳早期的奶牛减产更多。这就要求配制生产TMR的原材料要尽可能保持一致，必须更换时，也要有一定的过渡期，即新旧原料逐渐被替代。

图6-42　奶牛采食TMR

四、奶牛的科学组群

一个TMR组内的奶牛泌乳量差别不应超过9～11千克（4%乳脂）。产奶潜力高的奶牛应保留在高营养的TMR组，而潜力低的奶牛应转移至较低营养的TMR组。如果根据TMR的变动进行重新分群，应一次移走尽可能多的奶牛。白天移群时，应适当增加当天的饲料喂量；夜间转群，应在奶牛活动最低时进行，以减轻刺激。

五、科学评定奶牛营养需要

饲喂TMR还应考虑奶牛的体况得分、年龄及饲养状态。当TMR组超过一组时，不能只根据产奶量来分群，还应考虑奶牛的体况得分、年龄及饲养状态。高产奶牛及初产奶牛应延长使用高营养TMR的时间，以利于初产牛身体发育和高产牛对身体储备损失的补充。

六、饲喂次数与剩量分析

TMR每天饲喂3～4次，有利于增加奶牛干物质采食量。TMR的适宜供给量应大于奶牛最大采食量。一般应将剩料量控制在5%～10%，过多过少都不好。没有剩料可能意味着有些牛采食不足，过多则会造成饲料浪费。当剩料过多时，应检查饲料配合是否合理，以及奶牛采食是否正常。

第七章 奶牛保健与疫病防控

第一节 奶牛的保健

奶牛的保健是奶牛生产管理与经营成败的第一要务，也是取得当前效益和持续发展的关键环节。因而要求全体员工齐心协力、全方位地抓好奶牛的保健工作。

一、责任保健

选用责任心较强的饲养人员，对奶牛群体实施动态观察、触摸、嗅闻的综合性保健工作。强化饲养人员的责任心，随时观察奶牛群体的动态变化，若有异常反应，速报兽医管理人员，做到处理及时，是保障群体健康的前提。常规饲养管理做到一看、二摸、三嗅。

一看，是添料前检查草料有无腐败变质现象，饮水是否清洁，采食量和饮水是否正常，粪便的颜色与稀薄度，精神状态，运动状态，鼻镜水珠度，腹围大小，乳头与乳房，皮肤与被毛等是否有异样。

二摸，是发现奶牛基本部位有无异常的基本方式，可用手触及，如皮表温度，乳房弹性强度，瘤胃形态，肿胀部位的软硬度和痛感，皮肤结痂或脱毛程度，有无体外寄生虫等情况。

三嗅，是进入牛舍时用嗅觉判断气味是否正常，有无刺鼻味、恶臭味或烂苹果味等异常变化。

饲养员作为一线工人，要有责任感，做到日常多观察，发现情况早汇报，以便兽医及早确诊、及早治疗，把疫病消灭在萌芽状态、疫情控制在最小范围内，是保障奶牛群体健康的基础。

二、营养保健

奶牛是反刍动物，对各种营养物质的需求与杂食动物不同，满足奶牛在整个生命活动中对各种营养要素的需求与平衡是维护奶牛健康高产的前提。

1．粗纤维

粗纤维是维护奶牛生命活动不可缺少的营养物质。其主要来源于牧草类饲料，如青干草、青贮和干苜蓿等。50%的粗纤维在瘤胃内消化，并产生挥发性脂肪酸，以及合成蛋白质和B族维生素等被机体利用。因此，奶牛日粮中饲草类饲料的含量应占50%～70%，当日粮粗纤维低于30%时，则影响正常反刍，出现消化不良、拉稀或便秘等消化道疾病。

2．碳水化合物

主要来源于谷实类，糠、麦麸，含糖和淀粉较高的根茎瓜果，植物油脂及糖蜜类，这类物质在瘤胃微生物的作用下分解成淀粉、葡萄糖、低级脂肪酸等物质，吸收入血的葡萄糖约有60%被用来合成牛奶。当日粮能量饲料不足时将会影响产奶量，若长期缺乏则表现消瘦、皮毛干燥、畏寒等一系列症状，这类饲料的补充量应占精料补充料的50%～55%。

3．蛋白质

蛋白质是一切生命活动的基础，对生长和泌乳以及奶牛健康至关重要，主要来源于豆类、饼粕类和粮油加工副产品。蛋白质会直接影响奶牛产奶的数量和质量，缺乏会导致幼犊生长缓慢、体质下降，孕牛的胎儿先天不良，种公牛精液品质下降等。蛋白质饲料的合理的补充量应为精料补充料的：泌乳牛20%～30%、种公牛15%～25%、青年牛10%～15%、犊牛20%～25%。

4．维生素

又名维他命，是生长、生产以及生命活动中必不可缺少的物质之一。主要来源于青绿饲料、瓜果及人工合成。B族类维生素一般可在瘤胃内由微生物合成（幼犊除外），在日粮中勿需添加。而维生素A、维生素D、维生素E则需要合理补充，通常补充量为：维生素D 15～30国际单位/千克日粮、维生素E 1～2.8国际单位/千克体重。维生素缺乏时，奶牛则出现被毛枯燥、生长缓慢、夜盲症、流产死胎、骨质松软、白血病、免疫力下降等症状。

5．矿物质

矿物质主要来源于日粮补充的矿物质饲料。碳酸钙、食盐以及微量元素等是维持体质和生产的重要物质。供给量参考如下。

钙磷：最佳配合比例应以1.5～2：1的形式效果较好。补充量应为：泌乳牛维持量每100千克体重钙6克、磷4克，每产1千克标准乳需钙4.5克、磷4克，生长牛在维持基础上每增重1千克再补钙18克、磷12克。

盐：可按精料补充料的1%供给。也可按维持量每100千克体重补给3克，每产1千克标准乳再补给1.2克。

钾：在奶牛日粮干物质中约占0.3%～0.4%，高钠高钾的日粮长期饲喂，容易引起缺镁、排镁和镁低吸收，会导致痉挛病。

铁：现代的推荐量为每千克日粮中应含铁80～95毫克，如每千克日粮低于30毫克，则会引起贫血。

铜：推荐量为每千克日粮干物质中含铜10～15毫克。高铁、高硫、高钼的日粮能影响铜的吸收。硫酸盐较高的地区可提高2～3倍的含铜量。铜缺乏时会引起眼眶周围有皮屑脱落，皮毛色重、生长慢、产乳慢、产乳量低。

硫：一般为日粮干物质的0.2%，缺硫或日粮含硫低于0.1%时，则会导致奶牛对粗纤维和粗蛋白的利用率下降。

钴：推荐量为每千克日粮干物质中含0.06～0.1毫克，缺钴时则影响奶牛对B族维生素的合成，表现消瘦、胃部机能紊乱、贫血、失重、神经系统障碍等症状。

锌：锌的需要量一般为40毫克/千克日粮干物质，奶牛缺锌出现采食量、泌乳量下降，长时间的缺锌会引起奶牛蹄部、鼻镜、脖颈皮肤出现角质化。

碘：青年奶牛为每100千克体重补给0.6毫克，泌乳牛每100千克体重1.5毫克，长期缺碘则会出现甲状腺肿大。

锰：每千克日粮干物质应含锰10～20毫克，多数粗饲料每千克干物质含锰30毫克以上，因此不用考虑缺锰。但日粮中高浓度的钙、磷、钾能促进锰的排出。缺锰时会导致生殖系统紊乱、胎儿畸形、受孕率低下等。

硒：安全量为每千克日粮干物含硒0.2～0.3毫克，超过5毫克则引起中毒，缺硒与维生素E缺乏症相似，出现白肌病、肌肉坏死、免疫力下降、不育、死胎及胎衣不下等症状。

总之，在矿物质的用量上，应根据当地的水质、土壤环境、饲料原料的不同来源，综合添加量与比例平衡，在需求量的范围内补充添加，如某种元素的长期缺乏或过盛，都会影响奶牛的健康。

6．水

水是生命之源，是营养物质消化吸收的媒介，有机体中含有70%的体液，奶牛每摄取1千克日粮干物质需水3～5升，每分泌1升乳汁需水4升，因此，要保证奶牛健康和正常生产，每日应给予充足、清洁卫生、符合饮用标准的饮水。

三、运动保健

生命在于运动，奶牛适当的运动对保持体质健康非常重要，每天上、下午让奶牛到舍外活动2小时以上，接受新鲜空气，能增强抵抗病原微生物的能力，并能促进钙盐吸收利用，对防治难产，产后瘫痪具有重要意义。适当的户外运动，对奶牛适应外界环境以及稳产、高产、强身健体起决定性作用。

四、环境保健

创造良好的饲养环境，是保障奶牛正常生活和高产的重要条件。因此，牛舍要求光线充足，通风良好，冬能保暖，夏能防暑，排污畅通，舍温9～18℃，湿度55%～70%为宜，运动场要坚实，以细沙铺地，平坦、干燥、无积水。搭建凉棚，避免夏季阳光直射牛体，设立挡风设施，避免冬季寒风直吹牛体，创建四季舒适的奶牛生产环境，是奶牛保健的重要措施。

五、预防保健

坚持以防为主的原则，切实保障奶牛群体健康。

1．定期驱虫

在每年春秋两季应定期的对奶牛群体各驱虫一次（孕牛除外），最简单的方法是，用1%阿维菌素注射液，每100千克体重肌注2毫升，可有效的驱除奶牛体内外寄生虫。

2．预防中毒

有毒物质和毒素，不仅能使奶牛中毒，而且破坏免疫系统，使奶牛抗病力下降。因此，应杜绝饲用有毒植物，腐败饲料，变质酒糟，带毒饼粕以及被农药污染的谷实，草和饮水。投放灭鼠药饵要隐敝，用后应及时清理干净。一旦发现中毒，立即采取解毒措施。

3．防止疫病传入

牛场布局要利于防疫，远离交通要道，工厂和居民区，牛舍和生产区入口要设有效的消毒池。进出的车辆、人员，须经消毒后方可进入奶牛生产区，外来人员谢绝参观，加强灭鼠、灭蚊蝇及吸血昆虫等工作，倘若引进奶牛时，要严格按着国家的检疫制度执行，建立完善的防疫体系，严格控制一切传染源。

4．严格消毒制度

由于传染病的传播途径不同，所采取的消毒方法也不尽一致，如控制呼吸道疾病传播，则以空气消毒为主；预防或控制消化道传播的疾病，则以饲料、饮水及饲养用具消毒为主；用以控制节肢或啮齿动物传播的疾病，则以杀虫、灭鼠来达到切断传播途径的目的。每年春秋两季对牛舍、运动场、饲养用具各进行一次大清扫，大消毒，平时对牛舍每半月消毒一次。消毒液一般使用 2%～5%火碱或者10%～20%石灰乳，对运动场消毒效果较好。牛舍应使用无刺激性的消毒液，如1∶300倍的大毒杀或1∶500倍菌毒杀消毒溶液。对粪便要堆积发酵，也可拌入消毒剂和杀虫剂，进行无害化处理。

六、免疫保健

根据当地兽医主管部门的部署安排，选择性接种疫苗。

1．口蹄疫免疫

春秋两季用同型的口蹄疫弱毒疫菌各接种一次。1～2岁以上的奶牛2毫升，1岁以下的奶牛1～1.5毫升（参见疫苗使用说明）。免疫期4～6个月。

2．伪狂犬病免疫

每年的秋季接种伪狂犬病氢氧化铝甲醛一次。成年奶牛颈部皮下注射10毫升，犊牛8毫升，免疫期1年。

3．牛痘免疫

每年冬季给断奶后的犊牛接种牛痘疫菌一次，皮下注射0.2～0.3毫升，免疫期1年。

4．牛瘟免疫

每年定期用牛瘟绵羊弱化毒疫苗免疫一次，无论奶牛大小一律肌肉注射2毫升，14天产生免疫力，免疫期为1年以上。

5．气肿疽疫苗

在发生过气肿疽的地区，每年春初接种气肿明矾菌苗1次，无论大小牛一律皮下注射5毫升，犊牛到6月龄时再加强一次，14天产生免疫力，免疫期6个月。

6．肉毒梭菌中毒症疫苗

常发区在发病季节前用肉毒梭菌C型菌苗，每牛皮下注射10毫升，7～14

天产生免疫力，免疫期1年。

7．破伤风免疫

多发区应每年定期接种破伤风类毒素一次，成年奶牛皮下注射1毫升，犊牛0.5毫升，一个月产生免疫力，免疫期1年。

8．巴氏杆菌疫苗

每年春季或秋季定期接种一次，用牛出血性败血病氢氧化铝菌苗，体重100千克以下肌肉注射4毫升，100千克以上6毫升，21天产生免疫力，免疫期9个月，怀孕后期奶牛不宜使用。

9．布氏杆菌病免疫

每年定期检疫为阴性的方可接种，我国现有3种菌苗，第一种是流产布氏菌19号毒菌苗，只用于处女犊母奶牛（即6～8月龄），免疫期可达7年。第二种是布氏杆菌羊型5号冻干毒菌苗，用于3～8月龄有犊牛，皮下注射，每头用菌500亿，免疫期1年。以上两种苗，成年牛均不宜使用。第三种是布氏杆菌型2号冻干毒菌苗，公母牛均可使用，孕牛不宜使用，可供皮下注射、气雾吸入和口服接种，为确保防疫质量，做皮下注射较好，注射菌数为500亿/头，免疫期2年以上。注意：用菌苗前后7天内不得使用抗生素和含有抗生素的饲料。羊型5号毒菌苗对人有感染力，使用时要加强个人防护。

10．牛传染性胸膜肺炎免疫

疫区和受威胁的奶牛，应当每年定期接种牛肺疫兔化弱毒疫苗，按疫苗标签说明用量，用20%氢氧化铝胶生理盐水稀释50倍，臀部肌肉注射，成年牛2毫升，6～12月龄牛1毫升，21天产生免疫，免疫期1年。

11．狂犬病免疫

被疯狗咬伤的奶牛，应立即接种狂犬病疫苗，颈部皮下注射25～50毫升，间隔3～5天重复一次，免疫期6个月，在狂犬病多发地区，可进行群体定期预防接种。

12．快死症免疫

据有关报道认为，快死症由魏氏梭菌和巴氏杆菌混合感染，引起最急性败血死亡。现用的疫苗是牛型魏巴二联菌，无论大小牛各肌注5毫升，7天产免疫力，免疫期6个月，其保护率为85%。

七、药物保健

日常奶牛发病是不可避免的，怎样减少发病或不发病是药物保健的焦点。我国加入WTO后，特别是生产无公害食品是发展的必然。用化学药品对奶牛保健或治疗，既生产不出无公害奶食品，也不为世人所接受，所以，主要介绍有益微生物与中草药保健，以资参考。

1．有益微生物保健

奶牛机体中有两类细菌，一类是有益菌，另一类是有害菌。当机体在某种特定条件下，因有益菌数量降低而有害菌数量相对增高时，机体则会发生细菌性疾病。在日粮中添加一定数量的有益菌株，如芽孢杆菌属、双歧杆菌属、乳酸菌属、酵母菌属、光合菌及曲霉菌属等（有容易被瘤胃环境破坏的菌株可采用包衣技术而使其保持活性，在特定酸性、高温下不被灭活，能顺利进入小肠产生作用），可代谢产生多种消化酶、B族维生素、氨基酸等营养物被机体利用。同时，抑制了有害菌的滋生，维护了体内微生态系平衡。奶牛日粮中加入0.2%合成有益菌（总活菌数25亿CFU/克），具有如下功能作用。

① 调节肠道内在环境，维护菌群生态平衡，起到对奶牛保健作用。

② 抑制有害微生物滋生，减少由有害细菌引发的细菌性疾病。

③ 促进饲料转化率，提高产奶数量和品质。

④ 增强机体免疫力，促进疫苗接种的免疫应合，防止应激反应。

⑤ 减少粪便中的水分含量过高而引发的呼吸道疾病，利于环境保护。

2．中草药保健

当前奶牛发病率较高的是胃肠道疾病和乳腺炎，用化学药物治疗或预防，不但会破坏瘤胃所必须的微生物，更不能获得无公害的牛奶，所以，用中草药对奶牛预防性保健是最适宜的。

据原享疗马集第四卷《牛驼经》记载，师皇曰：牛驼者、倒嚼也、识得胃肠脾病、寻常病也，何医，还须四季调理为善。大意是：牛与骆驼是反刍兽，需认识到胃肠道、脾脏发病率高为常见病，如何去医，最好从四季调理着手为好。古人早就总结出防患于未然的经验，这和现代医学的预防保健是一个道理。以下介绍几种四季调理的中草药。

（1）春季　春季奶牛机体代谢最旺盛，是脱毛换毛季节，也是多风，气候不稳定，细菌病毒猖獗的季节。由于冬季青绿饲料的缺乏和冷应激，造成奶牛抗病力和免疫力较差，对抵御外界不良因素和抵抗病原微生物的能力较低，所以有万病回春之说。因此，在早春的奶牛日粮中，添加一些抗菌抗病毒、清肝健脾、渗湿利水、增强机体免疫力的中草药，对奶牛的春季保健具有一定的促进作用。如大青叶、双花、穿心莲、茵陈、木通、猪苓、香附、黄芪、白术、刺五加等。饲喂一般从2月中旬开始，加入日粮中连喂6周，每周一次，有效保健率可达85%以上。

（2）夏季　夏季潮湿闷热，气压低，多数奶牛呈现张口伸舌状粗呼吸，并采食少，产奶低等不同程度的热应激现象，个别奶牛甚至出现中暑。因此，可在奶牛日粮中添加一定量的中成药，消黄散与2倍量的维生素C，可有效降低奶牛热应激反应，若给奶牛搭凉棚遮阴效果会更好。

（3）秋季　秋天渐凉，气候多变，由细菌病毒和外界因素的不良影响而引起的上呼吸道疾病较多，通常群体中有25%左右的奶牛发生临床型或亚临床型上呼吸道疾病，多数病牛以气喘、咳嗽、流黏稠鼻涕、采食缓减、体温不高、逐渐消瘦为主要症候。按肺丝虫疗无效。改用理肺散施治有效率90%以上。采用理肺散在日粮中早期给奶牛添加做预防实验，保健率达98%。理肺散组方：知母、山栀、升麻、麦冬、秦艽、百合、兜玲、黄芩、党参、黄芪、甘草。经粉碎后按量加入日粮中，连喂3天，一周后再喂一次，起到润肺平喘、镇咳化痰、驱除风邪等免疫调节之功效，为奶牛健康越冬，提供有利保障。

（4）冬季　冬天寒冷气温低，特别是北方地区，奶牛户外运动场必受寒冷刺激，当气温下降到-10℃时，奶牛则出现饮水量减少、竖毛、寒颤，相互拥挤等畏寒动作，因受寒冷长期刺激的影响，奶牛会出现冬季腹泻病，致使体质下降，产奶量降低，犊牛生长慢等现象。如在奶牛饲料中加入适量的功能性中草药，如茴香、肉桂、附子、干姜、干蒜苗等，经粉碎后加入饲料中饲喂（孕牛慎用），可起到温脾暖胃、理中散寒之功效，能预防冬季腹泻，风寒感冒，风湿症、冷痛等疾病的发生，起到良好的保健功效。

八、个体保健

1. 围产期的保健

（1）孕产期，首先做好产房的消毒工作　奶牛分娩前适时进入产房，当出现分娩预兆时，用专门的清洗、消毒溶液对其后躯及尾部进行有效消毒。

（2）掌握助产时机，实施科学接、助产　一般正常分娩无需助产。当发生以下情况：奶牛分娩期已到，临产状况明显，阵缩和努责正常，但久不见胎水流出和胎儿肢体，或胎水已破达一小时以上仍不见胎儿露出肢体，则应及时检查，并采取矫正胎位等助产措施，使其产出。如胎儿难于助产出来，应及早采取剖腹术。

（3）母牛产后护理　对产后母牛要加强观察，对胎衣滞留、子宫归复不全及患子宫炎母牛要及时治疗。

（4）弱牛补钙、补糖　对产前、产后食欲不佳、体弱的个体母牛，可及时静脉注射10%葡萄糖酸钙注射液及5%葡萄糖溶液，以增强其体质。

（5）定期进行血样抽查　对泌乳母牛每年抽查2～4次，了解血液中各种成分的变化情况。如某物质的含量下降至正常水平以下，则要增加其摄入量，以求其平衡。检查的项目：血糖、血钙、血磷、血钾、血钠、碱贮、血酮体、谷丙转氨酶、血脂（FFA）等。

（6）建立产前、产后酮体检测制度　产前一周和产后一月内，隔日测尿液pH值、尿酮体或乳酮体一次。凡测定尿液为酸性，尿（乳）酮体为阳性者，及时静脉注射葡萄糖溶液和碳酸氢钠溶液进行治疗。

（7）科学应用瘤胃适冲剂　在产奶高峰期，适当加喂瘤胃缓冲剂如碳酸氢钠、氧化镁、醋酸钠等，以维持营养代谢平衡。

2. 肢蹄保健

（1）改善环境卫生和饲养条件　牛舍要保持干燥、清洁，并定期消毒；饲料中钙、磷的含量和比例要合理；不要经常突然改变饲喂条件等。

（2）定期修蹄（图7-1）　每年1～2次普检牛蹄底部，对增生的角质要修平，对腐烂、坏死的组织要及时消除，并清理干净，如发现问题，及时治疗。在霉雨或潮湿季节，用3%福尔马林溶液或10%硫酸铜溶液定期喷洗蹄部，以预防蹄部感染。

图7-1　奶牛肢蹄保健——修蹄床

（3）选育高抗蹄病个体　从育种角度来提高牛蹄质量，采用蹄形好、不发生腐蹄病的公牛精液进行配种，以降低后代变形蹄和腐蹄病的发生率。

3．**乳房的保健**

（1）改善环境卫生是预防乳房炎发生的重要环节　要经常保持环境、牛舍、牛床和牛体的清洁，处理好牛粪、垫草、挤奶机及洗乳房用毛巾或纸巾的清洁卫生。

（2）挤奶前后用有效消毒药液浸洗乳头数秒　有效预防病原微生物侵入奶牛乳房。

（3）科学挤奶　正确掌握挤奶技术和使用功能正常的挤奶机，遵守挤奶操作技术规范。

（4）积极治疗　及时有效地治疗临床乳房炎病牛，防止病原菌污染环境和感染健康牛。

（5）隐性乳房炎的检测与防治　参加DHI测定的牛群，应及时对每毫升牛奶体细胞达90万或90万以上的牛只进行隐性乳房炎的测定与防治。未参加DHI测定的牛群，每年至少2次（5～6月及11～12月）对全群泌乳牛进行隐性乳房炎检测。对检测结果为阳性者要进行及时治疗。凡全场泌乳牛乳区感染阳性率达15%以上时，应查其原因，及时采取相应措施，以降低乳房炎发病率。

（6）干乳前检测与防控　奶牛在干乳前15天要进行隐性乳房炎的检测。

凡检测结果为阳性的牛只要及时用药物治疗，间隔2～3天后再检测一次，直至为阴性后才能进行干乳。

总之，奶牛的保健与科学的饲养管理是分不开的，要养好奶牛，就必须更好地了解、掌握奶牛的习性，加以分析，勇于实践，用最有效、最科学的饲养管理方法去管理，才能保障奶牛群体的健康、高产。

第二节 奶牛疫病防控

“以防为主、防重于治”是奶牛疾病防控的基本原则，在牛场的选址、建设以及奶牛的饲养、管理等方面严防疫病的传入与流行。严格执行国家兽医卫生防疫制度是奶牛疫病防控的基本措施。

坚持“自繁自养”的原则，防止疫病的传入。加强牛群的科学饲养、合理组织生产，增强动物本身对疫病的抵抗力是奶牛疫病防控的重要手段。

认真执行计划免疫，定期进行预防接种。对主要疫病进行疫情监测。遵循“早、快、严、小”的处理原则，及早发现、及时处理动物疫病。

采取严格的综合性防治措施，迅速扑灭疫情，防止疫情扩散。对奶牛场除要做到疫病监控和防治外，还要加强奶牛的保健工作。

一、防控措施

奶牛疫病的监控与防治措施，通常分为预防性和扑灭性措施。前者是以预防为目的的经常性工作，后者为扑灭已发生疫病的应急性措施。预防是关键、是基础，扑灭是补救、是对健康动物的保护性措施。防控措施的核心是预防。针对传染病流行过程的传染源、传播途径、易感动物这3个环节，查明和消灭传染源，切断传播途径，提高奶牛对疫病的抵抗能力，从而保障奶牛健康生产。

1. 牛场的选址与建设

从选场、建场时就应对牛疫病有周密而全面的考虑。远离居民区、闹市区、交通要道，特别是远离动物屠宰场、医院、化工厂等污染区，严格执行防疫间距要求（图7-2和图7-3）。

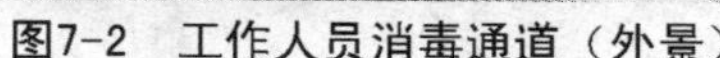
图7-2　工作人员消毒通道（外景）

图7-3　消毒通道（内景）

2．建立兽医卫生制度

建立健全兽医卫生制度是防止外源病原传入、降低内源病原微生物的扩散、建立安全生产环境等有效的预防性措施。

① 非本场人员和车辆未经兽医部门同意不准随意进入生产区；生产区入口消毒池内置3%～5%来苏尔、克辽林溶液或生石灰粉等。消毒药物定期更换，保证正常药效。工作人员的工作服、工具保持清洁，经常清洗消毒，不得带出生产区。

② 牛床、运动场及其周围每天要进行牛粪及其他污物的清理工作，并建立符合环保要求的牛粪尿与污水处理系统。每个季度大扫除、大消毒一次。病牛舍、产房、隔离牛舍等每天进行清扫和消毒。

③ 对治疗无效的病牛或死亡的牛只，主管兽医要填写淘汰报告或申请剖检报告，上报兽医主管部门，同意签字后，方能淘汰或剖检。

④ 场内严禁饲养其他畜禽。禁止将市售畜禽及其产品带入生产区。

⑤ 每年春、夏、秋季，进行大范围灭蚊蝇及吸血昆虫的活动。采取经常性的灭虫措施，以降低虫害所造成的损失。

⑥ 建立兽医档案记录、登记统计表及日记簿：牛的病史卡、疾病统计表、疫病检测结果表、奶牛隐性乳房炎的检测结果表、预防注射及疫苗的记录表、寄生虫检测结果表、病牛的尸体剖检申请表及尸体剖检结果表等。

⑦ 员工每年进行一次健康检查，发现结核病、布氏杆菌病及其他传染病的患者，应及时调离生产区。新来人员必须进行健康检查，证实无传染病时

方可上岗工作。

3. 严格消毒管理

消毒的目的是消灭被传染源散播于外界环境中的病原体，以切断传播途径，阻止疫病继续蔓延（图7-4）。

图7-4　奶牛场环境定期消毒

（1）消毒方法　消毒的方法可分为机械消毒、物理消毒、生物消毒和化学消毒：

① 机械性消毒。主要是通过清扫、洗刷、通风、过滤等机械方法消除病原体。是一种普通而又常用的方法，但不能达到彻底消毒的目的，作为一种辅助方法，需与其他消毒方法配合进行。

② 物理消毒法。采用阳光、紫外线、干燥、高温等方法，杀灭细菌和病毒。物理消毒法主要用于场地、物料、器械的清毒。

③ 生物消毒法。在兽医防疫实践中，常用将被污染的粪便堆积发酵，利用嗜热细菌繁殖时产生高达70℃以上的热，经过1～2个月可将病毒、细菌（芽孢除外）、寄生虫卵等病原体杀死，既达到消毒的目的，又保持了肥效。但本法不适用于炭疽、气肿疽等芽孢病原体引起的疫病，这类疫病的粪便应焚烧或深埋。

④ 化学消毒法。用化学药物杀灭病原体的方法，在防疫工作中最为常用。选用消毒药应考虑杀菌谱广，有效浓度低，作用快，效果好；对人畜无

毒、无害；性质稳定，易溶于水，不易受有机物和其他理化因素影响；使用方便，价格低廉，易于推广；无味、无臭，不损坏被消毒物品；使用后残留量少或副作用小等。

根据消毒药的化学成分可分为：

A. 酚类消毒药，例如，石炭酸、来苏尔、克辽林、菌毒敌、农福等。

B. 醛类消毒药，例如，甲醛溶液、戊二醛等。

C. 碱类消毒药，例如，氢氧化钠、生石灰（氧化钙）、草木灰水等。

D. 含氯消毒药，例如，漂白粉、次氯酸钙、三合二、二氯异氰尿酸钠、氯胺（氯亚明）等。

E. 过氧化物消毒药，例如，过氧化氢、过氧乙酸、高锰酸钾、臭氧等。

F. 季铵盐类消毒药，例如，新洁尔灭、洗必泰、杜灭芬、消毒净等。

（2）消毒措施

① 定期性消毒。一年内进行2～4次，至少于春秋两季各进行一次。奶牛舍内的一切用具每月应消毒一次。

对牛舍地面及粪尿沟可选用下列药物进行消毒：5%～10% 热碱水、3%苛性钠、3%～5%来苏尔或臭药水溶液等喷雾消毒，用20%生石灰乳粉刷墙壁。

饲养管理用具、牛栏、牛床等以5%～10%热碱水或3%苛性钠溶液或3%～5%来苏尔或臭药水溶液进行洗刷消毒，消毒后2～6小时，在放入牛只前对饲槽及牛床用清水冲洗。

奶具以 1% 热碱水洗刷消毒。

运动场应及时清扫，除去杂草后，用5%～10%热碱水或撒布生石灰进行消毒。

② 临时性消毒。牛群中检出并剔出结核病、布氏杆菌病或其他疫病牛后，有关牛舍、用具及运动场须进行临时性消毒。

布氏杆菌病牛发生流产时，必须对流产物及污染的地点和用具进行彻底消毒。病牛的粪尿应堆积在距离牛舍较远的地方，进行生物热发酵后，方可充作肥料。

产房每月进行一次大消毒，分娩室在临产牛生产前及分娩后，各进行一次消毒。

4．免疫监测与接种

（1）免疫检测（图7–5） 所谓免疫监测，就是利用血清学方法，对某些疫苗免疫动物在免疫接种前后的抗体跟踪监测，以确定接种时间和免疫效果。在免疫前，监测有无相应抗体及其水平，以便掌握合理的免疫时机，避免重复和失误；在免疫后，监测是为了了解免疫效果，如不理想可查找原因，进行重免；有时还可及时发现疫情，尽快采取扑灭措施。如定期开展牛口蹄疫等疫病的免疫抗体监测，及时修正免疫程序，提高疫苗保护率。

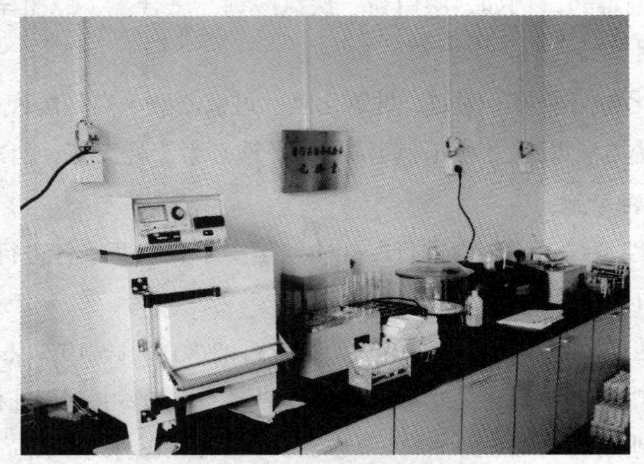

图7–5 奶牛场疫病检测化验室

（2）免疫接种 免疫接种是给动物接种各种免疫制剂（疫苗、类毒素及免疫血清），使动物产生对传染病的特异性免疫力。免疫接种是预防和治疗传染病的主要手段，也是使易感动物群转化为非易感动物群的唯一手段。根据免疫接种的时机不同，可分为预防接种和紧急接种两类。

① 预防接种。预防接种是在平时为了预防某些传染病的发生和流行，有组织有计划地按免疫程序给健康畜群进行的免疫接种。预防接种常用的免疫制剂有疫苗、类毒素等。由于所用免疫制剂的品种不同，接种方法也不一样，有皮下注射、肌肉注射、皮肤刺种、口服、点眼、滴鼻、喷雾吸入等。预防接种应首先对本地区近几年来动物曾发生过的传染病流行情况进行调查，然后有针对性地拟定年度预防接种计划，确定免疫制剂的种类和接种时间，按所制定的各种动物免疫程序进行免疫接种，争取做到头头

注射，只只免疫。

② 紧急接种。紧急接种是指在发生传染病时，为了迅速控制和扑灭疫病的流行，而对疫区和受威胁区尚未发病的动物进行的应急性免疫接种。

应用疫苗进行紧急接种时，必须先对动物群逐头逐只地进行详细的临床检查，只能对无任何临床症状的动物进行紧急接种，对患病动物和处于潜伏期的动物，不能接种疫苗，应立即隔离治疗或扑杀。但应注意，在临床检查无症状而貌似健康的动物中，必然混有一部分潜伏期的动物，在接种疫苗后不仅得不到保护，反而促使其发病，造成一定的损失，这是一种正常的不可避免的现象。但由于这些急性传染病潜伏期短，而疫苗接种后又能很快产生免疫力，因而发病数不久即可下降，疫情会得到控制，多数动物得到保护。

（3）牛常用免疫程序　牛的免疫程序，由当地兽医行政主管部门，根据当地传染病的发生与流行情况而制定，各地不尽一致。举例如下。

① 每年5月或10月对全牛群进行一次无毒炭疽芽孢苗的免疫注射。

② 按照免疫程序，定期开展牛口蹄疫疫苗免疫。一般是每隔4～5个月进行一次灭活苗免疫注射。

③ 必须严格执行各级动物防疫监督机构有关免疫接种的规定，以预防地区性多发传染病的发生和传播。

④ 当牛群受到某些传染病威胁时，应及时采用有国家正规批准文号的生物制品，如抗炭疽血清、抗气肿瘟血清、抗出血性败血症血清等进行紧急免疫，以治疗病牛及防止疫病进一步扩散。

二、疫病监测

疫病监测即利用血清学、病原学等方法，对动物疫病的病原或抗体进行监测，随时掌握动物群体疫病情况，及时发现疫情，尽快采取有效防治措施。

① 奶牛群必须接受布氏杆菌病、结核病监测。牛场每年开展两次以上布氏杆菌病、结核病监测工作，要求对适龄奶牛监测率达100%。

② 布氏杆菌病、结核病监测及判定方法按农业部颁布标准执行，即布氏杆菌病采用试管凝集试验、琥红平板凝集试验、补体结合反应等方法，结核

病用提纯结核菌素皮内变态反应方法。

③ 初生犊牛，应于20～30日龄时，用提纯结核菌素皮内注射法进行第一次监测。假定健康牛群的犊牛除隔离饲养外，并于100～120日龄，进行第二次监测。凡检出的阳性牛只应及时淘汰处理，有疑似反应者，隔离后30日进行复检，复检为阳性牛只应立即淘汰处理，若其结果仍为可疑反应时，经30～45日后再复检，如仍为疑似反应，则判为阳性。

④ 布氏杆菌病每年监测率100%，凡检出阳性牛只应立即处理，对疑似反应牛只必须进行复检，连续2次为疑似反应者，应判为阳性。犊牛在80～90日龄进行第一次监测，6月龄进行第二次监测，均为阴性者，方可转入健康牛群。

⑤ 购买和运输牛时，须持有当地动物防疫监督机构签发的有效检疫证明，方准运出，禁止将病牛出售及运出疫区。由外地引进奶牛时，必须在当地进行布氏杆菌病、结核病检疫，呈阴性者，凭当地防疫监督机构签发的有效检疫证明方可引进。入场后，隔离观察一个月，经布氏杆菌病、结核病检疫呈阴性反应者，方可转入健康牛群。

三、扑灭措施

1．疫情报告

当发生国家规定的一些动物传染病时，要立即向当地动物防疫监督机构报告疫情，包括发病时间、地点、发病及死亡动物数、临床症状、剖检变化、初诊病名及防治情况等。

2．对发病动物群迅速隔离

在发生严重的传染病，如口蹄疫、炭疽病等时，则应采取封锁措施。

3．污染物处理

对患病动物污染的垫草、饲料、用具、动物笼舍、运动场以及粪尿等，进行严格消毒。对死亡动物和淘汰动物，按《中华人民共和国动物防疫法》处理。

4．寄生虫病的预防

寄生虫种类多，生物学特性各异，牛寄生虫病的防治应根据地理环境、自然条件的不同，采取综合性防治措施。根据饲养环境需要，每年可对牛群用药物进行1～2次的驱虫工作。在温暖季节，如发现牛体上有蜱寄生时，应及时用杀虫药物杀虫。

凡属患有布氏杆菌病、结核病等疫病死亡或淘汰的牛，必须在兽医防疫人员指导下，在指定的地点剖解或屠宰，尸体应按国家的有关规定处理。处理完毕后，对在场的工作人员、场地及用具彻底消毒。怀疑为因炭疽病等死亡的牛只，则严禁解剖，按国家有关规定处理。

第八章　牛病诊疗技术

第一节　牛的接近与保定

一、牛的接近

牛的性情温顺而倔强。牛作为大家畜，接近病牛与实施检查、诊断，首先要考虑人、畜安全。牛对饲养员、挤奶员的一般表现比较温顺，而对陌生人员则比较倔强。一般接近时，可投以温和的呼声，即先向牛发出一个善意接近的信号，然后再从牛的侧前方慢慢接近。接近后用手轻轻抚摸牛的颈侧，逐渐抚摸到牛的臀部。给牛以友好的感觉，消除牛的攻击心态，使其安静、温顺，以便进行检查。接近牛时最好由饲养员在旁边进行协助，当牛低头凝视时一般不要接近。同时事先应向饲养员了解牛平时的性情，是否胆小、易惊，是否有踢人、顶人的恶癖。

二、牛的保定

保定的目的是在人、畜安全的前提下，防止牛的骚动，便于疾病的检查与处置。

1.简易保定法

（1）徒手握牛鼻保定法　在没有任何工具的情况下，先由助手协助提拉牛鼻绳或鼻环，然后术者先用一手抓住牛角，另一只手准确快捷地用拇指和食指、中指捏住牛的鼻中隔，达到保定之目的。多在注射及一般检查时应用，如图8-1所示。

图8-1　徒手保定法

（2）牛鼻钳保定法　与徒手握牛鼻保定方法相似，将牛鼻钳的两钳嘴替代手指抵入牛的两鼻孔，迅速夹紧鼻中隔，用一手或双手握持。亦可用绳栓紧钳柄固定。适用于注射或一般检查应用，如图8-2所示。

（3）捆角保定法　用一根长绳拴在牛角根部，然后用此绳把角根捆绑于木桩或树上保定。为防止断角，可再用绳从臀部绕躯体一周拴到桩上。适用于头部疾病的检查和治疗，如图8-3所示。

图8-2　牛鼻钳保定法

图8-3　捆角保定法

（4）后肢保定法　用一根短绳在两后肢跗关节上方捆紧，压迫腓肠肌和跟腱，防止踢动。适用于乳房、后肢以及阴道疾病的检查和治疗。如图8-4所示。

2.柱栏内保定法或站立保定法

（1）单柱颈绳保定法　将牛的颈部紧贴于单柱，以单绳或双绳做颈部活结固定。适用于一般检查或直肠检查，如图8-5所示。

图8-4　后肢保定法

图8-5　单柱颈绳保定法

（2）两柱栏保定法　将牛牵至于两柱栏的前柱旁，先用颈部活结使颈部固定在前柱的一侧，再用一条长绳在前柱至后柱的挂钩上做水平缠绕，将牛围在前、后柱之间，然后用绳在胸部或腹部做上下、左右固定。最后分别在鬐甲和腰上打结固定。适用于修蹄以及瘤胃切开等手术时保定，如图8-6所示。

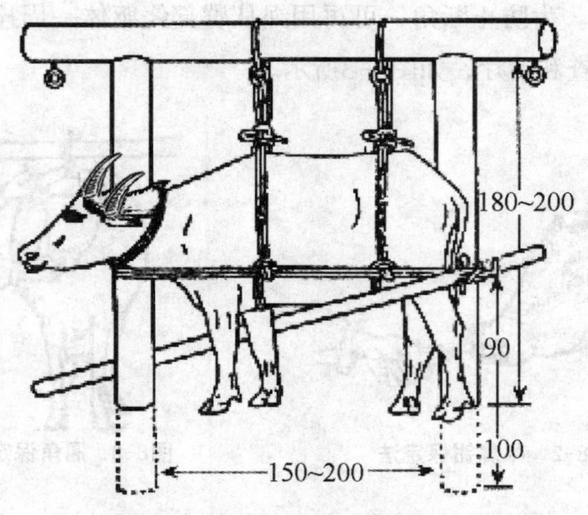

图8-6　二栏栏保定法（单位：厘米）

（3）四柱栏（或六柱栏）保定法　用4根木柱，前后两柱间用横木连接，于前柱前方设一栏柱，前后柱上各设有可移动的横杆，穿过柱上的铁环，以控制牛的前后移动。保定时先将前柱的横杆栏好，再将牛由后方牵入柱栏内，将头固定于单柱上，最后装上后柱上的横杆以及吊胸、腹绳。4柱栏保定比较牢固，适用于各种检查和治疗，是最常用的保定方法。但由于两边都有栏杆，会遮挡部分躯体部位的处置，如图8-7和图8-8所示。

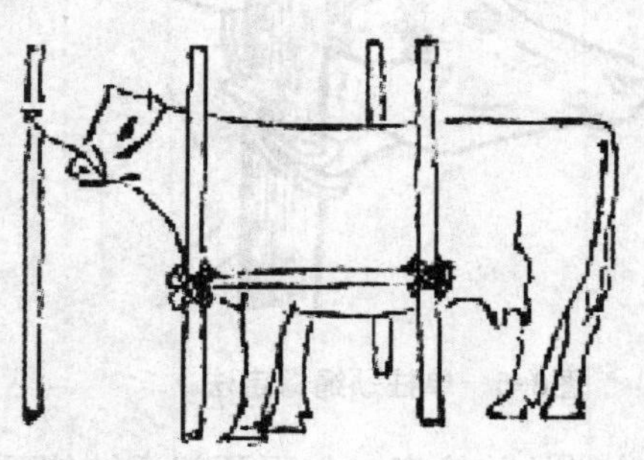
图8-7　牛四柱栏保定法

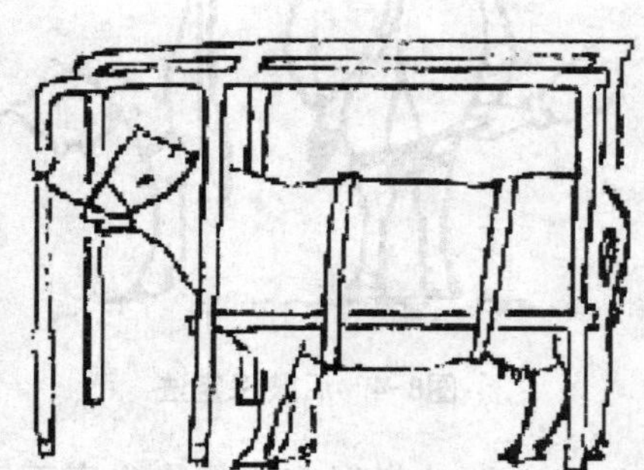
图8-8　牛六柱栏保定法

第二节 牛病的临床诊断技术

一、临床诊断的基本方法

1.问诊

即向饲养员调查，掌握有关病牛的发病情况、通过询问病情而诊断疾病的方法。问诊的内容包括以下几点。

（1）发病经过与治疗情况　向畜主了解病牛的发病时间、发病头数、症状变化，包括病牛的精神状态、食欲变化、饮水多少、粪便与反刍等异常情况。若同时发病头数多，且症状基本相似，则从传染病或中毒症方面分析；另外，还要问清诊治经过，如诊断为什么病，用过什么药，治疗多长时间，效果如何等，可作为诊断和用药参考。

（2）询问饲养管理情况　在饲养管理方面，要了解病前草料（种类、来源、品质、调制方法、配合比例等），饲养方法以及最近有无改变等。如草料调配过于单一，容易患代谢性疾病；草料质量不好，或饮喂方法不当，则易患胃肠疾病；霉变饲料容易引起中毒症等。同时，要了解病牛的棚圈设施是否具备防暑御寒功能以及管理等方面的情况，奶牛冬季寒风侵袭，易患感冒；夏季通风不好，阴暗潮湿，易患风湿病。

（3）询问病牛来源与疫病流行情况　如果病牛是新购进的，要问清来自什么地方，并了解原在地区有无疫病流行，有无类似疾病发生，结合检查，可以考虑是否是传染病以及帮助判断病因。

（4）询问过去和现在的病情以及母牛的怀孕情况　即过去病牛曾患过什么病，经过如何，了解现病是否旧病复发，是否由于其他疾病继发引起（如急性支气管炎可由感冒继发）；了解母牛妊娠情况以及生产胎次、时间、曾经是否流产等，对产科和营养代谢疾病的诊断具有重要意义。

2.视诊

视诊或称望诊，其实质就是用肉眼观察病牛的状态，直观地了解诊断疾病。实践证明视诊是临床上最常用、最简单、最实用往往也是最有价值的检查疾病的方法。

视诊时，先不要靠近病牛，也不宜进行保定，尽量使牛保持自然姿态。检查者应距病牛2～3米外，围绕病牛进行全方位的观察。观察其全貌，然后由前到后，由左到右，边走边看；详细观察病牛的头、颈、胸、腹、脊柱和四肢。当至正后方位置时，对照观察两侧胸、腹部是否有异常，详细观察尾部、肛门以及会阴部有无异常。为观察运动过程及步态，可牵引病牛行走。最后接近病牛，仔细检查其外貌、姿势、运动、行为、被毛、皮肤、体表病变、可视黏膜以及某些生理活动情况、病牛所排出的分泌物、排泄物等。

视诊包括对病牛全身情况的检查和病症有关局部的检查，视诊时要注意病牛的精神状态、营养状况等整体外观情况。先获得整体概括的印象，然后再有重点地转入各部位观察，其顺序是头部、颈部、胸腰部、腹部、后臀部及四肢。某些疾病或当病情严重时一望即可确定诊断，如瘤胃臌胀、产后瘫痪、胎衣不下等。

3.闻诊

即通过听觉和嗅觉来分辨声音和气味的性质，而进行诊断的方法。闻诊常遇以下情况。

咳嗽：动物咳嗽常因外感或内伤引起。凡病牛咳嗽声音弱而气短的属虚，多为内伤或劳损；而声音宏大的属实，多为外感；想咳而不敢咳的，多为肺病；大声咳的，为肺气通而病轻；半声咳的为肺气滞而病重。

嗳气：嗳气是牛等反刍动物的一种特有的生理功能，若长时间听不到牛嗳气，多为瘤胃功能发生病变。

呻吟：呻吟是病牛在疾病过程中感到痛苦而发出的一种声音。一般病牛的呻吟声，多伴随其他症状而出现。如呻吟伴瘤胃臌胀、呻吟伴肚腹疼痛、怀孕母牛在非预产期起卧呻吟，则多为流产象征。

气味：通过嗅觉判别奶牛患病的情况比较普遍，如酮血病牛呼出的气体或挤出的乳汁常带有大蒜味。有时在病变部位，用鼻嗅也有助于病原微生物的种类鉴别。如大肠杆菌感染的脓汁常有粪臭味；绿脓杆菌感染的脓汁呈绿色带腐草臭；厌气菌感染的脓汁一般具有奇臭味。

4.触诊

即利用手指、手掌、手背或拳头对牛体某部位进行病变检查。以手或手背接触牛的皮肤，感觉病牛体表的温度、湿度以及肌肉张力、脉搏跳动等；以手指进行加压或揉捏，判断局部病变或肿物的硬度；以刺激为手段，判断牛的敏感性；对内脏器官的深部触诊，可根据牛的个体特点、器官的部位和病变情况的不同而选用手指、手掌或拳头进行压迫、插入、揉捏、滑动或冲击的方法进行。

触诊时要注意安全，适当保定。当需要触诊牛的四肢以及腹下等部位时，应一手放在牛体的适当部位做支点，另一只手进行检查。

触诊病牛时，应从前向后、自上而下地边抚摸边接近欲检部位，切忌直接突然触摸病变部位；触诊力量由弱渐强，先轻后重，与对应健康部位进行对比，判断病变情况。

5.叩诊

即用手指或小叩击锤、叩诊板叩打牛体某一部位，然后根据其发出的音响（清音、浊音、鼓音）来判断牛体脏器发生的病态变化情况。在一般情况下，肺部为清音；肌肉、肝脏、心脏为浊音；肝边缘为相对浊音区（半浊音），瘤胃臌气时为鼓音。奶牛多用叩诊法来检查胸部（肺的情况），腹部（瘤胃情况）及肢蹄等部位的病变，如图8-9所示。图中1为胸侧肺脏叩诊区；2为肩前肺脏叩诊区；5、7、9、11、13表示肋骨数。

图8-9　牛肺部叩诊区

直接叩诊，直接在牛体表的一定部位叩击为直接叩诊。主要用于检查鼻旁窦以及牛的瘤胃，判断其内容物性状、含气量及紧张度。

间接叩诊，主要是指用叩击锤和叩击板进行叩诊。常由左手持叩诊板，将其紧密地置于要检查的部位上，右手持叩击锤，以腕关节作轴，将锤上下摆动并垂直地向叩诊板上连续叩击2~3次，以听取其音响。主要用于检查肺脏、心脏、胸腔的病变，肝脏、脾脏的大小、位置以及靠近腹壁的较大肠管的内容物性状。

叩诊时应注意叩击用力要均等、适度；为便于集音，叩诊最好在适当的室内进行；为了有利于听觉印象的积累，每一叩诊部位应进行2~3次间隔均等的同样叩击；叩诊板勿需用强力压迫体壁，除叩诊板（指）外，其余不能接触牛体壁，以免影响震动和音响。叩诊锤或用作锤的手指在叩打后要很快离开；在相应部位进行对比叩诊时，应尽量做到叩击力量、叩诊板的压力以及牛的体位等都相同。

叩诊的基本音调有3种：清音（满音），如叩击正常肺部发出的声音；浊音（实音），如叩击厚层肌肉发出的声音；鼓音，叩击含气较多的瘤胃时发出的声音。在3种基本音调之间，可有不同程度的过渡音，如半浊音等。

6．听诊

应用听诊器听取病牛心脏、肺脏、喉、气管、胃肠等器官在活动过程中所发出的音响，再以其音响的性质判断某些器官发生的病态变化情况。

听诊应在安静时进行；听诊器的两耳塞与外耳道相接应松紧适当；听诊器集音头要紧密地放在牛体表的检查部位，并要防止滑动；听诊器的胶管不应交叉，也不要与手臂、衣服、动物被毛等接触、摩擦，以免发生杂音，如图8-10所示。

图8-10　牛的听诊区

①心脏听诊区　②肺部听诊区　③瘤胃听诊区

二、一般临诊检查程序与内容

一般检查主要是利用视诊、触诊、听诊、叩诊等方法，检查牛的全身状态，测定牛的体温、脉搏和呼吸次数，检查被毛、皮肤、可视黏膜以及体表淋巴结等。

1．全身状态观察

观察病牛的全身状态，包括其精神状态、发育情况、营养状况、体格、姿势与步态等。

（1）精神状态　根据其耳的活动，眼的表情，其各种反应、举动判断病牛的神态。正常奶牛反应为机敏、灵活。

（2）营养、发育与体格结构　观察牛体肌肉的丰满度、皮下脂肪的蓄积量、皮肤与被毛状况，判定奶牛的营养状况；根据奶牛的体长、体高、胸围等体尺判定发育情况；根据病牛的头、颈、躯干以及四肢、关节各部位的发育情况和形态、比例关系，判定躯干状况。

（3）姿势与步态　观察病牛的站立姿势和行走步态，根据姿态特征，判断发病部位等病变情况。

（4）被毛和皮肤检查

① 鼻镜检查。健康牛鼻镜湿润，附有较多的小水珠，触之有凉感。患病时鼻镜干燥、增温。严重者甚至出现龟裂。

② 被毛检查。健康牛的被毛平顺而有光泽，每年春秋两季脱换新毛。营养不良或慢性消耗性疾病时，常表现被毛蓬松粗乱、无光泽、易脱落或换毛季节推迟；湿疹或毛癣、疥癣等皮肤病，常表现局部被毛脱落。

当病牛下痢时，肛门附近、尾部、后肢等会被粪便污染。

③ 皮肤检查。采用视诊和触诊相结合进行。主要检查皮肤的温度、湿度、弹性以及疹疱等病变。

温度：常用手背触诊检查皮温，可检查鼻镜（正常时发凉）、角根（正常时有温感）、胸侧及四肢。

热性病时常表现全身皮温升高；局部发炎常表现局限性皮温增高；因衰竭、大出血、产后瘫痪等病理性体温过低时，则表现全身皮温降低；局部水肿或外周神经麻醉时，常表现为一定部位的冷感；末梢循环障碍时，则皮温分布不均，而耳根、鼻端、四肢末梢冷厥。

湿度：采用观察和触诊检查。

皮肤湿度，与汗腺分泌活动相关。少量出汗时，触诊耳根、肘后、鼠蹊部有湿润感；出汗较多时可见汗液滴流。

当发热、剧痛、有机磷中毒、破伤风、伴有高度呼吸困难的疾病时常会出汗。当牛虚脱、胃肠或其他内脏破裂以及频死期时，则多出大量冷汗且有黏腻感。

弹性：检查皮肤弹性的部位，在最后肋骨后部，检查方法是将该部皮肤作一皱襞后再放开，观察其恢复原态的情况。健康牛放手后，立即恢复原态；牛营养不良、失水以及患皮肤病时，皮肤弹性降低，表现为放手后恢复较慢。

丘疹、水疱及脓疱：多发于体表被毛稀少部位，主要检查眼、唇周围及蹄部、趾间等部位。

2．体温、脉搏、呼吸数测定

（1）体温　体温即牛身体的温度，牛属于恒温动物，健康成年牛体温的正常值为38.0～39.0℃，平均为38.5℃，变动范围在37.5～39.5℃。犊牛体温略高，正常生理指标为38.5～39.5℃，平均为39.0℃，变动范围在38.3～40.0℃。牛的正常体温同样受各种因素的影响，昼夜中略有变动，一般是早晨略低，下午偏高，变动范围在0.5～1.0℃。在天热日晒或驱赶运动之后体温会升高1.0℃左右。奶牛的正常体温天热较天寒时高、采食后较饥饿时高、妊娠末期较妊娠初期略高。但一般均不超过变动范围的上限。一般来说，奶牛的体温高出或低于正常生理指标的变动范围，说明染上了某种疾病。

① 牛体温测量。虽然有经验的畜牧兽医人员可以凭借经验通过触摸牛的耳、鼻、角及四肢来了解牛的体表温度的大致变化程度，但是，条件许可的情况下，采用兽用体温计测量更为准确。测量方法：兽用体温计后部带有尾环或尾凹，先在体温计的尾环或尾凹处系上一根约20厘米长的细线绳，绳的另一端系上一个文具铁夹，如图8-11和图8-12所示。测量体温前，把牛适当保定，然后现将体温计的水银柱降至36℃以下，在体温计前端（水银柱端）涂以润滑剂（石蜡油或肥皂水），左手提起牛尾，右手将体温计插入牛的肛门，将系绳的文具夹拉向尾根左侧或右侧臀部上方夹住被毛固定。经过3～5分钟后，取出体温计，读取温度数值。如超出正常生理指标，叫发热和发烧；若低于正常体温范围，呈体温低下。牛的体温发热或低下，都是判断奶

牛是否处于健康状态的一个重要标志。

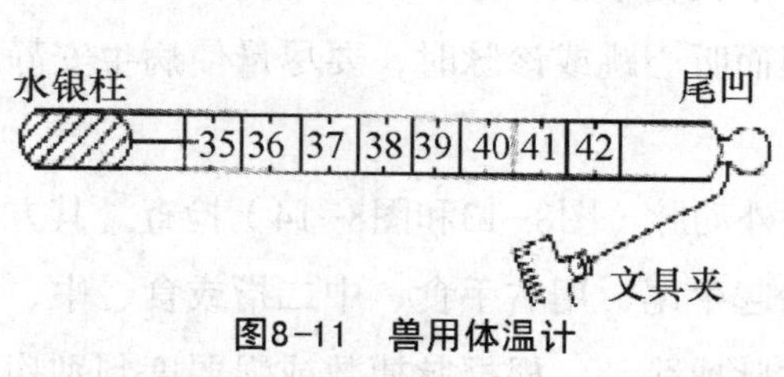

图8-11　兽用体温计

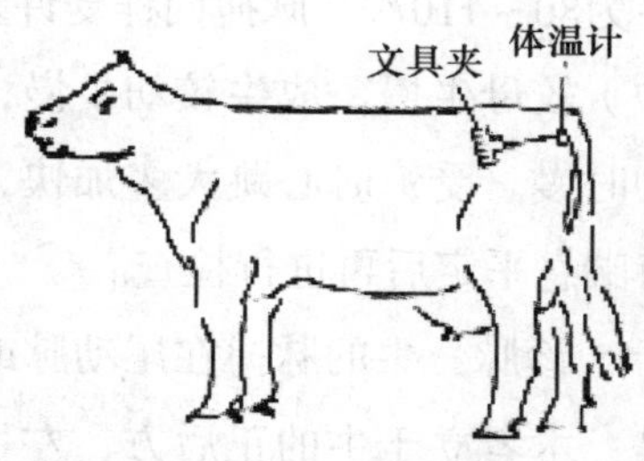

图8-12　牛的体温测量

② 体温的病理变化。按体温变化以及发热程度分为体温低下、低热（微热）、中热、高热、超高热。

病理性体温低下：临床上并不多见。体温低下常发生于产后瘫痪以及某些中毒病等。

低热：超过正常体温0.5～1.0℃。一般内科、外科、产科病多呈微热。

中热：超出正常体温1.0～2.0℃。严重感染疾病时多呈中热，例如卡他性肺炎、急性胃肠炎、子宫炎等。

高热：超过正常体温2.0～3.0℃。多见于急性、烈性传染病。

超高热：超过正常体温3.0℃以上。多见于炭疽、日射病、热射病等。

另外，按热型又分为暂时热、稽留热、弛张热、间歇热。

暂时热：只发热1～2天，就慢慢下降恢复。常见于防疫注射以后。

稽留热：属中热或高热，持续多日不退，每日波动范围在1.0℃以内。多见于焦虫病等。

弛张热：属中热或高热，早晚相差1.0℃以上，多见于败血症、卡他性肺炎等。

间歇热：发热期与不发热期交替出现，如钩端螺旋体病，部分慢性传染病以及由急性转为慢性的疾病，热度不高，但持续时间长，如牛结核病等。

（2）脉搏　脉搏是指牛心脏的跳动，又叫心跳。心脏每跳动（收缩）一次，即向主动脉输送一定量的血液，这时因血压使动脉管壁产生了波动，即称脉搏。

正常情况下，脉搏反映了动物心脏的活动情况以及血液循环情况。动物的心跳与脉搏是一致的。健康牛脉搏的正常生理指标为每分钟40～80次，犊牛为80～110次。脉搏同样受许多因素的影响，一般来说，公牛（36～60次/分钟）较母牛慢，成牛较幼牛慢，冬季较夏季慢，早晨较下午慢，休息时较运动时慢。受惊时心跳大多加快，因而听心跳或诊脉时，要尽量使病牛安静，待喘息平定后再进行检查。

诊脉：牛的脉搏在尾动脉或颌外动脉（图8-13和图8-14）检查。其方法是：术者立于牛的正后方，左手抬起牛尾，用右手食、中二指或食、中、无名指轻压尾腹面正中尾动脉，感觉脉搏跳动。根据脉搏数或强弱度判别病理变化：

图8-13　牛颌外动脉诊脉法

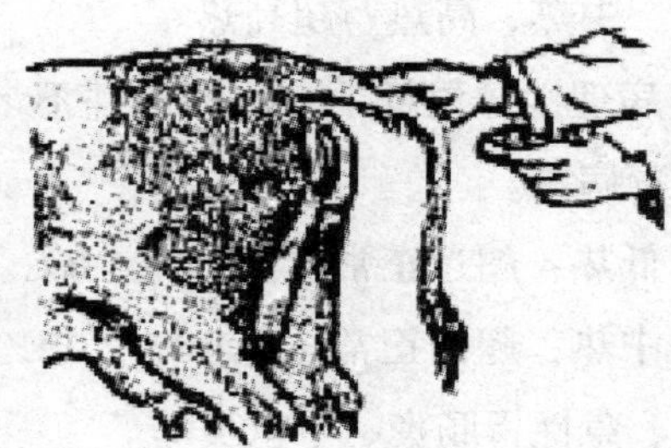

图8-14　牛尾动脉诊脉法

① 频脉。即脉数过多，临床上较为多见。常与体温升高合并发生，一般体温升高1℃时，脉搏可增加8～10次，若体温下降而脉搏数反而增加，则属预后不良。临床上见于热性病、剧痛性病、心脏衰弱、贫血、大失血、脑炎以及阿托品中毒等。

② 稀脉。即脉数稀少、较少见。临床上常见于颅内压增高性疾病、尿毒症、严重中毒等。

在用听诊器听诊心跳时，将听诊器的聚音器置于第四肋间肘头上方2～3指处，可听取心脏活动的情况。通常在运动后，腹痛、炎症（发热）时心跳次数增加；而心脏功能异常时，心脏波动节律发生改变；严重疾病、如休克时，心跳弱而快。

（3）呼吸　动物机体通过呼吸，吸进新鲜氧气，呼出二氧化碳，进行气体交换，维持正常生命活动。健康成年牛呼吸的正常生理指标为每分钟12～28次，犊牛为30～56次。呼吸的次数增加或减少都是判断牛体是否患病的重要标志。

奶牛呼吸次数的检查，通常可通过观察牛腹部的起伏运动来确定。腹部的一起一伏即是一次呼吸。在冬季也可通过观察奶牛呼出的气体，呼出一次气流即是一次呼吸。也可以把手背放在牛鼻孔的前边，感觉呼出的气流，判定呼吸次数。采用听诊器在肺部听诊区进行听诊，可以得到准确的呼吸次数。

一般情况下，奶牛饱食或活动后以及天热、受惊、兴奋时，都可使呼吸次数增加，属正常生理现象。

① 呼吸次数的病理变化。呼吸次数增加，临床上多见于肺、胸膜、隔膜、心脏、胃肠等炎性疾病。

呼吸次数减少，临床不常见，有时发生于产后瘫痪、中毒症等，全麻使呼吸次数减少。

② 奶牛的呼吸检查。不仅是要了解呼吸次数，而更重要的是检查呼吸式、呼吸节律、呼吸顺畅度、咳嗽等情况。

呼吸式：健康牛多为胸腹式呼吸。即吸气时胸廓和腹壁开张，呼气时胸廓和腹壁收缩。当呼吸偏于胸式或腹式则可认为是病态。

胸式呼吸：即呼吸时胸廓运动占优势，常发生于瘤胃臌气、隔肌破裂、腹膜炎等疾病。

腹式呼吸：即呼吸时腹壁运动占优势，多出现于胸膜炎、肺气肿等症。

呼吸节律：健康牛在吸气后，立即呼气，然后有一极短时间的休息而又吸气，有节奏地反复交替进行。发生疾病是呼吸节律改变，大致有下列几种情况：

一是断续呼吸：在吸气或呼气时，分裂成短促动作，常见于慢性肺泡气肿、胸膜炎以及其他伴有呼吸中枢兴奋降低的疾病（如产后瘫痪）。

二是大呼吸：呼气、吸气动作均显著地延长和加深，同时伴发呼吸次数减少，多见于深度麻醉、昏迷状态、脑水肿、沉郁性脑炎等，出现这种情况，多预后不良。

三是潮式呼吸：潮式呼吸的特征是经过短时间的停顿后，呼吸加深加快，达到最高点后，又渐变弱，转为停顿，周期性地反复发作。这是呼吸中枢兴奋性降低而引起的，多为预后不良。但在全麻情况下，出现的潮式呼吸，属正常现象。

呼吸困难：凡表现呼吸紧张、费力、且呼吸次数、呼吸式、呼吸节律均发生变化则为呼吸困难。如呼吸加快，鼻翼煽动，腹式呼吸，甚至肛门也随呼吸而抽动等。

肺源性呼吸困难，常由急性肺充血、大叶性肺炎、异物性肺炎、胸膜炎等疾病引起。

心源性呼吸困难：临床上常由心力衰竭引起。

中毒性呼吸困难：常见于有机磷农药中毒，黑斑病甘薯中毒等。

此外，天气闷热，高度贫血，上呼吸道狭窄等也可引起呼吸困难。

③ 咳嗽。咳嗽通常伴随呼吸困难，常见于异物性肺炎、大叶性肺炎等。咳嗽伴随发热，微热见于感冒、支气管炎、结核病等。中热常见于肺炎；高热多见于传染病。

3．可视黏膜检查

检查部位包括眼结膜、鼻黏膜、口腔黏膜、阴道黏膜等。检查应在自然光线充足的地方，但要避免光线直接照射。仔细观察黏膜有无苍白、潮红、发绀（红紫色或青紫色）、发黄以及有无肿胀、出血、溃疡等。

可视黏膜病变判断如下。

（1）眼结膜　眼结膜的正常颜色为淡红色。病变颜色有：

苍白：具有贫血的表征。多见于血孢子虫病、肝片吸虫病。当骤发性苍白时，大多是大出血、内出血（如肝、脾较大血管破裂等）。

潮红：具有充血的表征。常见于发热性疾病。如肺炎、胃肠炎以及传染病的初期。

发绀：具有淤血的表征。多见于中毒病。

发黄：具有黄染的表征。多见于焦虫病的重染期、钩端螺旋体病等。

炎性肿胀：常见于恶性卡他热等传染病。

（2）鼻黏膜　如果黏膜出现溃疡，出血，常见于炭疽病；牛传染性鼻气管炎可出现鼻黏膜潮红，呼气放出臭味。

（3）口腔黏膜　奶牛口腔黏膜充血和肿胀并有组织脱落时，多为局部刺激过甚的结果。正常牛口腔内没有难闻的气味。

口腔黏膜溃疡多见于溃疡性口膜炎、牛恶性卡他热等。

牛患口蹄疫，唇内面、齿龈、舌面等处可见大小不等的水疱，破裂后遗留浅烂斑和溃疡。

（4）阴道黏膜 阴道黏膜检查主要是判断生殖器官有无明显病变，以及生殖周期如发情、妊娠等阶段的确定。

4.体表淋巴结检查（图8-15）

健康牛的淋巴结较小，而且深藏于组织内，一般难以摸到。临床上只检查位于浅表的少数淋巴结。主要检查其大小、形状、硬度、温度、敏感性以及移动性。当发现某一淋巴结病变时，还要检查附近的淋巴结。一般检查颌下淋巴结、肩前淋巴结、膝前淋巴结、腮腺淋巴结和乳房上淋巴结。

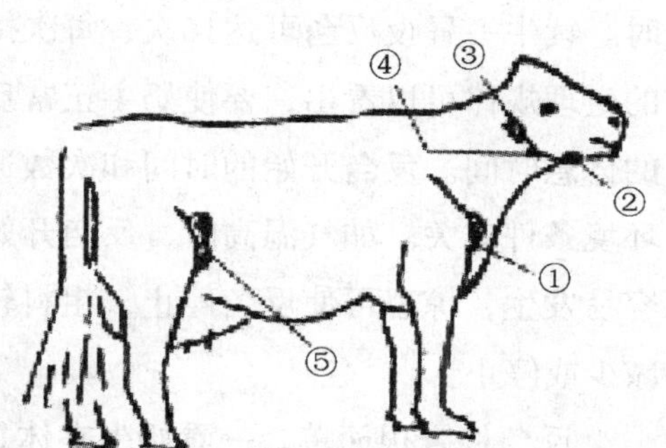

图8-15 牛的体表洒巴结

①就必须前淋巴结 ②颌下淋巴结
③腮腺淋巴结 ④咽后淋巴结
⑤膝前淋巴结

常见淋巴结病变如下。

（1）急性肿胀 表现淋巴结体积增大、变硬，伴有热、痛反应。牛患泰勒氏焦虫病时全身淋巴结呈急性肿胀。偶有波动感，多见于炭疽。

（2）慢性肿胀 无热、痛反应，较坚硬，表面不平，向周围不易移动。常见于副鼻窦炎，结核病，以及牛淋巴细胞白血病等。

5. 反刍

牛采食草料，一般不经充分咀爵就咽入瘤胃。然后，大部分精饲料进入网胃，粗草粗料漂浮在网胃和瘤胃的上层液体内，随着瘤胃的运动，进行充分混合、揉搓、分解和浸泡，当牛饱食后休息时，草料借着网胃和瘤胃的混合运动，一部分又经食道返回口腔，进行充分的咀嚼，然后重新咽入胃内，这个过程称为反刍，也叫倒嚼。

反刍是牛消化饲草料的重要的生理功能。经过反刍，草料可以嚼细，咀嚼运动又可刺激动物唾液分泌。牛的唾液呈碱性（pH值为8.2），可以中和瘤胃内细菌作用产生的有机酸。使瘤胃维持中性环境（pH值6～7），为瘤胃微生物生长和活动提供了适宜的条件。唾液还具有防止瘤胃内容物大量发生泡沫和导致膨胀的作用。而经反刍嚼细的草料食团重新咽入瘤胃后，可以增强瘤胃微生物和皱胃及小肠中消化酶与草料食团的接触面积，使之分解为食糜，便于营养物质的吸收。奶牛采食草料后，一般休息0.5～1.0小时后，开始反刍，每次反刍的持续时间为40～60分钟，有时可达1.5～2.0小时。每一食团咀嚼40～60次，每一昼夜反刍6～8次，每一天花在反刍上的时间为7～8小时。犊牛一昼夜反刍可达16次，每次持续时间15～30分钟。因此从上述反刍的生理规律可以看出，要使奶牛正常反刍，必须安排合理的饲喂次数和适当的休息时间。反刍开始的时间和次数通常与所采食草料的性质和奶牛所处的环境条件有关。如气温高时，反刍开始较晚，饮水可使之加快；安静俯卧时容易发生，惊恐可使反刍停止，粗料较精料反刍次数增多；前胃疾病时反刍减少或停止。

反刍检查很简单，一看奶牛在休息时的咀嚼情况，二看咀嚼后的吞咽情况；三看食团吞咽后新的草料食团沿食道逆行返回口腔再咀嚼的情况。

反刍的病理变化如下。

（1）反刍减少　反刍次数减少，多为前胃疾病初期；

（2）反刍停止　多为病症严重的标志。见于瘤胃积食、前胃臌胀，前胃迟缓、真胃炎、重症传染病、产后瘫痪、酮血病以及中毒病等；

（3）反刍疼痛　其特点是在反刍及咀嚼时，呻吟不安，见于创伤性网胃炎。

6．嗳气

嗳气是牛消化饲草料过程排出废气的一种特殊生理功能。牛的瘤胃内存在有大量的细菌、纤毛虫等微生物。在这些微生物的发酵作用下，草料中的粗纤维被大量分解，产生低级脂肪酸，供机体利用。同时也产生大量气体，主要是二氧化碳和沼气。这些气体部分被血液吸收由肺排出体外，部分被微生物利用，而部分由口腔排出。由口腔排出气体的过程，即称为嗳气。

嗳气是一个反射动作，是由于气体压迫瘤胃后背盲囊而引起。气体刺激瘤胃后背盲囊开始收缩，收缩波由后向前进行，气体被推向瘤胃前庭，同时，由于网胃的迟缓，使贲门区的液体下降，贲门口也随之开张，这使气体被压迫进入食管，再经口腔而排出体外，称之嗳气。

健康牛每小时嗳气的生理指标为17～20次，可由视诊或听诊在左侧颈部食道检查出来，嗳气的频率决定于气体的产生量。采食粗饲料突然更换为潮湿青草时，会由于急剧发酵产生大量气体，而不能及时排出体外，就会形成急性瘤胃臌胀。因而，更换草料要逐渐进行，使瘤胃有一个适应过程。

嗳气的病理变化如下。

嗳气增多：见于瘤胃臌胀初期。

嗳气减少或微弱：多由于前胃机能减弱所致，见于前胃迟缓、瘤胃积食、臌胀以及热性病、传染病。

嗳气停止：见于重症瘤胃积食或臌胀，食道完全阻塞，若不采取急救措施，可能很快窒息死亡。

嗳气变成呕吐：若病牛头颈伸张，呻吟不安，后肢缩至腹部，腹肌发生痉挛性收缩，由口腔或鼻腔呕出大量粥状瘤胃内容物，见于瘤胃积食、瘤胃臌胀、真胃炎等。

7．瘤胃蠕动

瘤胃是牛体内的饲料加工厂，牛进食饲草料中70%～80%可消化物质和50%粗纤维在瘤胃消化。因此瘤胃和网胃在牛的饲料消化中占有特别重要的地位。而在瘤胃内所进行的一系列消化过程中，微生物起着主导作用。而瘤胃的蠕动，是牛消化饲料的重要生理功能，起到机械性搅拌饲料的作用。从外部观察牛的左侧腹部，时有增大或缩小；用手掌或拳头抵压在左腹部可触觉瘤胃蠕动的强弱和硬度。健康奶牛瘤胃的蠕动力量强而持久，抵压时可以明显地感觉到瘤胃的顶起和落下。在左腹部听诊，由于瘤胃收缩和胃内容物的搅拌活动会产生出一阵阵强大的沙沙声或远雷声，一般先由弱到强，再由强转弱直到消失。隔一会儿又重复发生。其生理指标为每分钟2～5次。每次蠕动的持续时间为15～25秒。一般计数5分钟的平均蠕动次数。正常情况下，饥饿时，瘤胃蠕动次数减少，饱食后2小时蠕动次数增多，4～6小时后渐减。瘤胃蠕动的减弱或消失，表明消化功能受到影响，是患病的一个常见的主要症状。

瘤胃蠕动的病理变化如下。

瘤胃蠕动减弱：见于前胃迟缓、瘤胃积食和某些传染病；

瘤胃蠕动消失：见于急性瘤胃臌胀、腹膜炎或临死期；

瘤胃蠕动的增强：见于急性瘤胃臌胀的初期或某些药物中毒。

附：健康奶牛瘤胃内环境参数

奶牛采食饲草料的绝大多数在瘤胃内发酵，产生挥发性脂肪酸（VFA）、二氧化碳（CO_2）、氨（NH_3）以及合成菌体蛋白和B族维生素。在消化过程中瘤胃内环境参数为正常生理常数，是检查和治疗疾病的重要参考值。

（1）瘤胃内温度　39～41℃。

（2）瘤胃内pH值　通常维持于6～7，变动范围5.5～7.5。

（3）瘤胃内微生物　主要为嫌气型纤毛虫和细菌。

每克瘤胃内容物中，约有细菌150亿～250亿个和纤毛虫60万～180万个，总体积约占瘤胃内容物的3.6%，其纤毛虫和细菌各占一半。

（4）对纤维素的分解作用　瘤胃微生物可以把纤维素分解成VFA，提供牛机体所需能量的60%～70%。VFA含量为90～150毫升/升。主要为3种酸，大体比例为，乙酸：丙酸：丁酸为70：20：10。

（5）对氨的利用　尿素在瘤胃内可以转化为氨，被微生物利用合成蛋白质。因而，通常可利用尿素替代日粮蛋白质的30%。但要科学配置，不能滥用。

（6）气体的产生与嗳气　瘤胃微生物发酵饲料一昼夜可产生气体600～1 300升，主要是二氧化碳和甲烷。正常情况下，二氧化碳占50%～70%，甲烷占20%～45%。间有少量的氢、氧、氮和硫化氢等气体。这些气体一部分被吸收经肺排出，一部分被微生物所利用，另一部分则通过嗳气排出体外。正常情况下，牛每小时嗳气17～20次。

（7）瘤胃蠕动　休息时平均每分钟1.8次，进食时次数增多，平均每分钟2.8次，反刍时平均为2.3次/分钟。每次蠕动持续时间为15～25秒。

（8）反刍　饲喂后0.5～1.0小时出现反刍现象。每次反刍持续时间为40～50分钟，一昼夜反刍6～8次，昼夜累计反刍时间为6～8小时。犊牛3周龄后开始出现反刍。

第三节　牛病的处置技术

一、胃管插入术

插胃管时，要确实保定好病牛，固定好牛的头部。胃管用水湿润或涂上润滑油类。先给牛装一个木制的开口器，胃管经口即从开口器的中央孔插入或经鼻孔插入，插入动作柔和缓慢，到达咽部时，感觉有抵抗，此时不要强行推进，待病牛发生吞咽动作时，趁机插入食管（图8-16）。胃管通过咽部进入食管后，应立即检查是否进入食管，正常进入食管后，可在左侧颈沟部触及到胃管，这时向管内吹气，在左侧颈沟部可观察到明显的波动，同时嗅胃管口，可感觉到有明显的酸臭气味排出；若胃管误进入气管内，仔细观察可发现管内有呼吸样气体流动，或吹气感觉气流畅通，则应拔出重新插入；若发现鼻、咽黏膜损伤而出血，则应暂停操作，采用冷水浇头方法，进行止血。若仍出血不止，应及时采取其他止血措施。止血后再行插入，如图8-16所示。

图8-16　开口器使用法

二、洗胃、灌肠术

1. 洗胃术

洗胃主要用于治疗瘤胃积食以及排除胃内毒物。选用内径2厘米的胃管，根据病情需要，备好洗胃用39～40℃温水、2%～3%碳酸氢钠溶液或1%～2%食盐溶液或0.1%高锰酸钾溶液以及吸引器等。病牛施行柱栏内站立保定，施行胃管插入术。插入胃管后，若不能顺利排出胃内容物，则在胃管的外口装上漏斗，缓慢地灌入温洗液5～10升，当漏斗中洗胃液尚未完全流净时，令牛低头，并迅速把漏斗放低，拔去漏斗，利用虹吸作用，把胃内腐败液体等从胃管中不断吸出。如此反复多次，逐渐排出胃内大部分内容物。

冲洗后，缓慢抽出胃管，解除保定。

2．灌肠术

灌肠是为了治疗某些疾病，向肠内灌入大量的药液、营养物或温水，使药液或营养物很快吸收或促进宿粪排出、除去肠内分解产物与炎性渗出物。

事先备好灌肠器、压力气筒、吊桶和灌肠溶液等。灌肠液常用微温水、微温肥皂水，或3%～5%单宁酸溶液、0.1%高锰酸钾溶液、2%硼酸溶液等具有消毒、收敛作用的溶液，或葡萄糖溶液、淀粉浆等营养溶液。

灌肠分为浅部灌肠与深部灌肠两种。浅部灌肠仅用于排除直肠内积粪，而深部灌肠则用于肠便秘、直肠内给药或降温等。

（1）浅部灌肠　病牛柱栏内站立保定，并吊起尾巴。将灌肠液盛入漏斗或吊桶内，在灌肠器的橡胶管上涂以石蜡油或肥皂水，术者将灌肠器胶管的前端缓缓插入病牛肛门，再逐渐向直肠内推送，助手高举灌肠器漏斗端或吊桶，亦可固定于柱兰架上，使溶液徐徐流入直肠内。如流入不畅，可适当抽动橡胶管，注入一定液体后，牛便出现努责，让直肠内充满液体，再与粪便一起排出。如此反复进行多次，直到直肠内洗净为至。

（2）深部灌肠　深部灌肠即在浅部灌肠的基础上进行，但使用灌肠器的皮管较长，硬度适当（不过硬）。橡皮管插入直肠后，连接灌肠器，伴随灌肠液体的进入，不断将橡皮管内送。如用唧筒代替高举或高挂的灌肠器，液体进入肠道的速度就更快 。在边灌边把橡皮管内送的同时，压入液体的速度应放慢，否则会因液体的大量进入深部肠道，反射性刺激肠管收缩而把液体排出，或使部分肠管过度膨胀（特别在有炎症、坏死的肠段）造成肠破裂。

在灌肠过程中，随时用手指刺激肛门周围，使肛门紧缩，防止灌入的溶液流出。

灌肠完毕后，拉出胶管，解除保定。

三、导尿与子宫冲洗术

1．导尿术

导尿主要用于尿道炎、膀胱炎治疗以及采取尿液检验等，即母牛膀胱过度充满而又不能排尿时，施行导尿术；做尿液检查而一时未见排尿，可通过导尿术采集尿样。

病牛柱栏内站立保定，用0.1%高锰酸钾溶液清洗肛门、外阴部，酒精消毒。选择适宜型号的导尿管，放在0.1%高锰酸钾溶液或温水中浸泡5～15分钟，前端蘸液体石蜡。术者左手放于牛的臀部，右手持导尿管伸入阴道内15～20厘米，在阴道前庭处下方用食指轻轻刺激或扩张尿道口，在拇指、中指的协助下，将导尿管引入尿道口，把导尿管前端头部插入尿道外口内；在两只手的配合下，继续将导尿管送入，约10厘米，可抵达膀胱。导尿管进入膀胱后，尿液会自然流出。排完尿液后，在导尿管后端连接冲洗器或100毫升注射器，注入温的冲洗药液，反复冲洗，直至药液透明为止。公牛导尿，可通过直肠穿刺进行。

常用的冲洗药液主要有生理盐水、2%硼酸溶液、0.1%～0.5%高锰酸钾溶液、0.1%～0.2%雷佛奴尔溶液、0.1%～0.2%石炭酸以及抗生素、磺胺类制剂等。

2．子宫冲洗术

子宫冲洗主要用于治疗阴道炎和子宫内膜炎、子宫蓄脓、子宫积水等生殖道疾病。

冲洗前，应按常规消毒子宫冲洗器具。在没有专用子宫冲洗器的条件下，一般可采用马的导尿管或硬质橡皮管、塑料管代替子宫冲洗管。有条件的话，可采用胚胎采集管代替。用大玻璃漏斗或搪瓷漏斗代替唧筒或挂桶，消毒备用。

冲洗时，洗净消毒牛的外阴部和术者手、臂。通过直肠把握将导管小心地从阴道插入子宫颈内，或进入子宫体。抬高漏斗或挂桶，使药液通过导管徐徐流入子宫，待漏斗或挂桶内药液快完时，立即降低漏斗或挂桶位置，借助虹吸作用使子宫内液体自行流出。更换药液，重复进行2～3次，直至药液流出子宫时，保持原来色泽状态不变为止。为使药液与黏膜充分接触以及冲洗液顺利排出，冲洗时术者应一手伸入直肠，在直肠内轻轻按摩子宫，并掌握药液的流入与排出情况，并务必排完冲洗药液。建议隔日一次，每次备药量10 000毫升。冲洗次数不宜太多，以免导致“治疗性”不孕。

冲洗药液应根据炎症经过而选择。常用的有微温生理盐水、0.1%～0.5%高锰酸钾溶液、0.1%～0.2%雷佛奴尔溶液以及抗生素、磺胺类制剂等。

四、常用穿刺术

通过穿刺，可以获得病牛体内某一特定器官或组织的病理材料，作必要的现场鉴别或实验室诊断，确诊疾病。而当急性胃肠臌气时，应用穿刺排气，可以缓解或解除病症。

1．瘤胃穿刺术

当瘤胃严重臌气时，导致呼吸困难，作为紧急治疗的有效措施就是实施瘤胃穿刺术，排放气体，缓解症状，创造治疗时机，如图8-17所示。

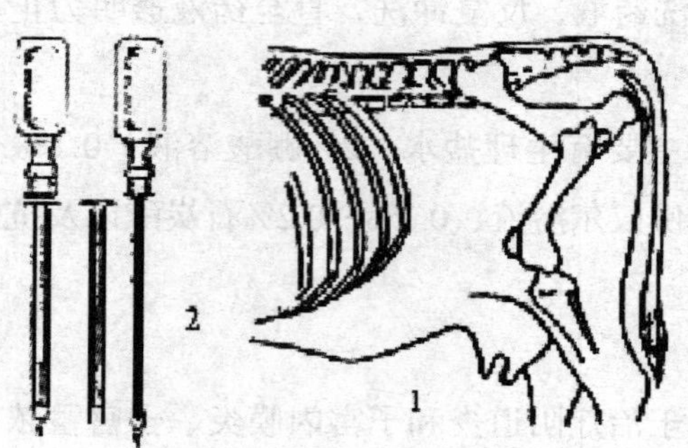

图 8-17　牛瘤胃穿刺示意图

1. 穿刺位点　2. 套管针

穿刺部位在左肷部的髋结节和最后肋骨中点连线的中央。瘤胃臌气时，取其臌胀部位的顶点。穿刺时，病牛站立保定，术部剪毛消毒，将皮肤切一小口，术者以左手将局部皮肤稍向前移，右手持消毒的套管针迅速朝向对侧肘头方向刺入约10厘米深；固定套管，抽出针芯，用纱布块堵住管口，施行间歇性放气，即使瘤胃内的气体断续地、缓慢地排出。若套管堵塞，可插入针芯疏通或稍摆动套管；排完气后，插入针芯，手按腹壁并紧贴胃壁，拔出套管针。术部涂以碘酒。

为防止臌气继续发展，造成重复穿刺，必要时套管不要拔出，继续固定，经留置一定时间后再拔出。若没有套管针，可用大号长针头或穿刺针代替，但一定要避免多次反复穿刺，必要时，可进行第二次穿刺，但不宜在原穿刺孔进行。排出气体后，为防止复发，可经套管向瘤胃内注入防腐消毒剂等。

2．胸腔穿刺术

一般用于探测胸腔有无积液并采集胸腔积液进行病理鉴定；排出胸腔内

的积液或注入药液以及冲洗治疗等。

病牛站立保定，针对病症要求选择穿刺侧别。左侧穿刺部位为第七肋间胸外静脉上方、右侧穿刺部位为第六肋间胸外静脉上方，或肩关节水平线下方2～3厘米处。术部剪毛、消毒，术者左手将术部皮肤稍向前移，右手持连接胶管与注射器的16～18号针头沿肋骨前缘垂直刺入约4厘米，然后连接注射器，抽取胸腔积液，术后严格消毒。

当无积液排出时，应迅速将附在针头上的胶管回转、折叠压紧，使管腔闭合，防止发生气胸。

3．腹腔穿刺术

腹腔穿刺术主要用于采集腹腔液鉴别诊断相关疾病，排出腹腔积液、腹腔注射药液以及进行腹腔冲洗治疗等。

实施腹腔穿刺术前，备好消毒套管针，若没有专用套管针，可选用16号针头代替。病牛站立保定，或后肢栓系保定。在脐与膝关节连线的中点，剪毛消毒术位，术者蹲下，右手控制套管针的刺入深度，由下向上垂直刺入，左手固定套管，右手拔出套管针芯。采集积液送检。术后常规消毒。

4．膀胱穿刺术

膀胱穿刺一般是在尿道完全堵塞时，有膀胱破裂危险，而采取的临时性治疗措施，或用于公牛的导尿等，如图8-18所示。

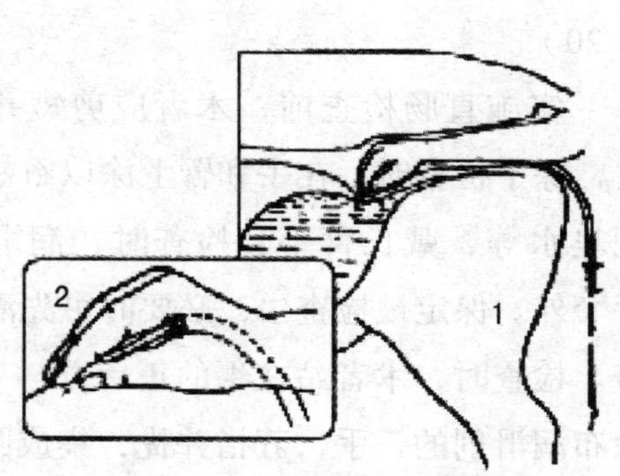

图8-18　牛膀胱穿刺示意图

1. 穿刺部位　2. 操作手法

病牛站立保定。按照直肠检查操作要领，首先充分排出直肠蓄粪，清洗消毒术者手臂，然后将装有长胶管的14～16号针头，握于手掌中，术者手呈锥形，缓缓进入直肠，在膀胱充满的最高处，将针头向前下方刺入。并固定好针头，使尿液通过针头沿事先装好的橡胶管流出。待尿液彻底流完后，再把针头拔出，同样握于掌中，带出直肠。

5.心包穿刺术

心包穿刺术主要用于采取心包液进行病理鉴定以及心包积脓时的排脓与清洗治疗。

术牛站立保定，并使病牛的左前肢向前伸出半步，充分暴露心区。在左侧第五肋间，肩端水平线下2厘米处，剪毛、消毒，一手将术部皮肤向前推移，一手持带胶管的16～18号长针头，沿第六肋骨前缘垂直刺入约4厘米，连接注射器，边抽边进针，至抽出心包液为止，如图8-19所示。

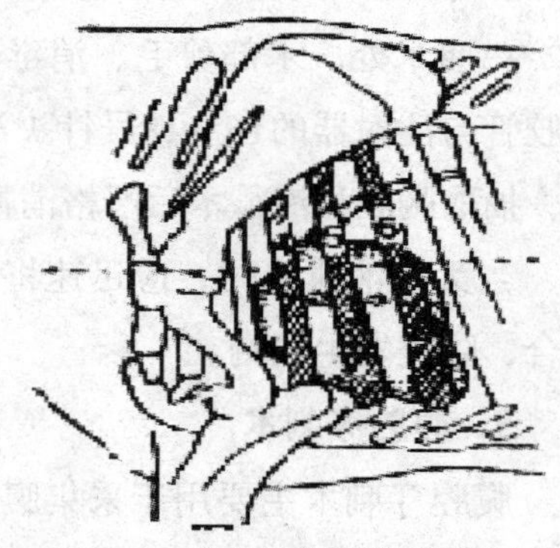

图8-19 心包穿刺部位示意图

操作过程要谨慎小心，避免针头晃动或刺入过深，伤及心脏。进针过程或注药的换药过程都要把胶管折叠、回转压紧，保持管腔闭合，防止形成气胸。

五、直肠检查术

直肠检查是诊断疾病的重要手段，也是发情鉴定、妊娠诊断的主要技术措施（图8-20）。

图8-20 直肠检查示意图

实施直肠检查前，术者应剪短并磨光指甲，裸手检查时，在手和臂上涂以石蜡油或软肥皂水等，戴长臂手套检查时，润滑剂涂于手套外。保定被检查牛，必要时可先灌肠后检查。检查时，术者站在牛的正后方，一手握住牛尾并抵在一侧坐骨结节上，涂布润滑剂的一手，五指并拢，集成圆锥形，穿越肛门并缓慢伸入直肠；刺激并配合牛的努责排出直肠蓄粪；对膀胱充满的牛，可抚摩膀胱促使排尿，牛出现努责时，手应暂时停止前进或稍微后退，并用前臂下压肛门，待直肠松弛后再行深入检查；手到达直肠狭窄部时，要小心判明肠腔走向，再徐徐向前伸入。检查时，应用指腹轻轻触摸被检查部位或器官；仔细判断脏器位置和形态。检查完毕后，手应慢慢退出直肠，防止损伤肠黏膜。在检查中或检查后，若发现肛门出血或粪便带血、手臂上沾有鲜血等，都是直肠损伤的可疑现象，应仔细检查，必要时可采取相应技术措施。

六、去角术

牛的犄角是在野生状态下，用来防卫天敌的工具，驯养成家畜、人工饲养后便失去防卫的功能与作用。而角的弯曲会损伤眼部或其他软组织、复杂性角折治疗以及避免对人畜造成损伤，都要求实施去角术。去角可采用以下几种方法。

1. 苛性钠去角法

于10日龄前，把牛放倒保定，剪去角周围的毛，在角周围皮肤上涂抹凡士林，用棒状苛性钠（钾）裹纸（手持棒处）蘸水在角突上摩擦，直到皮肤发红但未出血为止。注意雨天不宜操作，要防止苛性钠被雨水冲入牛的眼睛。

2. 烧烫去角法

1月龄以内的犊牛可选用200～300瓦烙铁，烧烫角突部，烧焦角突部皮肤，即可烧坏角生长点。注意烙的时间应控制在1分钟以内，以免烧伤头部。

3. 钳子去角

采用专用去角钳，在角突基部距皮肤1.6厘米处剪去角突。对较大的角突，事先要进行消毒，并备好止血用纱布，剪除后要立即涂布消炎粉，并用纱布止血。适用于冬季或无蚊蝇季节实施。

七、修蹄术

奶牛蹄病是影响奶牛使用年限的主要疾病之一。因而，修蹄、护蹄是奶牛管理上的重要技术措施。修蹄是除去蹄部过长的角质，削去足底已经老化的角质，保护正常蹄形，预防和治疗蹄底腐烂等疾病的关键性技术手段。

1. 修蹄工具

应置备的修蹄工具主要有蹄铲、蹄钩刀、蹄锉、蹄钳、蹄修剪器以及蹄锯等，另外，还有修蹄凳、垫等附属器材。

2. 保定

修蹄前，首先要对被修蹄牛进行科学保定。一般采取柱栏内或牛栏内保定，用绳子把被修蹄提起，如系前蹄，则屈曲腕关节，如系后蹄，则按下列步骤进行保定：首先在跗关节上方打一个便于迅速解开的滑结，并在跟腱上拉紧；然后将绳子绕过牛臀部的梁，绳的游离端再在跗关节下方绕过，提举

后肢；最后将绳子的游离端打结固定。当柱栏上方无横梁可利用时，蹄的保定可用绳环绕球节上向后拉。但要注意蹄应放在草捆上而抬起，避免向后拉时牛的剧烈骚动而造成损伤，以维护人畜安全。目前已研制出专用修蹄床，如图5-26所示，为奶牛的修蹄、护蹄，提供了方便。

3. 修蹄要点

修蹄前可将牛牵入浅水池中将蹄泡软，或用温热毛巾包裹蹄部，使蹄角质软化。修蹄时，先修整蹄壁，将蹄壁底缘有裂隙、损坏以及不平整的部分削掉，并修削平整；对于过长的蹄尖，可用蹄剪剪去，或用蹄锯锯掉后再修削平整。修削蹄壁和蹄尖时，要注意不修削过度，以避免牛因蹄底疼痛而不敢走路。修削蹄底是切去已经老化的灰色角质，但不能把老化的角质层全部削去，要留一薄层保护新生角质层。修削后的蹄底和蹄壁要用蹄锉锉至平整一致，蹄的外侧面稍长于内侧面，蹄尖稍高于蹄底。黑色腐烂的角质，无论深浅，都应用蹄刀尽力削除，并注意不损伤健康组织。清除腐烂的角质后，涂布松馏油或松馏油碘酊。

第四节　牛的投药、注射术

一、投药法

在牛病防治过程中，投药是最基本的防治措施。投药的方法很多，实践中应根据药物的不同剂型、剂量以及药物的刺激性和病情及其进程，选用不同的投药方法。

1.液剂药物灌服法

适用于液体性口服药物。

灌药前准备：牛灌药，建议采用专用灌药橡皮瓶，若没有专用橡皮瓶，可使用长颈塑料瓶或长颈啤酒瓶，洗净后，装入药液备用；一般采用徒手保定，必要时采用牛鼻钳及鼻钳绳借助牛栏保定。

灌服时，首先把牛拴系于牛栏或牛桩上，由助手紧拉鼻环或用手抓住牛的鼻中隔，抬高牛头。一般要略高于牛背，用另一只手的手掌托住牛的下颌，使牛嘴略高。术者一手从牛的一侧口角伸入，打开口腔并轻压牛的舌头；另一只手持盛有药液的橡皮瓶或长颈瓶从另一侧口腔角伸入并送向舌背部；抬高灌药瓶的后部，并轻轻振抖，使药液流出，吞咽后继续灌服，直至灌完。

注意事项：药量较多，应分瓶次灌服，每瓶次药量不宜装的太多，灌服速度不宜太快。严防药物呛入气管内，灌药过程中，如病牛发生强烈咳嗽时，立即暂停灌服，并使牛头低下，使药液咳出。

经口腔灌药，不同的灌药方法，会产生不同的效果。既可以往瘤胃内灌药，又可以往瓣胃以后的消化道灌药。一般若每次灌服少量药液时，由于食道沟的反射作用，使食道沟闭锁，形成筒状，而把大部分药液送入瓣胃；若一次灌入大量药液，则食道沟开放，药液几乎全部流入瘤胃。因而往瘤胃投药时，可用长颈瓶子等器具，一次大量灌服，或用胃管直接灌服；而目的在于往瓣胃内以及以后的消化道内投药时，则应少量多次灌服。

2．片剂、丸剂、舔剂药物投药法

应用于西药以及中成药制剂。可采用裸手投药或投药器进行。

投药时牛一般站立保定。裸手投药法：术者用一手从牛一侧口角伸入，打开口腔，另一只手持药片（丸、囊）或用竹片刮取舔剂自另侧口角送入其舌背部。投药器投药法：事先将药品装入投药器内，术者持投药器自牛一侧口角伸入并直接送向舌根部，迅速将药物推出，抽出送药器，待其自行咽下。

裸手投药或投药器投药，在投药后，都要观察牛是否吞咽。必要时也可在投药后，灌饮少量水，以确保药物全部吞咽。

通过口腔投入抗生素、磺胺类药物等化学制剂时，应考虑到对瘤胃微生物群落的影响问题。四环素族抗生素以及磺胺类药物对瘤胃微生物群落的发育繁殖具有强烈的抑制作用，链霉素相对危害较轻。一般采用化学制剂灌服治疗之后，建议采用健康牛瘤胃液灌服，以接种瘤胃微生物群落。

3．胃管投药法

多用于大剂量液剂药物或药品带有特殊气味，经口腔不易灌服，可采用胃管投药法。

按照胃管插入术的程序和要求，通过口腔或鼻孔插入胃管，将药物置于挂桶或盛药漏斗，经胃管直接灌入胃中，如图8-21和图8-22所示。

患咽炎或明显呼吸困难的病牛，不能用胃管灌药。灌药过程引起咳嗽、气喘，应立即停止灌药。

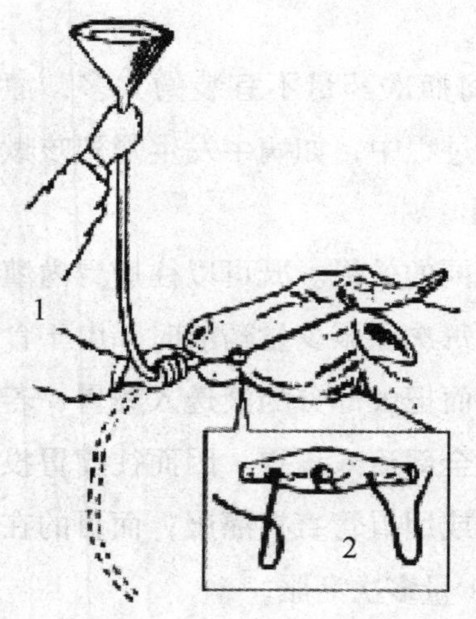

图8-21 胃管投药示意图

1. 胃管 2. 防咬器

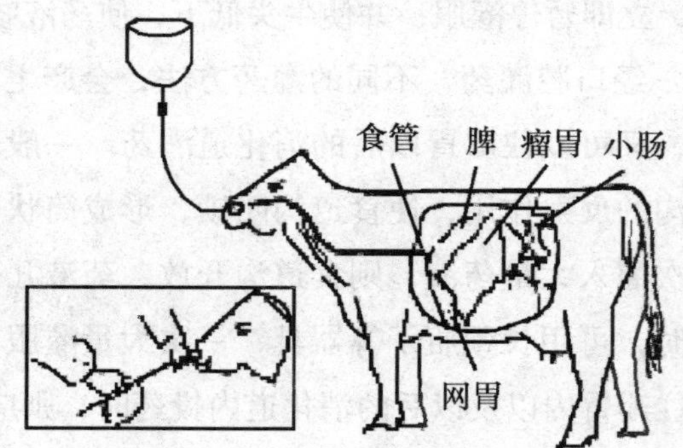

图8-22 鼻孔插胃管投药示意图

二、注射法

注射法即借用注射器把药物投入病牛机体。注射是防治动物疾病常用的给药法。注射法分皮下注射、肌肉注射、静脉注射，是临床最常用的注射法。另外还有皮内注射、胸腔注射、腹腔注射、气管、瓣胃以及眼球结膜等部位注射。实践中根据药物的性质、剂量以及疾病的具体情况选择特定的方法进行注射。

1. 器械准备

按照不同注射方法和药物剂量，选取不同的注射器和针头；检查注射器是否严密，针管、针芯是否合套；金属注射器的橡皮垫是否好用，松紧度调节是否适宜；针头是否锐利、通畅，针头与针管的结合是否严密。所有注射用具在使用前必须清洗干净并进行煮沸或高压灭菌消毒。

2. 动物体准备

注射部位应先进行剪毛，消毒（先用5%碘酊涂擦、再用75%酒精）。注射后也要进行局部消毒。严格执行无菌操作规程。

药剂准备：抽取药液前，要认真检查药品的质量，注意药液是否混浊、沉淀、变质；同时混注两种以上药液时，要注意配伍禁忌。抽完药液后，要排除注射器内的气泡。

根据病牛的具体情况及不同的注射方法、治疗方案，采取相应的保定措施。

1．皮内注射法

主要用于变态反应试验，如牛结核菌素变态反应试验。注射部位一般在颈部上1/3处或尾根两侧的皮肤皱襞处。采用1毫升注射器，小号或专用皮内注射针头。注射时，对注射部位剪毛消毒，以左手食指和拇指捏住注射部位皮肤，右手持注射器，在牢固保定的情况下，将针尖刺入真皮内，使针头几乎与注射皮面平行刺入。待针头斜面完全进入皮内后，放松左手，注入药液，使皮面形成一个圆丘即可。

皮内注射，要注意不能刺入太深，注射后不能按压，拔出针头后，不要再消毒或压迫。

2．皮下注射法

皮下注射是将药液经皮肤注入皮下疏松组织内的一种给药方法。适用于药量少、刺激性小的药液。如阿托品、毛果芸香碱、肾上腺素、比赛可灵以及防疫（菌）苗等。刺激性大的药液、混悬液、油剂等由于皮下吸收不良，不能采用皮下注射。注射部位以皮肤较薄、皮下组织疏松处为宜。牛一般在颈部两侧，如药液量较多时，可分数处多部位注射。注射部位也可选在肘后或肩后皮肤较薄处。

皮下注射一般选用16号针头，注射时对注射部位剪毛消毒（用70%酒精或2%碘酊涂搽消毒），一般用左手拇指和食指捏起注射部位皮肤，使皮肤与针刺角度呈45°角，右手持注射器，或用右手拇指、食指和中指单独捏住针头，将针头迅速刺入捏起的皮肤皱褶内，使针尖刺入皮肤皱褶内1.5～2.0厘米深。然后松开左手，连接针头和针管，将药液徐徐注入皮下。

注意：分步操作，在连接针管时，要将盛药针管内的空气排净。

3．肌肉注射法

是最常用的注射法，即将药液注入牛的肌肉内。动物肌肉内血管丰富，药液注入后吸收较快，仅次于静脉注射。一般刺激性较强、较难吸收的药液

都可以采用肌肉注射法。如青霉素、链霉素、以及各种油剂、混悬剂等均可进行肌肉注射。但对一些刺激性强烈而且很难吸收的药物，如水合氯醛、氯化钙、浓盐水等不能进行肌肉注射。

肌肉注射的部位一般选择在肌肉层较厚的臀部或颈部。使用16 号针头，注射时，对注射部位剪毛消毒，取下注射器上的针头，以右手拇指、食指和中指捏住针头座，对准消毒好的注射部位，将针头用力刺入肌肉内，然后连接吸好药液的针管，徐徐注入药液。注射完毕后，拔出针头，针眼涂以碘酊消毒。

注意：一般肌肉注射时，不要把针头全长都刺入肌肉内，以防针头折断后不易取出。近年来多采用一次性塑料注射器，则不必拿下针头单独刺入，为动物注射给药提供了方便。牛肌肉、静脉注射部位，如图8-23所示。

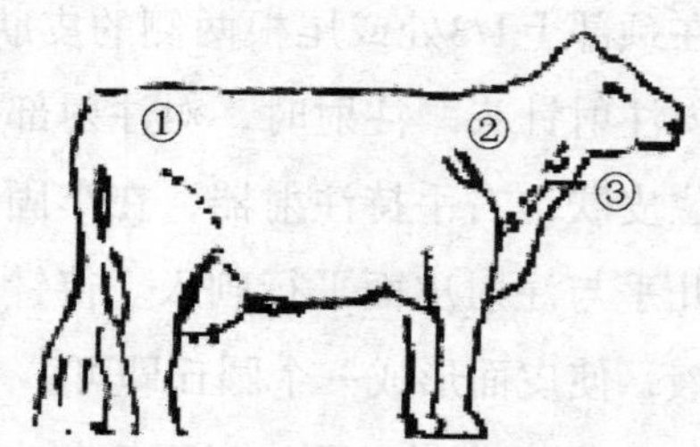

图8-23　牛肌肉、静脉注射部位
①臀部肌肉注射部位
②颈部肌肉注射部位
③颈静脉注射部位

4．静脉注射法

（1）静脉注射　静脉注射即把药液直接注入动物静脉血管内的一种给药方法。静脉注射，能使药液迅速进入血液，随血液循环遍布全身，很快发生药效。注射部位多选在颈静脉上1/3处。一般使用兽用16号或20号针头。保定好病牛，使病牛颈部向前上方伸直，注射部位剪毛消毒，用左手在注射部位下面约5厘米处，以大拇指紧压在颈静脉沟中的静脉血管上，其余四指在右侧相应部位抵住，拦住血液回流，使静脉血管鼓起。术者右手拇指、食指和中指紧握针头座，针尖朝下，使针头与颈静脉呈45° 角，对准静脉血管猛力刺入，如果刺进血管，便有血液涌出，如果针头刺进皮肤，便没有血液流出，可另行刺入。针头刺入血管后，再将针头调转方向，即使针尖在血管内朝上，再将针头顺血管推入2～3厘米。松开左手，固定针头座，与右手配合连接针管。左手固定针管，手背紧靠病牛颈部作支撑，右手抽动针管活塞，见到回血后，将药液徐徐注入静脉。

注射完药液后，左手用酒精棉球压紧针眼，右手将针拔出，为防止针眼溢血，或形成局部血肿，在拔出针头后，继续紧压针眼1～2分钟，然后松手。

静脉注射，将药液直接送入血液，因而要求药液无菌、澄清透明、无致热原；刺激性强的药液，要注意稀释浓度，如果浓度过高，容易引起血栓性静脉管炎；注射时，严防药液漏至血管外，以免引起局部肿胀；保定要牢固，注射速度应缓慢。

（2）静脉吊瓶滴注　静脉吊瓶滴注即奶牛输液。即通过静脉注射或滴注的方法将药液直接输入静脉管内。临床上可以使用人用的一次性输液器代替过去的输液工具，免去了过去的吊瓶消毒、胶管老化等诸多麻烦。新的方法是：采用一次性输液器，兽用16号、20号粗长针头作输液针头，按治疗配方将使用的药液配装在500毫升的等渗盐水瓶中，或所需要的不同浓度的葡萄糖注射液（500毫升瓶）药瓶中，作为输液药瓶。将输液药瓶口朝下置入吊瓶网内。然后把一次性输液器从灭菌塑料袋中取出，把上端（具有换气插头端）插入输液药瓶的瓶塞内，把吊瓶网挂在高于牛头30～40厘米的吊瓶架上。把输液器下端过滤器下面的细塑料管连同针头拔掉，安装上兽用输液针头（6号或20号针头）。打开输液器调节开关，放出少量药液，排出输液管内的空气，调节输液器管中上部的空气壶，使之置入半壶药液，以便观察输液流速。将排完空气的输液器关好开关，备用。取下输液器上的锋利的兽用针头，按照静脉注射的方法，将针头刺入静脉血管，把针头向下送入血管2～3厘米，以防针头滑出。这时松开静脉的固定压迫点，打开输液器开关，连接输液器管，把输液器末端（过滤器下段），插入置于静脉血管中的针头座内，并拧紧（防止松动漏夜）。调节输液速度，开始输液。然后再用两个文具夹把输液器下端连接针头附近的输液管分两个地方固定在牛的颈部皮肤上。滑动输液器上的调节开关，使之达到按照需要的滴流速度进行输液，如图8-24所示。

与静脉注射的区别是：静脉注射使用的针头在刺入静脉后，调整针头方向，使之针尖朝上，然后连接针管、注入药液。而静脉输液时使用的针头，在刺入静脉后，将针头向下顺入静脉管内，连接输液器下端，输入药液。

静脉注射或滴注过程中，若药液漏出静脉外时，可作如下处理。

如是高渗溶液，则向肿胀局部及周围注入适量的注射用水（灭菌蒸馏水）以稀释；

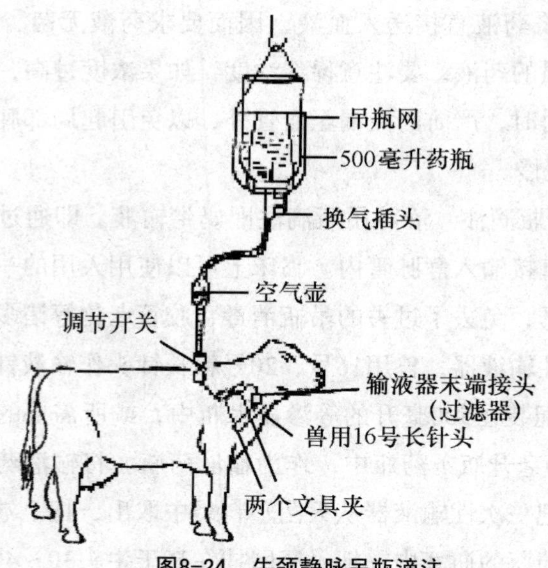

图8-24　牛颈静脉吊瓶滴注

如是刺激性强或有腐蚀性的药液，则向周围组织注入生理盐水；如是氯化钙溶液可注入10%硫酸钠溶液，使其转化为硫酸钙和氯化钠。此外，局部温敷，可以促进吸收。

5．气管注射法

气管注射是将药液直接送入动物气管内。用以治疗气管、支气管以及肺部疾病。病牛站立保定，头颈伸直并略抬高，沿颈下第三轮气管正中剪毛消毒，用16号针头向后上方刺入，当穿透气管壁时，针感无阻力，然后连接针管，将药液缓缓注入。

气管注射时，为防止咳嗽，可先在气管内注入0.25%～0.5%普鲁卡因溶液5毫升，再注入治疗用药液。3月龄以下犊牛，也可直接用0.25%的普鲁卡因溶液20毫升稀释青霉素80万单位，缓缓注入气管内，隔日一次，连用2～5次。

6．胸腔注射法

病牛站立保定，右侧第五或左侧第六肋间，胸外静脉上方2厘米处剪毛消毒，用左手将注射部位皮肤前推1～2厘米，右手持连接针头的注射器，沿肋骨前缘垂直刺入约3～5厘米，注入药液，拔出针头。使局部皮肤复位，常规消毒。整个注射过程，要防止空气进入胸腔。

7. 腹腔注射法

将特定药物直接注入腹腔，借助于腹膜的吸收机能治疗某些疾病的注射法。腹腔注射时，病牛站立保定，犊牛亦可侧卧保定，在牛体右侧肷窝上部，即髋关节下缘的水平线上，距最后肋骨2~4厘米处，用静脉注射针头，与皮肤呈直角，将针头垂直刺入腹腔，感到针头可自由活动时，证明刺入腹腔。连接针管，注入药液。

一般刺激性大的药液不宜作腹腔注射，注射前，药液必须加温，与体温同高。不能直接注入凉药液，以免引起痉挛性腹痛。

8. 瓣胃注射法

病牛站立保定，在右侧第九肋间，肩关节水平线上下2厘米处剪毛消毒，采用长15厘米（16~18号）针头，垂直刺入皮肤后，针头朝向左侧肘突（左前下方）方向刺入8~10厘米（刺入瓣胃内时常有沙沙声感），以注射器注入20~50毫升生理盐水后立即回抽，如见混有草屑等胃内容物，即可注入治疗药物。然后迅速拔出针头，按照常规消毒法消毒，如图8-25所示。

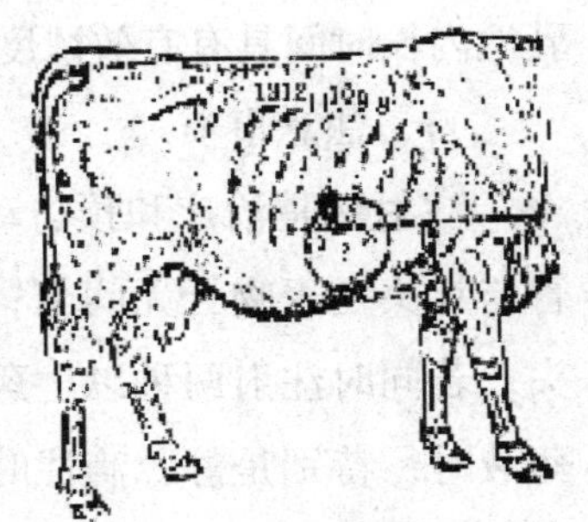

图8-25　牛瓣胃注射部位

9. 皱胃注射法

病牛站立保定，消毒注射位点，皱胃位于右侧第12、第13肋骨后下缘；若右侧肋骨弓或最后三个肋间显著膨大，呈现叩击钢管清朗的铿锵音，也可选此处作为注射点，局部剪毛消毒，取长15厘米（6~18号）针头，朝向对侧肘突刺入5~8厘米，有坚实感即表明刺入皱胃，先注入生理盐水50~100毫升，立即抽回，其中混有胃内容物（pH值为1~4），即可注入事先备好的治疗药物。注完后，常规消毒注射点。

10. 乳池注射法

乳池注射即将药物注入乳房的乳池中，用于预防或治疗乳房炎的一种方法。是奶牛场常用的注射方法。采用放奶针头，或称导乳针头，消毒备用。

其操作方法是：将牛适当保定，用干净温水清洗、擦干乳房，挤净乳房内积存的奶汁，用酒精棉球擦拭消毒乳头以及乳头下端中央的乳头管开口，左手护住乳头下端，使乳头管口偏向操作者，右手持针，把针头缓缓插入乳头管内23～35厘米（根据乳头大小确定插入深度），把持乳头的左手同时捏住导乳针底座，右手将吸好药液的针管连接到针头坐座上（通常可用一小段乳胶管连接），将药液缓慢推入乳池中。注完后抽出导乳针头，用手少捏一会儿乳头或轻柔乳头，如果是治疗性药物，则需一手捏住乳头下端，另一手轻轻上托按摩乳房，促使药液在乳池内向上串开。操作时要注意保定好奶牛，以防被奶牛踢伤。注入药液的一般容量要求每个乳池50～100毫升为宜。

采用乳池注射法治疗乳房炎，注射前一定要把乳房内炎性乳汁挤净，在挤完奶后，立即进行乳池注射。每次挤完奶后，都要进行乳池灌注，以维持乳池内长时间具有有效浓度的治疗药物。

11．注意事项

注射法是治疗和预防动物疾病最常用的投药方法。应用时首先要检查针管与针头是否吻合无间隙；清洁、畅通无堵塞；而且要求严格消毒针管与针头；若同时注射两种以上药品时，要注意药物的配伍禁忌；若需要注入大量药液时，特别是静脉滴注时，应加温药液使之与体温同高；注射前必须排净针管内的空气。

第五节　牛病的治疗措施

牛病的治疗措施很多，这里主要介绍输液、输血、放血、输氧、封闭、乳房送风、胎衣剥离、子宫冲洗等治疗技术。

一、输液疗法

输液是目前最常用的治疗疾病的方法。输液疗法主要用于调节体内水与电解质代谢平衡、酸碱平衡、增加营养、维持循环血量、稀释或中和以及排除血液内的毒素等。同时，随液体输入治疗药物，为病牛机体增加康复能力。其方法最常见的是静脉输液法，另外，有时也采用腹腔输液法。

适应症有如下几种。

① 各种原因引起的脱水、酸中毒等。

② 休克、中毒、败血症、剖腹或肠管手术等。

③ 食欲减退以及食欲废绝的病牛。

④ 利用漂浮原理，进行腹腔输液，治疗奶牛皱胃变位。

1．静脉输液法

操作步骤参见静脉注射。主要是利用吊瓶中空气和药液的压力，通过输液器将药液输入牛的静脉。根据病情和体重大小，常用静脉输液的剂量1 000～6 000毫升。流速控制在每分钟30～40毫升，刺激性较强的药液，如浓盐水流速应放慢，输液器上的空气壶中的药液应看出呈点滴状流滴，流速应控制在每分钟15～20毫升比较安全。天冷或大剂量输液时，药液的温度应控制在接近体温的温度，以防引起冷刺激。

2．腹腔输液法

针头刺入腹腔的操作过程，参见腹腔注射法。输液器与吊瓶等用具与静脉输液相同。当针头刺入腹腔注射部位后，连接准备好的输液器，高挂吊瓶开始输液。流速控制在每分钟50毫升左右，一般可一次输入2 000～4 000毫升药液。药液输入腹腔后，一般经过2小时就能被腹膜全部吸收。在操作过程中应严格无菌操作，以防引起腹膜炎。

必须注意：依据等渗的原理，腹腔输液不可输入高渗溶液，如高渗盐水、高渗糖等，即腹腔输液必须是等渗溶液，如生理盐水、林格氏液、等渗糖、糖盐水等。另外，药液输入前，必须要加温使之与体温同高，方可输入，以防引起冷性腹痛。

3．注意事项

① 输液量应根据病牛表现，疾病性质和程度，以及血、尿检验资料等进行具体分析来确定，一般病情较重的牛每日需输液2次。

② 为防止心脏负担过重，输液速度要缓慢，严重病牛应控制在15毫升/分钟左右。

③ 心力衰竭、肺水肿及肾炎病畜，禁忌大量输液，对于出血性疾病，尚未彻底止血者，输液应慎重。

④ 输液中注意检查针头是否在准确位置及有无堵塞，并观察病牛输液反应，如出现全身震颤、不安、气喘、呼吸抑制等情况时，应减慢输液速度或停止输液，防止发生意外。

4. 输液疗法常用的药液种类和用途，如表8-1所示

表8-1　药液种类和用途

药物名称	主要作用	一般用量
0.9%氯化钠注射液（等渗盐水、生理盐水）	治疗脱水或休克，补充体液和钠离子，氯离子、外用洗眼或冲洗伤口等	静脉注射一般每次1 000～3 000毫升
复方氯化钠注射液（林格氏液、复方盐水）	补充体液、钠离子、氯离子以及少量钾离子、钙离子。含0.85%氯化钠、0.03%氯化钾、0.033%氯化钙	静脉注射一般每次1 000～3 000毫升
葡萄糖氯化钠注射液（糖盐水）	补充体液、钠离子、氯离子以及能量，利尿解毒。含5%葡萄糖与0.9%氯化钠	静脉注射一般每次1 000～3 000毫升
5%葡萄糖注射液（等渗糖）	血容量扩充剂，补充体液和能量，保肝、解毒，补充营养。大剂量有利尿作用	静脉注射一般每次1 000～5 000毫升
10%、25%、50%葡萄糖注射液（高渗糖）	血容量扩充剂，补充体液和能量，强心、利尿、保肝、解毒。用于各种急性中毒	静脉注射一般每次50～250毫升
5%碳酸氢钠注射液	酸碱平衡药，防治代谢性酸中毒，浓度在1.5%时为等渗液	静脉注射一般每次250～1 000毫升

二、输血疗法

输血疗法，是兽医临床上采用的一种重要的治疗手段。主要用于出血、贫血、血凝机制障碍、严重感染、中毒、体质严重衰弱、败血病等病症的治疗。具有补充血量、增加血液渗透压、提高抗病能力、预防和治疗休克、止血、解毒等重要作用。

1. 输血方法

（1）血源　一般选择与受血牛之间具有血缘关系的供血牛，最好具有直系血缘关系的牛，如母女间、姊妹间等血缘关系。如果供血牛是刚刚出生的

犊牛，不必有血缘关系，但犊牛必须是未经喂饮任何食物的犊牛。如果没有上述要求的供血牛选择条件，也可以选择健康育成牛或久不孕的母牛。供血牛选择后，应做血常规检查，主要是检查血液中红、白细胞含量。合格者方能作供血牛使用。输血前，必须做血凝试验（也叫配血试验）。

（2）血凝试验　这种试验就是在输血前，观察供血牛与受血牛之间是否存在红血球凝集反应。经试验，只有阴性者方可采血、输血。

将供血牛和受血牛分别在颈静脉各采血10毫升，放在两试管内，室温下静置10分钟，1 500转/分钟速度离心10分钟（或静置2小时，离心3～5分钟），析出血清备用。

将供血牛和受血牛分别在耳静脉采血2滴置于两试管内，用生理盐水5毫升冲洗两次，分离出50%血球悬液备用（或者直接采新鲜颈静脉血用于试验）。

取载玻片两片，分别标注正交试验和反交试验字样。

正交试验：用一吸管分别吸取供血牛分离的50%血球悬液（或鲜血）和受血牛分离的血清各一滴置于载玻片上，用手轻轻地摆动玻片，使血清与血球充分混合（也可用小玻棒搅匀）。在约20℃室温内（冬季可在炉旁）静置10～15分钟，观察红血球凝集反应的结果，即有无凝血或溶血现象。

反交试验：用一吸管分别吸取供血牛分离的血清和受血牛分离的50%血球悬液（或鲜血）各一滴，置于载玻片上，充分混合后静置10～15分钟，观察红血球凝集反应的结果。

阴性反应（即相和血液）：玻片上的液体呈均匀红色，无红血球凝集现象。显微镜下观察：每个红血球界限清楚，分布均匀，清晰呈碟状，可用于输血。

阳性反应：红血球呈砂砾状，液体透明。显微镜下红血球彼此堆积在一起，界限不清或出现溶血现象，均不能用于输血。

正交试验和反交试验即血液相互配合试验也可以在一块双凹玻片上同时进行。方法是吸取受血牛血清1滴，置于左侧玻凹内，再加供血牛的鲜血1滴；另用1支吸管，吸取供血牛血清1滴置于右侧玻凹内，加受血牛的鲜血1滴，分别用小玻棒搅匀，置20℃下15分钟，若不发生凝血或溶血，判为阴性，0.5小时内再观察有无凝血，溶血现象。

（3）抗凝剂　枸橼酸钠注射液，每支10毫升、0.25克。体外抗凝用量为10%，即每100毫升血液中加入10毫升。

（4）采血　先将抗凝剂置于灭菌的贮血瓶内，随后从静脉采血，边采血边轻轻摇动贮血瓶，使血液与抗凝剂充分混合。

（5）输血　采血后立即给受血牛输血。输血用具采用一次性输液管。以16～20号粗针头为宜。开始输血时速度要缓慢，以3～5毫升/分钟速度进行静脉滴注。经过10分钟左右的观察，如果一切正常，可将滴速调快，以5～15毫升/分钟滴注。

2．输血量

① 大量出血输血、防治休克输血，为增加循环血量，挽救生命，用量要大。一次可输2 000～3 000毫升。

② 尿血、便血或溶血性疾病，在用其他方法止血治疗无效时，可配合止血治疗进行小剂量多次输血。一次输血500～1 000毫升，一日可输2～3次。因输入血液含有凝血物质，故具有止血作用。

③ 治疗败血症时，要及早输血，每次1 000毫升，隔日一次。

④ 治疗其他疾病时，参考用量为：6月龄以下犊牛，一次输血量100～500毫升；成年母牛500～3 000毫升，特殊情况最高可达4 500毫升。

3．输血治疗应注意的问题

① 供血牛必须是体质健康、各项生理指标正常的健壮牛只。

② 采血和输血过程必须严格遵守无菌操作规程。

③ 静脉滴注输血时，如滴注过快或用量太大，可能出现病牛肌肉颤抖等低血钙中毒症状，可通过静脉注射氯化钙解救。

④ 如病牛伴发肺水肿、肾脏、心脏疾病时，不建议输血治疗。

三、放血疗法

牛放血治疗法，起源于我国中兽医针灸术中的血针疗法。中兽医古书记载“春来万病生，大血两针彻，诸毒不能成，百病俱消灭”。

1．放血方法

按照中兽医理论，脉证俱实，血色青而黏稠者，则宜多放；邪胜而证虚，血色青而暗淡者，则不宜多放；脑病、肺热喘放血宜多；眼病、四肢下部病（蹄叶炎除外）放血宜少；衰弱病畜及孕畜一般不用、各类传染病禁用放血疗法。

具体放血方法：采用16号或20号兽用粗针头，刺入病牛颈静脉放血，又称泻血疗法。

临床上放血疗法多采用边放边补（补充体液）的方法治疗疾病。成年奶牛颈静脉放血量一般为500～2 000毫升，补液量相当于或大于放血量。如成年奶牛中暑，可一次性颈静脉放血1 500毫升，随后静脉注射生理盐水或复方盐水2 000～3 000毫升。可减轻血浓淤滞对心脏造成的负担，降低血压，调节血液黏稠度，改善循环功能，缓解临床症状，达到治疗目的和效果。

2．适应症

放血疗法适应于治疗牛的中暑、脑炎、破伤风、大叶性肺炎以及某些中毒症等。如亚硝酸盐中毒、菜籽饼中毒、霉烂甘薯中毒、蹄叶炎（末梢循环障碍）、酸中毒等。

四、静脉输氧疗法

输氧疗法，在临床上主要用于重危病牛的急救。有条件使用氧气设备的情况下，可采用呼吸道供氧的办法，抢救和治疗病牛。如没有氧气设备，则可采用静脉滴注适当浓度的过氧化氢溶液即静脉输氧疗法。

临床上遇有呼吸困难、可视黏膜发绀，心动过速，酸中毒等乏氧病牛，在及时静脉输入双氧水后，可明显缓解病症，病牛表现心力增强，心率减少；颌下脉搏明显触及，可视黏膜发绀症状明显减轻或消失，血液颜色由黑紫变为鲜红，呼吸困难明显减轻或解除。

输氧疗法适应于各种原因引起的乏氧性呼吸困难的急救，各种休克的急救以及某些中毒（如一氧化碳中毒、麻醉中毒、瘤胃酸中毒以及某些饲料中毒等）病的急救。

1．输氧溶液的配置及用量

使用3%浓度的双氧水静脉输入时，其溶液的配制常取10%葡萄糖溶液做稀释剂；也可使用糖盐水、生理盐水、林格液及其他高渗糖溶液做稀释剂。一般按1：10稀释，即配制成3%以下浓度的双氧水。为防止出现低渗性溶血，可考虑使用一部分高渗糖做稀释剂。例如，治疗奶牛酸中毒时，须输氧量较大，其配方为：3%浓度的双氧水120毫升+10%葡萄糖溶液1 000毫升+糖盐水1 000毫升，混合后一次静脉输入。乏氧病重奶牛可间隔4小时后重复输入一次。治疗一氧化碳中毒，可选用10%葡萄糖溶液1 000毫升+3%双氧水100毫升，混合后一次静脉输入，每日输入1～4次。

静脉输氧速度应控制在每小时500毫升，如果奶牛反应良好，可适当加快输入速度。

输入总量一般按4～5毫升/千克体重计算。

2．注意事项

（1）静脉输氧所用的双氧水　要求医药用合格产品，溶液新鲜、用前启封、现用现配；

（2）严格按0.3%以下浓度配制　浓度不宜偏高，以防在体内形成气栓，不可用蒸馏水稀释，以免在体内引起溶血反应。

（3）与其他药物的配伍问题

① 不能与以胺类为底物的药物以及碱类药物相配伍。

② 不可与血液同时输入。也不可在输血后用同一容器输入。

③ 可同时与细胞色素C，三磷酸腺苷（ATP），辅酶A，肌苷等伍用。

④ 治疗严重细菌性感染疾病如菌血症、败血症等时，可与维生素C伍用。

五、封闭疗法

采用普鲁卡因封闭疗法，即将不同浓度的普鲁卡因水溶液（用生理盐水配制）注射于血管内、腹腔内、气管内、患肢系部、食道、子宫颈以及病灶周围、乳房神经等部位的一种治疗方法。普鲁卡因封闭疗法，可遮断或减缓病区的恶性刺激向中枢神经系统的传导，使病部组织新陈代谢旺盛，促进病变的痊愈。在奶牛疾病的治疗中应用比较广泛。常用的各部位封闭疗法分述如下。

1．静脉封闭法

（1）适应症　急性蜂窝织炎、顽固性浮肿、久不愈合的创伤、风湿病、蹄叶炎等。

（2）封闭法　成年奶牛一次静脉缓慢注射0.25%普鲁卡因溶液500～800毫升，隔日注射一次。

2．腹腔封闭法

（1）适应症　顽固性腹泻。

（2）封闭法　取2%盐酸普鲁卡因注射液50毫升，加入到盛有500毫升生理盐水的瓶中，再加入320万国际单位青霉素、3克链霉素，充分溶解后，加温到与奶牛体温同高备用。在患牛右侧肷部穿刺点剪毛消毒，用16号针头按照腹腔注射法刺入腹腔，连接输液器将瓶中药液输入腹腔。每日一次，连用2～3天。

3．气管内封闭法

（1）适应症　犊牛气管炎。

（2）封闭法　同气管注射法。

4．患肢封闭法

（1）适应症　腐蹄病、蹄叶炎、蹄部创伤感染等。

（2）封闭法　固定患肢，清除蹄病部位污物，并清洗消毒、上药处理。然后用12号针头，在病蹄的上方系部皮下封闭指（趾）神经，可注入配有80万国际单位青霉素的0.25%～0.50%浓度的普鲁卡因溶液20～30毫升。每日一次，连用数次。

5．食管与子宫封闭法

（1）适应症　食道阻塞、子宫颈管开张不全的难产等。

（2）封闭法　选用12号针头，于阻塞物所在食道周围，分点注射2%盐酸普鲁卡因溶液20～40毫升，一般注射1小时后可见阻塞物后移入胃。这是因为药物注射后，食道平滑肌松弛所致。对于子宫颈开张不全的难产，将2%普鲁卡因溶液20～40毫升在子宫颈口周围，分3～4点注射，可使子宫肌松弛，胎儿排出顺利。

6．病灶周围封闭法

（1）适应症　主要用于促进创伤愈合，以及各类疼痛性疾病。

（2）封闭法　采用12号针头，将0.5%盐酸普鲁卡因溶液分点注射于病灶周围健康组织内。其用量以达到浸润麻醉的程度即可。应用时，可在普鲁卡因溶液中加入适量青霉素，以提高疗效。

7．乳房神经封闭法

（1）适应症　乳房各类炎性疾病、创伤、乳头肿胀等。

（2）封闭法　采用16～18号长兽用针头，在两侧前乳区的乳房基部与腹壁间的疏松结缔组织内，距腹中线13～15厘米处进针，避开乳静脉，稍斜向后上方刺入7～10厘米，无血液回流时，即可注入0.25%普鲁卡因溶液50～100毫升，间隔2～3日一次。

8．注意事项

① 严格控制用量，成年奶牛一日总剂量不得超过纯普鲁卡因2克，以防发生普鲁卡因过量而发生中毒现象。

② 由于普鲁卡因在体内分解为对氨苯甲酸，所以，在用磺胺制剂治疗期间，严禁应用普鲁卡因封闭治疗。碱类氧化剂易引起普鲁卡因分解，故不宜配合使用。

③ 封闭注射部位要严格剪毛消毒，以防人为感染。

六、乳房送风疗法

乳房送风是临床上治疗奶牛产后瘫痪的常用治疗措施。其实质就是往乳房内注入洁净空气，是实践中治疗奶牛产后瘫痪简便而有效的方法。产后瘫痪或称生产瘫痪、乳热症、产褥热等，其标准治疗法是静脉注射钙剂。而乳房送风法比钙剂疗法简便易操作，效果也较好。特别是在钙疗法反应不佳或复发的病例应用乳房送风疗法效果较好，且治愈后复发率低。

1．乳房送风的治疗原理

向乳房内打入空气之后，使乳房的内压升高，乳房内的血管受到压迫，流向乳房的血液减少，泌乳受到抑制，流向乳房的血钙受到阻滞，全身血压升高，机体内血钙的含量得以积累增加，缓解了血钙浓度剧烈降低的病因，从而达到治疗病因的效果；另一方面，向乳房内打入空气，可以刺激乳腺的神经末梢，刺激传至大脑，提高其兴奋性，消除抑制状态，缓解奶牛四肢麻痹（瘫痪）的神经症状。

2．乳房送风的操作方法

一般采用专用乳房送风器（图8-26）送风，用前先将送风器各部件进行消毒处理，并在送风器的金属筒内放入防止干燥的消毒棉花，以便过滤空气，防止感染。若没有乳房送风器时，可采用大号连续注射器或打气筒代替，但必须配置空气过滤器，防止感染。自制乳房送风器空气过滤器如图8-27所示。

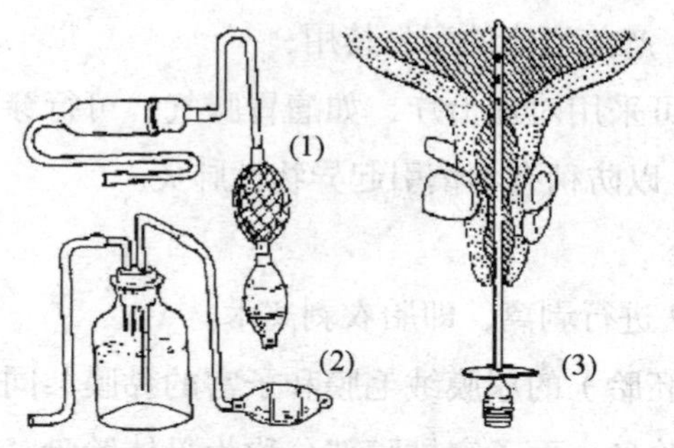

图8-26　牛乳房送风器构成与应用示意图

（1）、（2）为不同类型乳房送风器

（3）乳房送风针进针示意

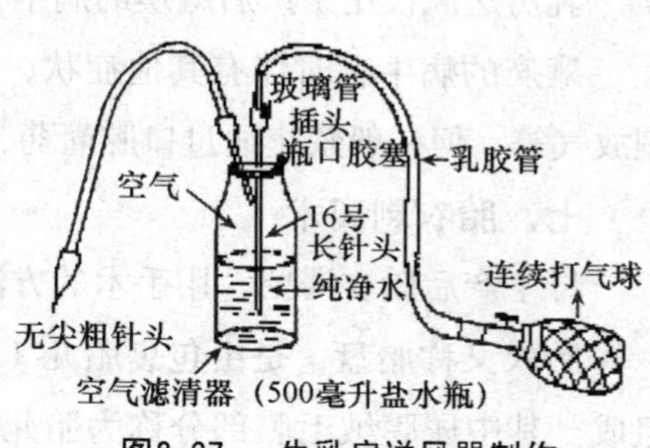

图8-27　牛乳房送风器制作

自制乳房送风器时，连续打气球可使用人用血压计上的打气球代替。空气过滤器可使用500毫升容积的生理盐水瓶代替。可用16号、18号、20号粗针头，把针尖磨平磨圆代替乳导管使用。如果没有玻璃管插头，可将乳胶管直接套在长针头座上。空气经半瓶纯净水过滤，可避免空气中杂质、灰尘以及微生物等被随风带入乳房。

消毒乳头、乳头管口、挤净乳房内积存的乳汁，把乳房送风器的导乳管（或无尖粗针头）消毒后插入乳头管中，开始打气送风。先送压在下部的乳区，后送上部的乳区。四个乳区均应打满空气。打入空气的数量，以乳房的皮肤紧张、乳腺基部的边缘清楚并且变厚，达到乳房膨满、指弹鼓响音为标准。

当某个乳区发炎时，要先打健康乳区，后打发病乳区，以防感染。

每个乳区注满气体后，拔出乳导管时要轻轻捻揉乳头，促进乳头括约肌收缩，防止气体万一外溢。如乳头括约肌松弛并有空气溢出，可用宽纱布条或绷带结扎乳头，防止空气溢出。两小时后解开结扎的纱布条。

一次乳房送风治疗若效果不明显，可间隔6～8小时后再行一次。

绝大多数病例，打入空气之后，约半小时病牛能够自行站立。治疗越早，打入的空气量足，效果越好。一般打入空气10分钟后，病牛鼻镜开始湿润，15～30分钟后病牛眼睁开，开始清醒，头颈部的姿势恢复自然状态。反射及感觉逐渐恢复，体表温度升高，驱之起立，开始有些肌肉颤抖，数小时后痊愈。

3．注意事项

乳房送风仅用于产后瘫痪的病牛，产前瘫痪的病牛禁用；

瘫痪的病牛有时伴有其他症状，可采用对症治疗，如瘤胃臌气，可行穿刺放气等，但一般禁止通过口腔灌药，以防稍有不慎引起异物性肺炎。

七、胎衣剥离术

母牛产后胎衣滞留，用手术的方法进行剥离，即胎衣剥离术。

胎衣又称胎盘，是由包裹胎儿（胚胎）的尿膜绒毛膜和子宫的黏膜共同组成。其中尿膜绒毛膜部分称为胎儿胎盘，而子宫黏膜部分称为母体胎盘。胎儿和母体都有血管分布到胎盘上去，而两者之间并不直接相通，胎盘是胎儿与母体间交换营养与排泄废物的重要器官。

奶牛胎盘的类型属于结缔组织绒毛膜胎盘，其特点是在子宫内膜上有许多子宫阜（70～120个），产犊时其个头大小似鸡蛋，其形状似扁圆凸形。而胚胎的尿膜绒毛膜上有着数量相同的子叶。这些子叶靠其侵蚀性绒毛附植在子宫阜上，即子叶呈凹形包裹在凸形的子宫阜上。从结构上讲，母牛胎衣不下就是部分子叶包裹在子宫阜上不能分离，胎儿胎盘部分在产后不能及时排出体外。一般认为母牛产后12小时胎衣仍不能自动脱落，即为胎衣不下或胎衣滞留，治疗往往比较费时，手术剥离不失为一种有效的治疗措施。

1．术前准备

患牛站立保定，尾巴拉向一侧，后臀部清洗消毒并擦干。术者剪短指甲，戴上长臂手套，消毒后涂润滑剂。在剥离前30分钟子宫注入5%～10%的高渗盐水500～1 000毫升。

2．剥离方法

剥离时，术者左手拽住垂落于阴门外的部分胎衣，向后稍用力拉紧。然后右手沿着拉紧的胎衣与阴道壁之间的空隙，伸入子宫内，先剥离子宫体部的胎盘，然后依次向前剥离。

进入子宫的手用食指和中指或中指和无名指夹住胎儿胎盘基部周围的绒毛膜，固定剥离部位，然后用拇指剥离子叶与宫阜，剥离半周后，手指屈曲，向手背侧翻转，继续剥离，剥离一周后或大半脱离后，两手配合轻拉胎衣，使绒毛从小窦中拔出，与母体胎盘分离。如此向子宫深部进行逐个剥离，直至全部剥离为止。然后再次清洗消毒外阴部。

胎衣剥离后，采用3%～5%的温热盐水，对子宫进行清洗4～6次，每次都尽量通过子宫内的手将洗涤脏水排除干净。术后，应用子宫收缩类药物如缩宫素、甲基硫酸新斯的明等，促进子宫收缩，排出病理性内容物。胎衣剥离方法如图8-28所示。

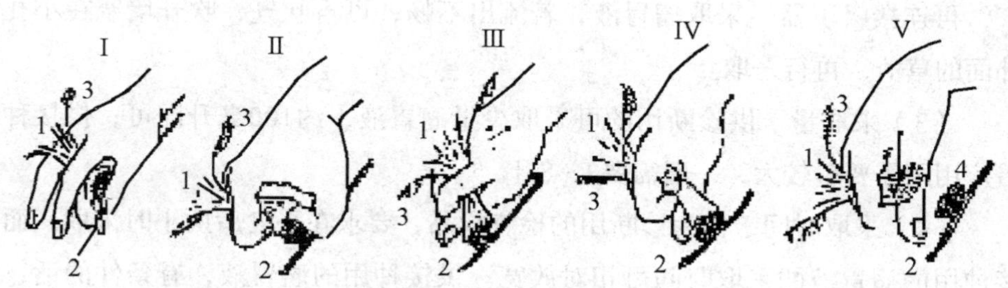

图8-28 牛胎衣剥离术示意图

1. 绒毛膜 2. 子宫壁 3. 已拨离的胎儿胎盘 4. 子宫阜

3．注意事项

剥离前后以及剥离过程中应严格无菌操作，注意消毒；右手伸入子宫后，尽可能不要从阴门来回出入，以防污染；

按顺序剥离，由近而远，不能遗漏，尽量剥净；

剥离时期要适宜，一般在产后18～24小时内完成剥离术；

剥离过程要仔细认真，轻重适度，不能剥伤子宫阜。

八、瘤胃微生物接种术

牛的瘤胃不分泌消化液，瘤胃的消化功能主要依靠瘤胃液中的微生物发酵来完成。在病理情况下，瘤胃中的微生物群落受到破坏，瘤胃机能发生障碍，食物消化受到影响。因而在治疗时，为了尽快恢复瘤胃的内环境，进行瘤胃微生物接种，成为一种实用而有效的治疗措施。

1．瘤胃液的采取

（1）器械准备 采取瘤胃液的器械主要是瘤胃液采取管和吸引器。

瘤胃液采取管：可采用长约2.5米、内径1.5～2.0厘米的橡胶管，在插入胃内的一端40厘米左右的管壁的不同部位上，钻开多个直径4～5毫米的小孔，作为瘤胃液采取专用管。可自制做，也可购买。

吸引器：可以采用改制的、气流向相反方向流动的自行车打气筒代替；也可以应用聚乙烯制的石油吸引器或100毫升的大型注射器。

盛装瘤胃液的容器：便于消毒的一般容器均可。

（2）采取方法　操作要领与洗胃或胃管投药时相同，按照胃管插入术的要求和步骤，把瘤胃液采取管插入瘤胃内，继续插入40～80厘米。先吹入空气，再连接吸引器，采取瘤胃液，若流出不畅，可再吹气，吹开堵塞在小孔外面的草渣，再行采取。

（3）采取量　供诊断用的可采取少量瘤胃液，约100毫升即可；供接种治疗用则需要量较大，一般需要3～8升。

（4）采取时间　作为诊断用的检查样品，要求在采食后两小时采取；而接种用的瘤胃液的采取时间可相对放宽。供接种用的瘤胃液，有条件的话，也可到屠宰场收取健康肉牛的瘤胃液使用。

2．瘤胃液的健康检查

（1）气味　具有独特的芳香气味。

若具有较强的发酵臭味，则为精饲料供给过量。

若具较强的氨臭味，证明是日量蛋白质比例过高。

若具有极强的腐败臭味，说明奶牛患有瘤胃腐败症。

（2）颜色　瘤胃液通常是淡黄绿色。

在以淀粉糟粕为主要日粮时，呈灰白色、泥状。

以青贮饲料为主时，瘤胃液呈黄褐色。

暗褐色、乳灰色或灰绿色是瘤胃异常发酵的表征。

（3）黏稠度　健康牛的瘤胃液稍带黏稠性。

缺乏黏稠度，意味着瘤胃机能降低，多见于酮血症、瘤胃酸中毒等。

而黏稠度增加，且瘤胃液中混有泡沫时，则首先怀疑为瘤胃泡沫性臌胀。

（4）沉淀物　健康奶牛的瘤胃液采出，稍经净置后，可迅速地形成沉淀层。

当消化障碍时，沉淀变少，并含有粗大的饲料碎块；

当瘤胃酸中毒时：沉淀物、浮游物都减少或消失。

（5）pH值　健康奶牛瘤胃液的pH值在6～7。

当pH值明显偏于酸性或碱性时，则瘤胃微生物群落死亡或生长抑制，同时，导致消化不良。

3．接种瘤胃液的适应症

（1）消化障碍　适用于急性瘤胃臌气、胃肠卡他、由消化障碍引起的下痢、瘤胃酸中毒、瘤胃碱中毒、瘤胃腐败症。

（2）代谢疾病　奶牛酮血症、低酸度酒精阳性乳等。

（3）其他　饥饿、产后衰弱、铁路运输以及手术等引起的食欲不振等。

4．接种量及接种法

依据具体患牛症状情况而定，一般建议每次接种量为3～8升。对瘤胃臌胀病例，在灌服止酵药、消泡药等之后，再接种健康牛瘤胃液，可收到良好的治疗效果。对急性瘤胃扩张，轻型病例一次接种5～8升，重型病例一天两次，每次5～8升，接种两天，即可恢复瘤胃运动；对酮血病，接种4～6升，可取得良好的效果。

5．注意事项

① 接种用的瘤胃液必须保证来自健康牛只。

② 瘤胃液的供体牛和受体牛的饲养条件特别是日粮供给应一致或近似。

③ 瘤胃液采出后应及时接种于患牛。

④ 接种瘤胃液的同时应配合相应的药物治疗。同时，注意调整瘤胃内环境以及病态下B族维生素的不足。

参考文献

[1] 徐照学. 奶牛饲养技术手册. 北京：中国农业出版社，2000

[2] 冀一伦. 实用养牛科学. 北京：中国农业出版社，2001

[3] 王锋. 高产奶牛绿色养殖新技术. 北京：中国农业出版社，2003

[4] 孙国强，王世成. 养牛手册. 北京：中国农业大学出版社，2003

[5] 李建国，安永福. 奶牛标准化生产技术. 北京：中国农业大学出版社，2003

[6] 蒋兆春. 奶牛生产大全. 南京：江苏科学技术出版社，2003

[7] 肖定汉. 奶牛疾病防治. 北京：金盾出版社，2004

[8] 田振洪. 工厂化奶牛饲养新技术. 北京：中国农业出版社，2004

[9] 林继煌，蒋兆春. 牛病防治. 北京：科学技术文献出版社，2004

[10] 王加启. 现代奶牛养殖科 学. 北京：中国农业出版社，2006

[11] 杨效民. 旱农区牛羊生态养殖综合技术. 太原：山西科学技术出版社，2008

[12] 杨效民，李军. 牛病类症鉴别与防治. 太原：山西科学技术出版社，2008

[13] 杨效民，贺东昌. 奶牛健康养殖大全. 北京：中国农业出版社，2011

[14] 杨效民. 种草养牛技术手册. 北京：金盾出版社，2011